ANSYS 仿真分析系列丛书

ANSYS LS-DYNA 非线性动力分析方法与工程应用

熊令芳　胡凡金　等　编著

中国铁道出版社有限公司

2020年·北京

内 容 简 介

LS-DYNA 是全球著名的结构非线性动力计算程序,以显式算法为主也兼有隐式算法,被广泛用于模拟工程领域的各种高度非线性的瞬态结构受力行为。本书以 LS-DYNA 的关键字为主线,详细介绍了 LS-DYNA 的理论基础,基于 ANSYS 传统界面及 Workbench 的前处理、求解以及重启动,基于 LS-PREPOST 的前后处理等内容,结合一系列典型计算实例介绍了 LS-DYNA 在结构模态分析、流固耦合分析、动态接触与冲击分析、侵彻分析、多体动力学分析等方面的应用。

本书适合于工科相关专业研究生及高年级本科生在学习结构数值分析、非线性有限元方法等内容时作为参考书使用,也可供相关专业的技术人员学习 LS-DYNA 动力分析技术时参考阅读。

图书在版编目(CIP)数据

ANSYS LS-DYNA 非线性动力分析方法与工程应用/
熊令芳等编著 . —北京:中国铁道出版社,2016.1(2020.9重印)
(ANSYS 仿真分析系列丛书)
ISBN 978-7-113-21247-6

Ⅰ.①A… Ⅱ.①熊… Ⅲ.①非线性−结构动力分析−
应用软件 Ⅳ.①O342-39

中国版本图书馆 CIP 数据核字(2015)第 314790 号

ANSYS仿真分析系列丛书

书　　名:**ANSYS LS-DYNA 非线性动力分析方法与工程应用**
作　　者:熊令芳　胡凡金　等

策　　划:陈小刚
责任编辑:陈小刚　　　　　　编辑部电话:(010) 51873193
封面设计:崔　欣
责任校对:苗　丹
责任印制:高春晓

出版发行:中国铁道出版社有限公司(100054,北京市西城区右安门西街 8 号)
网　　址:http://www.tdpress.com
印　　刷:北京铭成印刷有限公司
版　　次:2016 年 1 月第 1 版　2020 年 9 月第 2 次印刷
开　　本:787 mm×1 092 mm　1/16　印张:22.75　字数:559 千
书　　号:ISBN 978-7-113-21247-6
定　　价:58.00 元

前　　言

  LS-DYNA 是全球著名的结构非线性动力计算程序,以显式算法为主也兼有隐式算法,被广泛用于模拟工程领域的各种高度复杂的非线性瞬态结构受力过程。本书以 LS-DYNA 的关键字为主线,详细介绍了 LS-DYNA 的理论基础,基于 ANSYS 传统环境界面以及 ANSYS Workbench 的前处理方法、求解以及重启动方法,基于 LS-PREPOST 的前后处理方法等内容,结合一系列典型计算实例介绍了 LS-DYNA 计算软件在复杂结构模态分析、流固耦合动力分析、结构动态接触与冲击分析、侵彻分析、机构运动及多体动力学分析等方面的具体应用,便于读者对照自学。

  本书各章的具体内容安排如下:

  第 1 章对 LS-DYNA 计算程序进行了总体介绍,包括 LS-DYNA 的发展历程和技术特色、LS-DYNA 的主要计算能力及工程应用领域以及 LS-DYNA 的理论基础知识三部分内容。第 2 章介绍 LS-DYNA 计算程序的使用入门知识,首先介绍以关键字为核心的 LS-DYNA 计算程序的运行要素及计算过程,随后以一个简单动力学问题为例阐释了 LS-DYNA 程序的计算实现过程。第 3 章详细介绍了 LS-DYNA 关键字文件的语法、组织结构及常用关键字的使用,涉及节点、单元、部件、材料、状态方程、算法与特性、接触、约束方程与连接、初始条件、边界条件、荷载、求解以及输出设置等具体的关键字。第 4 章介绍基于 ANSYS Mechanical APDL 的 LS-DYNA 前处理方法,内容包括 Mechanical APDL 界面中的 LS-DYNA 前处理概述、建立 LS-DYNA 分析模型、定解条件分析选项的设置与关键字的导出。第 5 章介绍在 ANSYS Workbench 环境下 LS-DYNA 结构分析前处理方法,以 Explicit Dynamics(LS-DYNA Export)系统的使用为主线,介绍了 Workbench 中的相关组件 Engineering Data、DM 以及 Mechanical 的具体使用方法和操作要点。第 6 章介绍基于 ANSYS LS-DYNA 环境的一般求解以及三类重启动分析的具体操作方法。第 7 章介绍 LS-PREPOST 前后处理器的使用方法,包括功能及界面、后处理操作、前处理操作三部分内容。第 8 章介绍 LS-DYNA 求解器的隐式分析技术,重点介绍了结构模态分析的实现方法,并结合一个球面网壳结构模态计算例题进行讲解。第 9 章介绍 LS-DYNA 的 ALE 算法以及流固耦合技术,内容包括 ALE 及流固耦合技术简介、基于 ALE 的液面晃动分析实例以及钢板落水过程流固耦合分析实例。第 10 章结合实例介绍 LS-DYNA 的动态接触及冲击分析方法，包括刚性物块撞击柔性板以及钢管的冲击屈曲分析等计算实例。第 11 章以一个子弹击穿双层钢板的动力问题分析为例介绍 LS-DYNA 侵彻分析及重启动分析的实现方法。第 12 章以一个凸轮机构的动力学分析为例介绍了 LS-DYNA 的多体动力学分析实现过程。附录部分介绍了 LS-DYNA 计算单位系统的协调问题、LS-DYNA 材料模型关键字、ANSYS 前处理器支持的材料模型、ANSYS 显式分析命令与 LS-DYNA 关键字的对应关系、ANSYS LS-DYNA 的单元特性等内容。

本书适合于工科相关专业研究生及高年级本科生在学习数值分析、非线性有限元方法等内容时作为参考书使用，也可供相关专业的技术人员学习 LS-DYNA 动力分析技术时参考阅读。

本书主要由熊令芳、胡凡金等编著，参与本书实例测试和文字整理工作的还有石彬彬、夏峰、王文强、张永刚、王海彦、刘永刚、张永芳、李宝聚、岳鸿志、王睿、李冬、赵晓红、郭金辉、赵素芳、赵爱平、赵振军、张海丽、赵小军、李平、张明明、李保成、郭剑叶、郭晓芳等，是大家的共同付出，才使本书得以顺利编写完成。此外，还要感谢中国铁道出版社的编辑老师对本书的支持和帮助。

由于 LS-DYNA 功能十分全面，涉及大量复杂的技术领域，加之成书仓促以及作者水平所限，本书的不当和错误之处在所难免，在此恳请各位读者批评指正。与本书相关的技术问题咨询或讨论，欢迎发邮件至邮箱：consult_dyna@126.com。

作者
2015 年 9 月

目　　录

第 1 章　LS-DYNA 计算软件概述

LS-DYNA 是著名的非线性动力学结构数值计算程序，本章对 LS-DYNA 计算程序进行了总体介绍，包括 LS-DYNA 的发展历程和技术特色、LS-DYNA 的主要计算能力及工程应用领域以及 LS-DYNA 的理论基础知识等三部分内容。

1.1　LS-DYNA 的发展历程和技术特色

LS-DYNA 软件是目前国际上最著名的通用非线性有限元分析软件，可以用于模拟真实世界中的各种复杂问题。LS-DYNA 的算法以显式方法为主，代表了现阶段非线性显式算法领域工程研究和应用的最高成就。LS-DYNA 分析程序的前身为美国 Lawrence Livermore 国家实验室 J. O. Hallquist 博士于 1976 年主持开发完成的 DYNA 程序系列，DYNA 程序时域积分采用显式的中心差分格式，用于分析爆炸与高速冲击等过程中的大变形动力响应问题，当时开发 DYNA 程序的主要目的是为武器设计提供分析工具。1986 年，部分 DYNA 源程序在 Public Domain（北约局域网）发布，在研究和教育机构中广泛传播，因此 DYNA 被公认为是显式有限元程序的先导，成为目前所有显式求解程序的基础代码。

Hallquist 博士后来创建了 LSTC 公司（Livermore Software Technology Corporation），推出 LS-DYNA 系列软件，并陆续发布软件的 930 版本、940 版本、950 版本、960 版本、970 版本。LS-DYNA 软件的发展策略也被逐步确定为以显式为主，隐式为辅，通过一个求解核心解决 Implicit（隐式）与 Explicit（显式）问题。LSTC 公司通过不断的研发逐步规范和完善 LS-DYNA 程序的功能，逐步增加汽车安全性分析、金属板冲压成形分析、流固耦合分析（ALE 算法和 Eluer 算法）、边界元方法及 SPH 方法、新材料模型、新接触算法、隐式分析等功能，使得 LS-DYNA 程序系列的应用范围不断得到扩大，并建立起完备的软件质量保证体系。目前 LS-DYNA 程序的最新版本为 971 V8 版本。

前后处理方面，LS-DYNA 在早期 PC 版本的前处理采用 ETA 公司的 FEMB，同时开发了后处理程序 LS-POST。后来 LSTC 在 LS-POST 后处理器的基础上发布了 LS-PREPOST1.0 版，使得该程序具备了一定的前处理功能。目前 LS-PREPOST 的最新版本为 4.0 版本。

在 LS-DYNA 发展历程中，与 ANSYS 公司的合作是具有里程碑意义的事件之一。1996 年，Hallquist 教授创建的 LSTC 公司和 ANSYS 公司开始进行技术和市场方面的合作，共同推出了 ANSYS LS-DYNA 软件的第一个版本，当时 ANSYS 前后处理程序版本为 5.5。ANSYS LS-DYNA 结合了 ANSYS 界面的前后处理功能、统一的数据库与 LS-DYNA 求解器的强大的非线性分析能力。对于熟悉 ANSYS 前后处理功能的软件用户来说，通过 ANSYS LS-DYNA 来求解各种高度非线性的瞬态问题无疑是最理想的选择。目前，ANSYS 系列软件的最新版本已经发展到 16. X，其前处理器支持最新的 LS-DYNA971 求解器的主要分析功能。

在结构分析领域，LS-DYNA 计算程序最显著的技术特色在于处理高度非线性问题以及高速瞬态问题两方面。

所谓高度非线性的问题,是指分析的问题中包含有边界条件随时间的动态改变过程(如部件之间的动态接触和撞击)、大变形(如金属板的起皱变形)、非线性材料行为(如应变率相关塑性行为)等因素。

所谓高速瞬态问题,是指问题中包含持续时间很短的高速瞬态动力学过程,其中的惯性作用至关重要,典型的过程如:水雷或聚能装药的爆炸、各种冲击问题、金属成形过程等,LS-DYNA 采用显式的中心差分时间积分算法来计算各时间步的系统动态响应。

此外,在最新版本的 LS-DYNA 中,LS-DYNA 的求解范围不再仅限于结构分析,而是已经被拓展到包含不可压缩流体、可压缩流体以及电磁场的多物理场分析,而且支持共享内存以及分布式内存的并行计算,适用于 Unix、Linux 以及 Windows 等各种系统平台。

1.2　LS-DYNA 的数值计算能力及应用领域

1.2.1　LS-DYNA 的数值计算能力简介

LS-DYNA 程序的计算能力十分强大,本节对计算功能、材料本构模型、单元类型、接触算法、硬件系统适应性等进行简要的介绍。

1. LS-DYNA 的主要计算功能

在非线性结构分析方面,LS-DYNA 是一个显式为主,隐式为辅的非线性结构分析程序。显式时间积分算法是 LS-DYNA 最主要的算法,包括 2D 及 3D 结构显式分析能力,可计算材料非线性、大变形、动态接触、裂纹扩展分析、失效分析等各种复杂的非线性动力学问题及瞬态结构-热耦合问题。此外,LS-DYNA 还提供 ALE 算法(任意 Lagrangian-Eulerian)、自适应网格重划分算法、SPH(Smoothed Particle Hydrodynamics)及 EFG(Element Free Galerkin)算法,这些算法能够较好地处理各类高度非线性和大变形的问题。LS-DYNA 的隐式分析可作为显式分析能力的补充,主要包括模态分析、隐式结构分析、热传导分析等。

LS-DYNA 目前可以交替使用隐式求解和显式求解,如:进行薄板冲压成型的回弹计算、结构动力分析之前施加预应力等。与传统的显式求解相比,隐式算法和显式算法的联合应用可明显提高计算效率,从而大大节省了时间和成本。

在多体动力学分析方面,LS-DYNA 提供了刚体动力学及 FEM-rigid 多体动力学耦合分析,可以分析各种机构的运动学以及动力学问题。

在多物理场耦合分析方面,LS-DYNA 之前所具有的 Eulerian 算法、ALE 算法可用于流动问题以及流固耦合动力问题的计算。在最近的几个版本中,基于其解决多场耦合问题的目标,LS-DYNA 又逐步增加了不可压缩流体动力学分析(Incompressible CFD)、电磁场分析(Electromagnetics)以及基于守恒元解元的可压缩流体及化学反应分析(CESE/ Compressible CFD and Chemistry)等求解方法。这些新增算法极大地增强了 LS-DYNA 的多物理场分析能力,开辟了更为广阔的应用领域。

2. LS-DYNA 的材料本构模型

在材料的本构模型方面,LS-DYNA 求解器提供了一个非常全面的材料库,可用的材料模型包括:弹性、塑性、热弹塑性、黏弹性、超弹性、弹塑性流体、应变率相关、徐变、损伤、失效、刚体、复合材料、织物、蜂窝、泡沫、混凝土和土壤、高能炸药等 200 余种材料模型及一系列状态方程模型,这些模型可以很好地模拟各种实际材料的复杂力学行为。除了这些已有的本构模型外,LS-DYNA 还提供了用户自定义材料子程序功能,可用于开发新的材料模型。

3. LS-DYNA 的单元类型

在单元技术方面,LS-DYNA 程序提供的单元类型包括 Shell(Membrane)、Solid、Beam、Truss、Spring、Damper、Mass 等,如图 1-1 所示。其中,Shell 单元可以是三角形或四边形的壳或薄膜。Solid 单元可以是 4 或 10 节点四面体、6 节点棱柱体或 8 节点六面体,且包含 20 余种算法。厚壳(Thick Shell)单元是一种 8 节点的壳元,各节点仅有线位移,可用于 Solid 和 Shell 之间的过渡。Beam 单元包括标准梁单元、桁架、离散单元、索单元、焊接单元等 10 多种算法。Spring(弹簧)和 Damper(阻尼器)单元可以是轴向的或旋转的,统称离散单元,可定义包括锁定和分离在内的各种非线性行为。Mass 单元可以是集中惯性或集中质量。

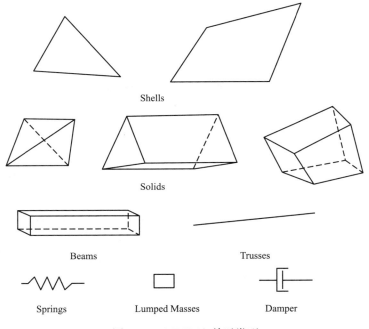

图 1-1　LS-DYNA 单元类型

除了图中这些单元外,还提供了 SPH 单元、加速度计、传感器、安全带、预紧器、牵开器、滑环单元等具有特殊分析用途的单元类型。

4. LS-DYNA 的接触算法

在接触算法方面,LS-DYNA 提供超过 20 种接触算法类型,包括:仅有滑动的流体/结构或气体/结构界面、绑定界面、滑移冲击摩擦界面、单面接触、离散节点冲击表面、节点与表面的绑定、Shell 边与 Shell 表面的绑定、节点与表面焊接、绑定失效界面、单面滑移冲击摩擦接触、Shell 自动接触、单表面与梁的任意方向接触、面面侵蚀接触、节点表面侵蚀接触、单面侵蚀接触、面面对称约束方法、节点表面约束方法、刚体之间接触、节点刚性体与刚体的接触、边边接触、压延筋接触。大部分接触类型支持界面间摩擦分析。

基于这些算法,LS-DYNA 可以处理如下类型的接触问题:

(1)柔性体接触；

(2)柔性体与刚性体的接触；

(3)刚性体与刚性体的接触；

(4)边与边接触；

(5)侵蚀接触；

(6)绑定界面接触；

(7)压延筋接触。

5. LS-DYNA 的硬件系统适应性

LS-DYNA 软件具备良好的硬件系统适应性，可以在 AMD、CRAY、HP、IBM、SGI、Intel 以及 SUN 等不同硬件供应商提供的硬件平台以及 Windows、Linux 等操作系统下良好地运行。LS-DYNA 支持的硬件和系统情况列于表 1-1 中。

表 1-1   LS-DYNA 支持的硬件平台和操作系统

供应商	操作系统	HPC 互联	MPI 软件
AMD Opteron	Linux	InfiniBand(SilverStorm) MyriCom PathScale InfiniPath	LAM/MPI,MPICH, HP MPI,SCALI
HP PA8000	HPUX		
HPIA64	HPUX		
IBM Power 4/5	AIX 5.1,5.2,5.3		
INTEL IA32	Linux,Windows	InfiniBand(Voltaire) MyriCom	Open MPI,MPICH, HP MPI,SCALI
INTEL IA64	Linux		Open MPI,MPICH, HP MPI
INTEL Xeon	Linux x86-64 Windows 64	InfiniBand(Topspin,Voltaire) MyriCom PathScale InfiniPath	Open MPI,MPICH, HP MPI,INTEL ICR,SCALI
NEC SX6	Super-UX		
SGI Mips	IRIX 6.5 X	NUMAlink	MPT
SGI IA64	SUSE 9 w/Propack4 RedHat w/Propack 3	NUMAlink InfiniBand(Voltaire)	MPT, Intel MPI,MPICH
SUN Sparc	5.8 and above		HPC Tool
SUN x86-64	5.8 and above		LAM/MPI

1.2.2   LS-DYNA 的应用领域简介

LS-DYNA 计算程序因其强大的计算分析能力在众多工程领域都有应用，如：汽车工程、航空航天、土木建筑、国防军工、金属加工、生物工程等。下面对 LS-DYNA 计算程序的部分工程应用领域及与之相关的具体工程问题进行简单的介绍。

1. 汽车工程领域

LS-DYNA 软件提供了安全带、滑环、预紧器、卷收器、传感器、加速度计、安全气囊、混合 Ⅲ 型假人模型等一系列专用分析功能，加上其强大的动态接触分析能力和显式求解能力，因此

LS-DYNA 程序非常适合被应用于汽车工程设计及研发领域。汽车生产厂商及零部件供应商可以通过 LS-DYNA 程序的仿真技术对汽车及零部件的设计方案进行评估，以替代费用高昂的原型试验，显著降低研发费用，缩短研发周期。

在汽车工程领域，LS-DYNA 程序应用的最重要的方面是可以准确地预测车辆在动态撞击过程中的力学响应以及对乘员的影响，即所谓的耐撞性及乘员安全性分析。

2. 金属加工领域

金属加工成形分析是 LS-DYNA 的主要工程应用领域之一。LS-DYNA 程序能够准确地预测成形过程中金属的应力和塑性变形并分析金属是否会失效。LS-DYNA 支持网格的自适应重划分技术，如果必要的话，在计算过程中将会重划分以提高精度和节约计算时间。

在金属加工成形领域，LS-DYNA 程序应用的具体工程问题主要包括金属冲压、液压成形、锻造、铸造、多阶段过程、金属切削等。

3. 航空航天领域

LS-DYNA 程序目前被广泛应用于航空航天领域，模拟诸如鸟撞、喷气发动机叶片包容、冲击过程、复合材料结构设计、异物损伤、火箭级间分离等问题。在一个特定的仿真分析中，可组合使用 LS-DYNA 的各种仿真分析功能以模拟复杂的物理现象或过程。NASA 喷气推进实验室的火星探路者探测器着陆仿真模拟就是这样一个典型的模拟分析案例，此模拟分析了太空探测器利用气囊辅助登陆的复杂过程，在模拟中组合使用了 LS-DYNA 大量的仿真分析功能。

4. 国防军工领域

LS-DYNA 程序在国防军工领域应用广泛，被用于分析穿甲与防护、穿甲弹的设计、战斗部设计、爆炸冲击波的传播、在空气或水中的爆炸、侵彻模拟等问题。此外，在反恐破坏模拟方面也有应用。

5. 电子产品领域

LS-DYNA 程序在电子产品领域应用广泛，主要用于各种电子元件性能的辅助分析及模拟产品跌落的仿真测试等问题。基于 LS-DYNA，可模拟各种角度的及带包装的产品跌落过程，通常情况下需要按触地情况进行所谓"一点、三棱、六面"的跌落分析。

6. 民用工程领域

在民用工程领域中，LS-DYNA 应用于桥梁结构抗震分析、建筑结构的抗撞击与抗倒塌分析、工程爆破、结构非线性屈曲分析、支护结构防撞设计、爆炸冲击波破坏玻璃幕墙、岩土工程动力分析等问题。

7. 石油工程领域

LS-DYNA 在石油工程领域的应用涉及储油罐体的液晃问题分析、钻孔模拟、输油管道设计、爆炸模拟、海洋平台在复杂工作环境下的结构分析等方面。

8. 其他应用领域

从目前公开发表的文献资料可知，LS-DYNA 工程应用还涉及如下的一系列领域：

(1)机械工程的机构分析与多体动力分析；

(2)装运集装箱设计；

(3)玻璃成形过程分析；

(4)塑料、模具及吹塑成形分析；

(5)爆炸切割等工艺模拟；

(6)各类失效分析(如:焊点失效);

(7)体育器材(如:高尔夫球杆击球、棒球杆击球、头盔撞击等);

(8)生物力学(如:心脏瓣膜);

(9)流体分析与流固耦合分析;

(10)核工业领域。

综上所述,LS-DYNA 的应用涉及十分众多的行业及领域。此外,由于 LS-DYNA 具备高度的灵活性和广泛的适用性,其潜在的应用领域也十分广泛,通过定制开发可以很好地适用于不同的工程领域。

1.3 LS-DYNA 的理论基础知识

本节对 LS-DYNA 算法相关的理论基础知识进行简单的介绍。

1.3.1 LS-DYNA 显式时间积分算法

根据动力学问题的有限元方法,离散化的结构动力方程为:

$$M\ddot{x}(t) = P(t) - F(t) + H(t) - C\dot{x}(t)$$

式中,M 为结构质量矩阵(在 LS-DYNA 中采用集中质量矩阵);C 为阻尼矩阵;$\ddot{x}(t)$ 和 $\dot{x}(t)$ 分别为节点的加速度向量和节点的速度向量;$P(t)$、$F(t)$、$H(t)$ 分别为荷载向量、内力向量和沙漏阻力向量。沙漏阻力向量的施加方法见下节,内力向量和荷载向量由以下两式计算:

$$F(t) = \sum_e \int_{V_e} B^T \sigma dV$$

$$P(t) = \sum_e \left(\int_{V_e} N^T f dV + \int_{\partial b_{2e}} N^T \overline{T} dS \right)$$

式中,f 为体力向量;$\overline{T}$ 为表面力向量;∂b_{2e} 为应力边界条件。

以上各式中的下标 e 表示各单元相应的量按总体自由度编号进行叠加,不应理解为简单的求和。

对于上述离散化的动力方程,LS-DYNA 采用显式的中心差分方法求解,其基本递推格式如下:

$$\begin{cases} \ddot{x}(t_n) = M^{-1}[P(t_n) - F(t_n) + H(t_n) - C\dot{x}(t_{n-1/2})] \\ \dot{x}(t_{n+1/2}) = \dot{x}(t_{n-1/2}) + \ddot{x}(t_n)(\Delta t_{n-1} + \Delta t_n)/2 \\ x(t_{n+1}) = x(t_n) + \dot{x}(t_{n+1/2})\Delta t_n \end{cases}$$

式中,$t_{n-1/2} = (t_n + t_{n-1})/2$,$t_{n+1/2} = (t_{n+1} + t_n)/2$,$\Delta t_{n-1} = t_n - t_{n-1}$,$\Delta t_n = t_{n+1} - t_n$;$\ddot{x}(t_n)$,$\dot{x}(t_{n+1/2})$ 和 $x(t_{n+1})$ 依次为 t_n 时刻的节点加速度向量,$t_{n+1/2}$ 时刻的节点速度向量,t_{n+1} 时刻的节点位置坐标向量,其余参数的意义可类推。

采用集中质量矩阵的动力方程组是解耦的,按照中心差分方法计算时无需计算总体矩阵,也无需进行平衡迭代,通过前面时间步的响应结果,可得到后面时间步的响应,因此这种方法是一种显式的方法。显式方法尽管无需迭代,但是这种算法却不是无条件稳定的,为保证数值稳定性,LS-DYNA3D 采用变步长积分法,每一时刻的积分步长由当前时刻的稳定性条件控制,积分步长必须小于某个临界值。一般情况下,积分步长取决于网格中最小单元的尺寸。

各种单元类型的临界积分步长可以表述为如下的统一形式,即:

$$\Delta t^e = \alpha (l^e/c)$$

式中,Δt^e 表示单元 e 的临界时间步长;α 为时间步因子,缺省为 0.9;l^e 为单元 e 的特征尺寸;c 是纵波的波速。不同单元类型的单元特征尺寸和纵波波速计算公式列于表 1-2 中。

表 1-2　不同类型单元的特征尺度与纵波波速

单元类型	特征尺度	纵波传播速度
SOLID	V_e/A_{emax}	$\sqrt{\dfrac{E(1-\mu)}{(1-\mu^2)\rho}}$
BEAM	单元轴向长度	$\sqrt{E/\rho}$
SHELL	$\dfrac{(1+\beta)A_e}{\max(L_1,L_2,L_3,(1-\beta)L_4)}$	$\sqrt{\dfrac{E}{(1-\mu^2)\rho}}$
TSHELL	V_e/A_{emax}	

1.3.2　沙漏及其控制

由于 LS-DYNA 在单元计算中采用缩减积分,因此会引起所谓沙漏变形,本节介绍沙漏的概念及 LS-DYNA 的沙漏控制方法。

以 3D 的 8 节点 SOLID 单元为例,单元内任意点的坐标和速度可通过 8 个节点的坐标和速度按形函数插值得到,各节点在自然坐标系的形函数为:

$$\varphi_k(\xi,\eta,\zeta) = \frac{1}{8}(1+\xi_k\xi)(1+\eta_k\eta)(1+\zeta_k\zeta)$$

其中,ξ,η,ζ 为单元的自然坐标,各节点的自然坐标值列于表 1-3 中。

表 1-3　8 节点 SOLID 单元的各节点自然坐标

节点号 k	1	2	3	4	5	6	7	8
ξ_k	−1	1	1	−1	−1	1	1	1
η_k	−1	−1	1	1	−1	−1	1	1
ζ_k	−1	−1	−1	−1	1	1	1	1

单元内任一点的速度可由节点速度进行插值得到,即:

$$\dot{x}_i(\xi,\eta,\zeta,t) = \sum_{k=1}^{8}\varphi_k(\xi,\eta,\zeta)\dot{x}_i^k(t)$$

将形函数代入上式,用向量形式表达为:

$$\dot{x}_i(\xi,\eta,\zeta,t) = \frac{1}{8}(\Sigma^T + \Lambda_1^T\xi + \Lambda_2^T\eta + \Lambda_3^T\zeta + \Gamma_1^T\xi\eta + \Gamma_2^T\eta\zeta + \Gamma_3^T\zeta\xi + \Gamma_4^T\xi\eta\zeta)\{\dot{x}_i^k(t)\}$$

其中:$\Sigma,\Lambda_1,\Lambda_2,\Lambda_3,\Gamma_1,\Gamma_2,\Gamma_3$ 和 Γ_4 由各节点的自然坐标计算得到:

$$\Sigma = [1\ 1\ 1\ 1\ 1\ 1\ 1\ 1]^T$$
$$\Lambda_1 = [-1\ 1\ 1\ -1\ -1\ 1\ 1\ -1]^T$$
$$\Lambda_2 = [-1\ -1\ 1\ 1\ -1\ -1\ 1\ 1]^T$$
$$\Lambda_3 = [-1\ -1\ -1\ -1\ 1\ 1\ 1\ 1]^T$$
$$\Gamma_1 = [1\ -1\ 1\ -1\ 1\ -1\ 1\ -1]^T$$
$$\Gamma_2 = [1\ 1\ -1\ -1\ -1\ -1\ 1\ 1]^T$$

$$\Gamma_3 = [1 \quad -1 \quad -1 \quad 1 \quad -1 \quad 1 \quad 1 \quad -1]^T$$
$$\Gamma_4 = [-1 \quad 1 \quad -1 \quad 1 \quad 1 \quad -1 \quad 1 \quad -1]^T$$

以上矢量分别代表不同的变形模式，Σ 反映单元的刚体平移，Λ_1 反映单元的拉压变形，Λ_2、Λ_3 反映单元的剪切变形，Γ_1、Γ_2、Γ_3 和 Γ_4 为沙漏基矢量（Hourglass Base Vectors）。计算内力向量所需的应力增量 $\dot{\sigma}\Delta t$ 由应变率 $\dot{\varepsilon}$ 按本构关系计算，而应变率可由单元的速度场对坐标的导数表示，又由于单元速度场是由节点速度按形函数插值得到，因此需计算形函数关于坐标的导数。由于采用单点缩减积分，因此只需计算单元中心处的导数值：

$$\partial\varphi_k/\partial\xi|_{\xi=\eta=\zeta=0} = \frac{1}{8}(\Lambda_{1k}+\Gamma_{1k}\eta+\Gamma_{3k}\zeta+\Gamma_{4k}\eta\zeta)|_{\xi=\eta=\zeta=0} = \frac{1}{8}\Lambda_{1k}$$

$$\partial\varphi_k/\partial\eta|_{\xi=\eta=\zeta=0} = \frac{1}{8}(\Lambda_{2k}+\Gamma_{1k}\xi+\Gamma_{2k}\zeta+\Gamma_{4k}\xi\zeta)|_{\xi=\eta=\zeta=0} = \frac{1}{8}\Lambda_{2k}$$

$$\partial\varphi_k/\partial\zeta|_{\xi=\eta=\zeta=0} = \frac{1}{8}(\Lambda_{3k}+\Gamma_{2k}\eta+\Gamma_{3k}\xi+\Gamma_{4k}\xi\eta)|_{\xi=\eta=\zeta=0} = \frac{1}{8}\Lambda_{3k}$$

式中，Λ_{1k}、Λ_{2k}、Λ_{3k} 为向量 Λ_1、Λ_2、Λ_3 的第 k 个分量。

由上面的导数表达式可以看出，在采用单点高斯积分时，沙漏模态不能够发挥作用，相应的变形能被丢失，因此沙漏模态又被称为零能模态。在动力响应计算中，沙漏模态将不受控制，导致出现计算结果的数值震荡。因此，必须对沙漏变形进行控制。

LS-DYNA3D 采用增加沙漏黏性阻力的办法来解决沙漏问题，提供 Standard（缺省算法）、Flanagan-Belytschko 等黏性阻尼算法。以 Standard 算法为例，沙漏阻力的计算方法如下。

在各个节点沿 x_i 轴方向引入的沙漏阻尼力：

$$f_{ik} = -a_k\sum_{j=1}^{4}h_{ij}\Gamma_{jk}$$

式中，Γ_{jk} 为沙漏基矢量的分量；h_{ij} 按下式计算：

$$h_{ij} = \sum_{k=1}^{8}\dot{x}_i^k\Gamma_{jk}$$

系数 a_k 由按下式计算：

$$a_k = Q_{hg}\rho V_e^{2/3}C/4$$

式中，Q_{hg} 为用户指定的常数（一般取 0.05～0.15）；C 为材料的声速（压缩波速度）；ρ 为质量密度。

1.3.3　动态接触算法

LS-DYNA 采用基于主、从表面的动态接触算法。接触分析中可能发生接触的两个表面被称为主表面和从表面。在主表面上，对于壳单元，由 3 或 4 个节点组成一个段，对于体单元由一个面上的 3 个或 4 个节点组成一个段，如图 1-2 和图 1-3 所示。

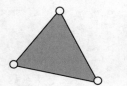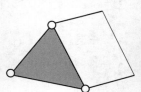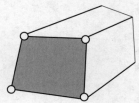

图 1-2　壳单元的段　　　　　　　　图 1-3　体单元表面的段

　　LS-DYNA3D 程序的缺省接触算法是对称罚函数法,程序在每一时步分别对从节点和主节点进行穿透检查。以从节点为例,如果当前时间步发生了穿透,则在从节点上施加法向接触力,按下式计算:

$$f_s = k_i \Delta_i$$

　　式中,Δ_i 为穿透量;k_i 为接触刚度因子,按下式计算:

$$k_i = f K_i A_i^2 / V_i$$

　　其中,K_i、V_i 和 A_i 分别是主段 S_i 所在单元的体积模量、体积和主段的面积;f 是接触刚度罚因子,缺省值为 0.10,取 f 过大可能造成不稳定。

　　在从节点上施加法向接触力 f_s 后,根据作用反作用原理,在主段的接触点上作用一个反方向的力 f_s,将这个反作用力按形函数等效分配到主段包含的各个主节点上即可。

　　对于有摩擦的情况,从节点施加法向接触力 f_s 后,其最大摩擦力为 $F_y = \mu | f_s |$,μ 为摩擦系数。根据反作用力原理,计算分配到对应主段上各个主节点的摩擦力。

　　若静摩擦系数为 μ_s、动摩擦系数为 μ_d,则用指数插值函数来使二者平滑过渡:

$$\mu = \mu_d + (\mu_s - \mu_d) e^{-DC|V|}$$

　　式中,V 为接触表面之间的相对速度;DC 是衰减系数。

第 2 章　LS-DYNA 程序的基本使用入门

本章介绍 LS-DYNA 计算程序的使用入门知识,首先介绍以关键字为核心的 LS-DYNA 计算程序的运行要素及计算过程,随后以一个简单动力学问题为例阐释了 LS-DYNA 程序的计算实现过程。

2.1　LS-DYNA 计算程序运行要素及过程

运行 LS-DYNA 求解器所需的要素包括可执行文件(求解器)、命令、输入文件以及足够的磁盘空间。

LS-DYNA 求解器程序仅包含一个单一的可执行程序文件,可执行程序的运行通过系统命令来驱动。LS-DYNA 的输入文件是简单的 ASCII 格式,称为 LS-DYNA 关键字文件,可以通过各种文本编辑器准备。关键字文件也可以通过图形前处理程序进行前处理操作后导出,很多第三方软件产品可用于形成 LS-DYNA 输入文件,如:ANSYS、HyperMesh、ICEM、FEMB 等。LSTC 也开发了自己的前后处理器,即 LS-PrePost。

执行 LS-DYNA 求解程序时,可按如下操作步骤进行:

(1)首先创建一个计算目录,要保证此目录所在分区有足够的磁盘空间。

(2)将前处理准备好的关键字文件和 LS-DYNA 求解器程序(求解器程序的文件名称假定为 LS-DYNA. exe)复制到计算目录中。

(3)在 Windows 系统中启动开始菜单的命令提示符。

(4)切换至 LS-DYNA 求解器程序所在路径。

(5)在提示符为计算目录下,输入执行 LS-DYNA 求解程序的操作命令,其格式如下:

LS-DYNA I=inf O=otf G=ptf D=dpf F=thf T=tpf A=rrd M=sif S=iff Z=isf1
L=isf2 B=rlf W=root E=efl X=scl C=cpu K=kill V=vda Y=c3d BEM=bof
{KEYWORD} {THERMAL} {COUPLE} {INIT} {CASE} {PGPKEY}
MEMORY=nwds NCPU=ncpu PARA=para ENDTIME=time
NCYCLE=ncycle JOBID=jobid D3PROP=d3prop GMINP=gminp
GMOUT=gmout MCHECK=y

在此命令中,LS-DYNA 为求解程序的可执行文件名称,其后附加的各种计算参数列于表 2-1 中。

表 2-1　LS-DYNA 求解命令的参数解释

参　　数	解　　释
inf	由用户指定的输入文件(关键字文件)
otf	高速打印输出文件,缺省为 d3hsp

参　数	解　释
ptf	结果后处理二进制文件，缺省为 d3plot
dpf	输出重启动分析转储文件，缺省为 d3dump。此文件的输出通过 * DATABASE_BINARY_ D3DUMP 关键字指定，指定"d＝nodump"则不输出此文件
thf	选择数据的时间历程二进制文件，缺省为 d3thdt
tpf	可选温度文件
rrd	running restart dump file(default＝runrsf)
sif	由用户指定的应力初始化文件
iff	由用户指定的界面力文件
isf1	由用户指定的界面段保存文件
isf2	由用户指定的已有界面段保存文件
rlf	动力松弛的二进制文件，缺省为 d3drfl
efl	包含可选输入 echo 的 echo 文件
root	一般打印选项的根文件名
scl	二进制文件大小的比例因子，缺省为 7，相应文件最大为 1 835 008 words
cpu	正数表示整个模拟的累积的 CPU 时间限制，负数表示其绝对值为第一次以及每一次重启动分析的 CPU 时间限制，单位为秒
kill	如 LS-DYNA 遇到此选项指定的文件名(缺省为 d3kil)将会终止计算并写一个重启动文件
vda	几何表面的 VDA/IGES 数据库
c3d＝input file	CAL3D 的输入文件
bof	* FREQUENCY_DOMAIN_ACOUSTIC_BEM 的输出文件
nwds	分配的内存字数(Words)，不同系统下字占有的 bit 数不同。这一参数将覆盖 * KEYWORD 卡片中指定的内存大小
ncpu	分配的 CPU 个数，这一参数将覆盖 * CONTROL_PARALLEL 定义的 NCPU 和 CONST。* KEYWORD 提供另一种方式指定 CPU 数
para	覆盖 * CONTROL_PARALLEL 定义的 PARA 参数
time	覆盖 * CONTROL_TERMINATION 定义的计算结束时间 ENDTIM
ncycle	覆盖 * CONTROL_TERMINATION 定义的 ENDCYC 参数
jobid	作为所有输出文件的前缀的字符串，最多为 72 字符，不要使用)(* ／？ ＝\等字符
d3prop	同 * DATABASE_BINARY_D3PROP 指定的 IFILE 参数
gminp	同 * INTERFACE_SSI 指定的读取运动记录输入文件，缺省为 gmbin
gmout	同 * INTERFACE_SSI_AUX 指定运动记录的写出文件，缺省为 gmbin
mcheck＝y	mcheck＝y 出现时表示程序切换着模型检查模式，这种模式下程序仅运行 10 个 cycle，以确定模型是否可以正常计算
couple	要运行一个耦合热分析，命令行中必须出现 couple 字样
thermal	要运行一个纯热分析，命令行中必须出现 thermal 字样
init	命令行中的 init 选项(或 sw1)可使分析在一个 cycle 后停止并写出一个完全重启动文件
pgpkey	命令行包含此选项用于输出 the LS-DYNA 当前用于加密输入文件的 PGP 秘钥

为了避免导致结果的混淆,每次应在不同的路径中运行 LS-DYNA 程序,或者通过在命令行中包含 jobid 参数来区别输出文件名称。如果是在同一路径下执行计算,旧的文件应当删除或重命名以便避免混淆,否则可能在二进制结果文件中同时包含了新旧两个计算结果。

在计算过程中,可以使用选择 SW 系列切换开关对求解过程的状态进行监控。通过在系统命令提示行键入 Ctrl+C 组合键即可暂时中断 LS-DYNA 的计算进程,提示用户输入切换开关码。LS-DYNA 提供的 SW 控制选项列于表 2-2 中。

表 2-2　LS-DYNA 的 SW 控制选项

选　项	作　　用
SW1	LS-DYNA 终止求解并写一个重启动文件
SW2	LS-DYNA 输出时间估计和循环次数后继续求解
SW3	LS-DYNA 写一个重启动文件并继续求解
SW4	LS-DYNA 写一步的结果数据并继续求解
SW5	进入交互式图形阶段和实时可视化
SW7	关闭实时可视化
SW8	交互 2D SOLID 单元重划分及实时可视化
SW9	关闭 SW8 的实时可视化
SWA	冲掉 ASCII 文件缓冲区

对于重启动分析,执行 LS-DYNA 计算程序的命令行如下:

LS-DYNA I=inf O=otf G=ptf D=dpf R=rtf F=thf T=tpf A=rrd S=iff Z=isf1 L=isf2 B=rlf W=root E=efl X=scl C=cpu K=kill Q=option KEYWORD MEMORY=nwds

其中,rtf 参数为 LS-DYNA 写的重启动文件,文件名缺省为前一次计算时 dpf 参数所指定的重启动文件 d3dump。

重启动文件 d3dump 是二进制文件,d3dump 文件可以有多个,比如:d3dump01、d3dump02 等。一般来说,每一个 dump 文件都相应于一个不同的分析时间步,包含了 LS-DYNA 由此时间步继续进行分析所需的全部模型数据信息。

2.2　LS-DYNA 运行简单实例

本节以一个简单的结构动力学分析实例,介绍 LS-DYNA 的一般计算过程。

1. 问题描述

悬臂矩形截面梁,截面尺寸为 0.15 m×0.2 m,梁长度为 2.5 m。梁的密度为 2 500 kg/m^3,弹性模量为 $3.0×10^{10}$ Pa,泊松比 0.2。梁的自由端作用沿着梁高度方向的集中荷载,其数值为 10 kN,荷载-时间历程为 time=0 s 时刻突然施加,之后保持幅值不变。计算梁的动力响应。

2. 关键字文件

为了计算此问题,需要准备 LS-DYNA 的关键字文件。关键字文件的格式将在下一章详细介绍。

(1)计算模型

悬臂梁沿着轴向方向分为 5 个梁单元,节点 1 为固定端节点,节点 6 为加载的自由端节点。在梁的上方建立 100 号节点,5 个单元在定义时均使用 100 号节点作为定位节点。

(2)加载

自由端的荷载通过载荷-时间曲线方式定义。

(3)计算设置

计算结束时间取 1.0 s,计算结果的输出间隔取 0.25 ms。

此问题的关键字文件 beam.k 如下。

```
*KEYWORD
*DATABASE_FORMAT
        0
*NODE
      1 0.000000000E+00 0.000000000E+00 0.000000000E+00        0        0
      2 5.000000000E-01 0.000000000E+00 0.000000000E+00        0        0
      3 1.000000000E+00 0.000000000E+00 0.000000000E+00        0        0
      4 1.500000000E+00 0.000000000E+00 0.000000000E+00        0        0
      5 2.000000000E+00 0.000000000E+00 0.000000000E+00        0        0
      6 2.500000000E+00 0.000000000E+00 0.000000000E+00        0        0
    100 0.000000000E+00 1.000000000E+00 0.000000000E+00        0        0
*SECTION_BEAM
        1        1    0.8333     2.0       0.0
0.200    0.200    0.150    0.150       0.00       0.00
*MAT_ELASTIC
      1 0.250E+04 0.300E+11   0.200000       0.0       0.0       0.0
*PART
Part              1 for Mat          1 and Elem Type        1
        1        1        1        0        0        0        0
*ELEMENT_BEAM
      1        1        1        2      100
      2        1        2        3      100
      3        1        3        4      100
      4        1        4        5      100
      5        1        5        6      100
*DEFINE_CURVE
        1        0     1.000     1.000     0.000     0.000
  0.000000000000E+00-1.000000000000E+04
  5.000000000000E+00-1.000000000000E+04
*LOAD_NODE
        6        2        1     1.000        0        0        0        0
```

```
* BOUNDARY_SPC_NODE
      1      0      1      1      1      1      1      1
* CONTROL_ENERGY
           2      2      2      2
* CONTROL_SHELL
  20.0              1     -1      1      2      2      1
* CONTROL_TIMESTEP
   0.0000    0.9000        0  0.00      0.00
* CONTROL_TERMINATION
  1.00            0  0.00000  0.00000  0.00000
* DATABASE_BINARY_D3PLOT
0.00025
* DATABASE_BINARY_D3THDT
0.001
* DATABASE_EXTENT_BINARY
      0      0      3      1      0      0      0      0
      0      0      4      0      0      0      0
* END
```

3. 提交 LS-DYNA 求解并查看结果

将 LS-DYNA 求解程序(假设为 LS-DYNA. exe)和关键字文件 beam. k 复制到一个目录下,在命令提示行窗口输入:

LS-DYNA I=beam. k↙

程序即开始求解,求解完成后,用 LS-PREPOST 程序打开计算形成的 d3plot 文件,通过 History 功能,选择绘制节点 6(自由端)的 Y 向位移的时间历程曲线,如图 2-1 所示。

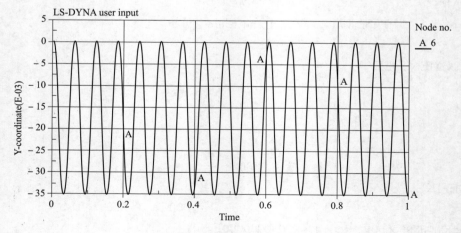

图 2-1 梁端 Y 向位移的时间历程曲线

根据结构动力学,自由端的最大振幅理论解按下式计算:

$$|\Delta y|_{\max} = K_{\mathrm{d}} \cdot \frac{|P|L^3}{3EI}$$

式中，K_{d} 为动力放大系数，对于突加荷载 $K_{\mathrm{d}} = 2$；$P = -10 \times 10^3$ N；$L = 2.5$ m；$E = 3.0 \times 10^{10}$ Pa；$I = \dfrac{0.2^3 \times 0.15}{12}$ m^4；代入上式得到最大振幅理论值为 34.7 mm，与 LS-DYNA 计算得到的结果是一致的。

第3章 LS-DYNA 关键字文件

关键字文件是 LS-DYNA 求解信息的标准输入格式,LS-DYNA 求解的模型信息和分析选项必须通过关键字形式来描述并提交给求解器,因此掌握关键字是正确使用 LS-DYNA 程序的前提和基础。本章将详细介绍 LS-DYNA 关键字文件的语法、组织结构及常用关键字。

3.1 LS-DYNA 关键字文件的组织结构及基本语法

LS-DYNA 为其关键字的输入提供了一个灵活的、有条理的数据组织结构,很容易理解。在 LS-DYNA 的关键字文件中,通过 * ELEMENT 关键字系列来定义单元的基本信息,可以是实体单元、梁单元、壳单元、弹簧单元、阻尼器单元、质量单元、安全带单元等,单元关键字会引用到单元所在 PART 的 ID 号(通过 * PART 关键字来定义),在 PART 的定义中又会引用到 * SECTION 关键字所定义的单元算法截面信息以及 * MAT 和 * EOS 关键字所定义的材料特性及状态方程的 ID。LS-DYNA 主要关键字之间的变量引用关系如图 3-1 所示。

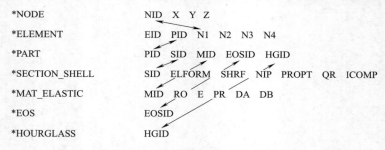

图 3-1 LS-DYNA 关键字的组织结构

在关键字文件中,类似的项目通常组合在同一个关键字中形成数据块。LS-DYNA 的关键字都包含若干个数据块,一个数据块以一个关键字开始,后面是与此关键字相关的数据行。下一个相邻的关键字作为上一个数据块的结束,同时也是一个新的数据块的开始。每一个关键字都以星号"*"开始,关键字不区分大小写,但是星号"*"必须位于每一个关键字的第一列并左对齐。第一列为"$"表示这一行为注释行,读入时此行将被自动忽略。

* KEYWORD 关键字通常是关键字文件中的第一个关键字。 * END 关键字则是作为关键字文件的结束,如果没有此关键字时 LS-DYNA 读入关键字信息到文件结束位置。

LS-DYNA 其他关键字的输入与次序无关。关键字数据输入格式可以是自由格式,也可以是固定格式。当采用固定格式输入时,一般是一行 8 个变量域,每个域占据 10 个字符位置。采用自由格式输入时,数据之间则用逗号间隔,比如如下的关键字。

* NODE

100,1.05,0.15,51.5

```
101,1.15,0.35,51.5
102,1.05,0.50,51.5
103,0.95,0.30,51.5
*ELEMENT_SHELL
1001,1,100,101,102,103
```

输入关键字数据可混合采用固定格式以及自由格式,手工编辑时推荐采用自由格式。采用自由格式时,要注意不超出变量取值的限制范围,比如整型 8 位变量 I8 的最大取值为 99999999,不能超出此范围。

常用的 LS-DYNA 关键字及类型列于表 3-1 中。

表 3-1　常用关键字的类型及作用

关　键　字	类型及作用描述
*NODE	定义节点信息
*ELEMENT_BEAM	定义梁单元
*ELEMENT_SHELL	定义壳单元
*ELEMENT_SOLID	定义实体单元
*ELEMENT_TSHELL	定义厚壳单元
*ELEMENT_DISCRETE	定义离散单元
*ELEMENT_SEATBELT	定义安全带单元
*ELEMENT_MASS	定义质量单元
*PART	定义部件
*SECTION_BEAM	梁的截面和特性
*SECTION_SHELL	壳的截面和特性
*SECTION_SOLID	实体单元算法定义
*SECTION_TSHELL	厚壳的截面和特性
*SECTION_DISCRETE	离散单元特性
*SECTION_SEATBELT	安全带单元特性
*MAT	定义材料模型
*EOS	状态方程
*CONTACT_OPTION	定义接触
*CONSTRAINED_NODE_SET	定义节点约束
*CONSTRAINED_GENERALIZED_WELD	定义焊接约束
*CONSTRAINED_SPOT_WELD	定义点焊约束
*CONSTRAINED_RIVET	定义铆接约束
*RIGIDWALL_OPTION	定义刚性墙
*BOUNDARY_SPC_OPTION	定义边界条件
*LOAD_BODY_OPTION	施加体积力
*LOAD_NODE_OPTION	施加节点力

续上表

关　键　字	类型及作用描述
＊LOAD_SEGMENT_OPTION	施加基于段（SEGMENT）的荷载
＊LOAD_SHELL_OPTION	施加基于壳的荷载
＊LOAD_THERMAL_OPTION	施加热荷载
＊DEFINE_CURVE	定义载荷曲线
＊HOURGLASS	定义沙漏控制和体积黏性参数，优先级高于＊CONTROL 关键字
＊CONTROL_HOURGLASS	定义沙漏控制方法
＊CONTROL_BULK_VISCOSITY	定义体积黏性参数
＊CONTROL_TERMINATION	定义求解结束时间
＊CONTROL_CPU	指定 CPU 时间
＊CONTROL_CONTACT	定义接触选项，仅用于单面接触及自动接触
＊DATABASE_OPTION	定义文本输出文件选项
＊DATABASE_BINARY_OPTION	定义二进制输出文件选项

3.2　节点及单元关键字

本节介绍描述模型几何信息的节点关键字以及单元关键字。

3.2.1　节点关键字

关键字＊NODE 用于指定 LS-DYNA 分析模型中的节点信息，本节介绍与节点关键字相关的选项、输入数据及其他注意事项。

1. 节点关键字的一般形式及选项

节点关键字的基本格式如下：

＊NODE_{OPTION}

{OPTION}为可选择选项，通常为＜BLANK＞，也可为 MERGE。

MERGE 选项通常应用于不相交部件的边界节点，并仅用于那些定义时使用了 MERGE 选项的节点。使用 MERGE 选项时，符合上述条件且有相同坐标的节点将被合并。合并过程中，可指定一个合并的坐标容差，这个容差通过关键字＊NODE_MERGE_TOLERANCE 指定。此外，通过关键字＊NODE_MERGE_SET，可通过指定一个不相交部件上边界节点的集合，在此集合中坐标相同（或小于＊NODE_MERGE_TOLERANCE 指定坐标容差）的节点被合并，这种情况下，＊NODE_MERGE 关键字选项不再需要。

2. 节点关键字的输入数据卡片及变量说明

一般情况下多使用不含 MERGE 选项的＊NODE 关键字，其输入数据卡片仅一行，包含的变量如下（逗号隔开，即按自由输入形式，本章后续关键字均采用此形式）：

NID,X,Y,Z,TC,RC

其中各变量的意义解释列于表 3-2 中。

表 3-2　∗NODE 关键字的变量

变　量　名	解　　释
NID	节点号
X	节点的 X 坐标值
Y	节点的 Y 坐标值
Z	节点的 Z 坐标值
TC	平动自由度受约束标识变量
RC	转动自由度受约束标识变量

表 3-2 中,平动自由度受约束标识变量 TC 的取值规则如下:

0:无线位移约束;

1:X 方向线位移受到约束;

2:Y 方向线位移受到约束;

3:Z 方向线位移受到约束;

4:X 方向、Y 方向线位移受到约束;

5:Y 方向、Z 方向线位移受到约束;

6:Z 方向、X 方向线位移受到约束;

7:X 方向、Y 方向、Z 方向线位移受到约束。

与 TC 相类似,转动自由度受约束标识变量 RC 的取值规则如下:

0:无转动约束;

1:绕 X 方向转动受到约束;

2:绕 Y 方向转动受到约束;

3:绕 Z 方向转动受到约束;

4:绕 X 方向、Y 方向转动受到约束;

5:绕 Y 方向、Z 方向转动受到约束;

6:绕 Z 方向、X 方向转动受到约束;

7:绕 X 方向、Y 方向、Z 方向转动受到约束。

实际上,边界条件定义更常用的关键字是 ∗BOUNDARY_SPC,或者是 ∗CONSTRAINED 关键字。

3. 节点关键字的其他注意事项

对于那些在模型中不与任何单元相连接的节点,LS-DYNA 将会为其分配一个很小的质量和转动惯性值。一般情况下,无质量的节点不会引起问题,但是在极个别情况下,当这些节点与结构相互作用时可能会引起稳定性问题。当存在无质量的节点时,程序会报警告信息。

另外,无质量的节点还在刚体分析中用于定义 Joint,与之相关的关键字是 ∗CONSTRAINED_EXTRA_NODES_OPTION 和 ∗CONSTRAINED_NODAL_RIGID_BODY。

3.2.2　单元关键字

LS-DYNA 的单元类型包括 BEAM、SOLID、SHELL、TSHELL、MASS、INERTIA、DISCRETE、

SEATBELT、SPH 等。＊ELEMENT 关键字用于定义 LS-DYNA 计算模型的单元信息。本节介绍各种单元定义关键字相关的选项、输入数据以及其他注意事项。

1. BEAM 单元的关键字

(1)BEAM 单元关键字的一般形式及选项

BEAM 单元关键字的一般形式为：

＊ELEMENT_BEAM_{OPTION}_{OPTION}

此关键字后面的两个的{OPTION}为可选项而并非必须。可用的 OPTION 包括 <BLANK>、THICKNESS、SCALAR、SCALR、SECTION、PID、OFFSET、ORIENTATION、WARPAGE 以及 ELBOW(beta)。下面简单介绍这些选项的作用。

①THICKNESS、SECTION 选项

定义梁单元的横截面数据有两种方法。缺省方法是通过＊SECTION_BEAM 关键字指定；也可以通过在＊ELEMENT_BEAM 后附加 THICKNESS 和 SECTION 选项并在关键字中指定相关数据(其中 SECTION 选项仅用于合力梁，即＊SECTION_BEAM 关键字的 ELFORM=2 的情况)。另外，后一种方法的指定可覆盖前一种方法的指定。

②SCALAR/SCALR 选项

关键字附加 SCALAR/SCALR 选项时仅用于 146 号材料类型，对应的材料通过关键字 ＊MAT_1DOF_GENERALIZED_SPRING 所指定。

③PID 选项

关键字附加 PID 选项仅用于类型 9，即 spot weld 单元，对其他的梁单元类型将忽略此选项。

④ORIENTATION、OFFSET 选项

关键字附加 ORIENTATION 和 OFFSET 选项用于指定梁的截面定位及偏移，不适用于 discrete beam 单元。

⑤WARPAGE 选项

关键字附加 WARPAGE 选项用于指定标量节点。

⑥ELBOW 选项

关键字附加 ELBOW 选项用于定义 3 节点二次插值的梁单元，通常在管道分析中使用，使用该选项后每个节点包含 12 个自由度(其中 6 个用于描述截面畸变)，每个单元将有 36 个自由度。

(2)BEAM 单元关键字的输入数据及变量说明

＊ELEMENT_BEAM 关键字及后续一行或多行数据卡片用于定义各种线状的单元，包括 3D 梁单元、桁架单元、2D 轴对称壳单元以及 2D 平面应变梁单元。单元的具体类型及其算法由＊PART 关键字的 part ID 以及＊SECTION_BEAM 关键字的 section ID 所指定。

＊ELEMENT_BEAM 关键字的输入数据卡片以及各卡片包含的变量如下。

①卡片 1

卡片 1 为最基本的输入数据，位于＊ELEMENT_BEAM 关键字的下面第一行，其包含的参数如下：

EID,PID,N1,N2,N3,RT1,RR1,RT2,RR2,LOCAL

卡片 1 各个变量的意义列于表 3-3 中。

表 3-3　﹡ELEMENT_BEAM 关键字的卡片 1 参数意义

变　量　名	解　　　释
EID	单元 ID 号
PID	单元所在部件的部件 ID 号
N1	端部节点号 1
N2	端部节点号 2
N3	定位节点号 3
RT1	N1 节点的线位移释放标识
RR1	N2 节点的线位移释放标识
RT2	N1 节点转角位移释放标识
RR2	N2 节点转角位移释放标识
LOCAL	自由度释放坐标系选项

其中,标识变量 RT1 及 RT2 的取值和代表的具体意义如下:

0:没有线位移自由度被释放;

1:X 方向线位移自由度被释放;

2:Y 方向线位移自由度被释放;

3:Z 方向线位移自由度被释放;

4:X 和 Y 方向线位移自由度被释放;

5:Y 和 Z 方向线位移自由度被释放;

6:Z 和 X 方向线位移自由度被释放;

7:X、Y 和 Z 方向线位移自由度被释放。

标识变量 RR1 及 RR2 的取值和代表的具体意义如下:

0:没有转动位移自由度被释放;

1:绕 X 方向转动位移自由度被释放;

2:绕 Y 方向转动位移自由度被释放;

3:绕 Z 方向转动位移自由度被释放;

4:绕 X 和 Y 方向转动位移自由度被释放;

5:绕 Y 和 Z 方向转动位移自由度被释放;

6:绕 Z 和 X 方向转动位移自由度被释放;

7:X、Y 和 Z 方向转动位移自由度被释放。

上述 RT 及 RR 选项不适用于梁单元类型为 9 号(即 spot weld)的情况。

变量 LOCAL 为坐标系选项,其取值及代表的意义如下:

1:表示总体坐标系统;

2:局部坐标系统(缺省)。

②Thickness 卡片

如果 ﹡ELEMENT_BEAM 关键字中包含了 THICKNESS 选项,还需要指定 Thickness 卡片,其包含的参数如下:

PARM1,PARM2,PARM3,PARM4,PARM5

Thickness 卡片各个变量的意义列于表 3-4 中。

表 3-4   Thickness 卡片的基本参数

Beam type	PARM1	PARM2	PARM3	PARM4	PARM5
1	节点 1 的 beam thickness，s 方向	节点 2 的 beam thickness，s 方向	节点 1 的 beam thickness，t 方向	节点 2 的 beam thickness，t 方向	—
2	area	Iss	Itt	Irr	shear area
3	area	动力松弛的斜坡上升时间	动力松弛的初始应力	—	—
4	节点 1 的 beam thickness，s 方向	节点 2 的 beam thickness，s 方向	节点 1 的 beam thickness，t 方向	节点 2 的 beam thickness，t 方向	—
5	节点 1 的 beam thickness，s 方向	节点 2 的 beam thickness，s 方向	节点 1 的 beam thickness，t 方向	节点 2 的 beam thickness，t 方向	—
6	volume（VOL）	Inertia（INER）	局部坐标系 ID	area	offset
7	节点 1 的 beam thickness，s 方向	节点 2 的 beam thickness，s 方向	—	—	—
8	节点 1 的 beam thickness，s 方向	节点 2 的 beam thickness，s 方向	—	—	—
9	节点 1 的 beam thickness，s 方向	节点 2 的 beam thickness，s 方向	节点 1 的 beam thickness，t 方向	节点 2 的 beam thickness，t 方向	SWFORC 文件打印标示注

注：PARM5 可改写 * SECTION_BEAM 关键字所输入的缺省值，PARM5＝1 为不打印，2 为打印。

在上述的表格中，出现了梁的轴向 r 及截面的 s 方向及 t 方向，这与截面定位有关，如图 3-2 所示，定位节点 N3 位于 s、r 平面内。

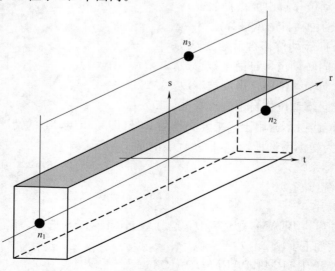

图 3-2   LS-DYNA 三维梁单元的截面定位示意图

③Section 卡片

如果 ∗ELEMENT_BEAM 关键字中包含了 SECTION 选项,还需要指定 Section 卡片,其包含的参数如下:

STYPE,D1,D2,D3,D4,D5,D6

其中,STYPE 为合力梁的截面类型的字符型变量,其取值为 SECTION_XX,XX 可为 01、02,……,22,代表 22 种截面类型,依次为 I-Shape、Channel、L-Shape、T-Shape、Tubular box、Z-Sape、Trapezoidal、Circular、Tubular、I-Shape 2、Solid box、Cross、H-Shape、T-Shape 2、I-Shape 3、Channel 2、Channel 3、T-Shape 3、Box-Shape 2、Hexagon、Hat-Shape、Hat-Shape 2。

D1～D6 为以上不同截面类型对应的截面几何参数,部分截面类型的参数意义如图 3-7 所示。

④Scalar 卡片

如果 ∗ELEMENT_BEAM 关键字中包含了 SCALAR 选项或 SCALR 选项,还需要指定 Scalar 卡片。采用 SCALAR 选项时的输入参数如下:

VOL,INER,CID,DOFN1,DOFN2

采用 SCALR 选项时的输入参数如下:

VOL,INER,CID1,CID2,DOFNS

其中,VOL 为单元的体积,INER 为单元的质量惯性矩,CID 为定位坐标系 ID 号(如 CID=0,则为缺省的总体坐标系),DOFN1 及 DOFN2 分别为节点 1 和节点 2 被激活的自由度(取值 1～6,其中 1,2,3 代表 x、y、z 方向平动,4,5,6 代表 x、y、z 方向转动)。

CID1,CID2 为节点 1 及节点 2 的定位坐标系 ID 号。DOFNS 为节点 1 及节点 2 活动自由度,是 2 位整数,可在 11～66 之间变化,比如 DOFS=12,表示节点 1 有 x 方向平动自由度,节点 1 有 y 方向的平动自由度。

⑤Spot Weld Part 卡片

如果 ∗ELEMENT_BEAM 关键字中包含了 PID 选项,还需要指定 Spot Weld Part 卡片,其包含的输入参数如下:

PID1,PID2

PID1 及 PID2 为 spot weld 单元类型的可选 PART 编号。

⑥Offset 卡片

如果 ∗ELEMENT_BEAM 关键字中包含了 OFFSET 选项,还需要指定 Offset 卡片,其包含的输入参数如下:

WX1,WY1,WZ1,WX2,WY2,WZ2

上述变量的含义列于表 3-5 中。

表 3-5　Offset 卡片参数的意义

变　量　名	解　　释
WX1 WY1 WZ1	梁单元的节点 N1 的偏置向量
WX2 WY2 WZ2	梁单元的节点 N2 的偏置向量

在梁板单元或梁单元之间形成组合结构时,梁截面的偏置往往是在建模时必须考虑的因素。应用 OFFSET 选项时,上述偏置向量是在总体 X、Y、Z 坐标系中的分量。

⑦Orientation 卡片

如果 ＊ELEMENT_BEAM 关键字中包含了 ORIENTATION 选项，还需要指定 Orientation 卡片，其包含的输入参数如下：

VX,VY,VZ

参数 VX,VY,VZ 的意义为节点 N1 的定位向量。这种情况下不需要定位节点 N3。

⑧Warpage 卡片

如果 ＊ELEMENT_BEAM 关键字中包含了 WARPAGE 选项，还需要指定 Warpage 卡片，其包含的输入参数如下：

SN1,SN2

参数 SN1 及 SN2 分别表示标量节点 1 及 2。

⑨Elbow 卡片

如果 ＊ELEMENT_BEAM 关键字中包含了 ELBOW 选项，还需要指定 Elbow 卡片，其包含的输入参数如下：

MN

参数 MN 为 ELBOW 单元的中间节点号。需要注意的是 ELBOW 单元定义需要 4 个节点，梁轴向方向 3 个节点及一个定位节点。

2. SHELL 单元的关键字

（1）SHELL 单元关键字的一般形式及选项

SHELL 单元关键字的一般形式为：

＊ELEMENT_SHELL_{OPTION}

此关键字后面的{OPTION}为可选而非必选项。可用选项包括<BLANK>、THICKNESS、BETA 或 MCID、OFFSET、DOF、COMPOSITE、COMPOSITE_LONG 以及 SHL4_TO_SHL8。在实际使用中还可采用多个选项叠加的形式，如：THICKNESS_OFFSET。下面简单介绍这些选项的作用。

①THICKNESS 选项

此选项用于指定壳的厚度。

②BETA 或 MCID 选项

此选项用于为各向异性材料指定材料角或局部坐标系 ID 号。

③OFFSET 选项

此选项用于移动 SHELL 单元的参考面，使之相对于节点发生偏移。

④DOF 选项

对使用额外自由度的壳单元算法使用此选项。

⑤COMPOSITE 或 COMPOSITE_LONG 选项

COMPOSITE 或 COMPOSITE_LONG 选项用于指定复合材料单元各层参数。

⑥SHL4_TO_SHL8 选项

此选项通过增加中间节点方式将 3 节点三角形 SHELL 单元和 4 节点四边形 SHELL 单元转化为 6 节点三角形和 8 节点四边形的二次 SHELL 单元。新产生的中间节点号由最大节点号基础上向上偏移确定并写入关键字，＊SECTION_SHELL 中需要指定二次壳单元算法。

（2）SHELL 单元关键字的输入数据及变量说明

＊ELEMENT_SHELL 关键字及后续一行或多行数据卡片用于定义 3 节点、4 节点、6 节点以及 8 节点的 3D 壳单元、膜单元及 2D 平面应力单元、平面应变单元及轴对称实体单元。单元的具体类型及其算法由 ＊PART 的 part ID 以及 ＊SECTION_SHELL 的 section ID 所指定。

＊ELEMENT_SHELL 关键字的输入数据卡片以及各卡片包含的变量如下。

① 基本卡片

基本卡片(第 1 个卡片)为最基本的输入数据,位于 ＊ELEMENT_SHELL 关键字的下面第一行,其包含的变量如下:

EID,PID,N1,N2,N3,N4,N5,N6,N7,N8

卡片 1 各个变量的意义列于表 3-6 中,单元节点位置示意如图 3-3 所示。

表 3-6　＊ELEMENT_SHELL 关键字的卡片 1 参数意义

变　量　名	解　　释
PID	Part ID
N1	Nodal point 1
N2	Nodal point 2
N3	Nodal point 3
N4	Nodal point 4
N5～N8	8 节点 SHELL 的中间节点

卡片 1 中指定的逆时针方向节点次序决定了单元的 TOP 表面。

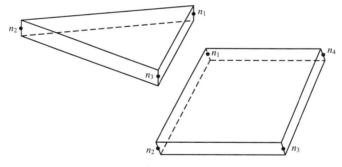

图 3-3　单元节点位置示意图

② Thickness 卡片

如果 ＊ELEMENT_SHELL 关键字中包含了 THICKNESS 选项,还需要指定 Thickness 卡片,其包含的参数如下:

THIC1,THIC2,THIC3,THIC4,BETA 或 MCID

Thickness 卡片各个变量的意义列于表 3-7 中。

表 3-7　＊ELEMENT_SHELL 关键字的卡片 1 参数意义

变　量　名	解　　释
THIC1	节点 1 的 Shell 厚度
THIC2	节点 2 的 Shell 厚度

变 量 名	解　释
THIC3	节点 3 的 Shell 厚度
THIC4	节点 4 的 Shell 厚度
BETA	正交异性材料基偏移角
MCID	材料坐标系 ID

③Offset 卡片

如果 ∗ELEMENT_SHELL 关键字中包含了 OFFSET 选项,还需要指定 Offset 卡片,其包含的参数如下:

OFFSET

此参数表示 SHELL 法线方向上由节点平面到参考面的偏移距离。OFFSET 指定的参考面偏移在接触中不考虑,除非 ∗CONTROL_SHELL 的 CNTCO 参数被设置为 1。

④Scalar Node 卡片

如果 ∗ELEMENT_SHELL 关键字中包含了 DOF 选项,还需要指定 Scalar 卡片,其包含的参数如下:

,,NS1,NS2,NS3,NS4

其中,NSi 为标量节点号,标量节点通过 ∗NODE_SCALAR 关键字指定,其 NDOF 参数设置为 2,如厚度受到约束,NDOF 设为 0。

⑤COMPOSITE 卡片

如果 ∗ELEMENT_SHELL 关键字中包含了 COMPOSITE 选项,还需要指定 COMPOSITE 卡片,其包含的参数如下:

MID1,THICK1,B1,,MID2,THICK2,B2

上述卡片中各参数的意义列于表 3-8 中。

表 3-8　COMPOSITE 卡片参数意义

变 量 名	解　释
MIDi	第 i 个积分点的材料号
THICKi	第 i 个积分点的厚度
Bi Material angle	第 i 个积分点的材料角度

⑥COMPOSITE_LONG 卡片

如果 ∗ELEMENT_SHELL 关键字中包含了 COMPOSITE_LONG 选项,还需要指定 COMPOSITE_LONG 卡片,其包含的参数如下:

MID1,THICK1,B1,,PLYID1

其中,MID1,THICK1,B1 意义同上,PLYIDi 为第 i 个积分点的层 ID(用于后处理)。

3. TSHELL 单元关键字

(1)TSHELL 单元关键字的一般形式及选项

TSHELL 单元关键字的一般形式为:

∗ELEMENT_TSHELL_{OPTION}

此关键字后面斜体的{OPTION}为可选的字段而并非必须选项。可用选项包括 BETA、COMPOSITE。下面简单介绍这些选项的作用。

①BETA 选项

对正交各向异性和各向异性材料,可定义局部材料角 BETA,并与关键字 *SECTION_TSHELL 或 *PART_COMPOSITE_TSHELL 中的积分点角度累加。

②COMPOSITE 选项

COMPOSITE 选项用于定义各个积分点的材料、厚度及方向角。此选项允许任意数量的厚度方向积分点共享同一个 PART ID 号。

(2)TSHELL 单元关键字的输入数据及变量说明

*ELEMENT_TSHELL 关键字及后续一行或多行数据卡片用于定义一个 8 节点的厚壳单元,可以使用全积分或选择缩减积分规则。*ELEMENT_TSHELL 关键字的输入数据卡片以及各卡片包含的变量如下。

①卡片 1

卡片 1 为最基本的输入数据,位于 *ELEMENT_SHELL 关键字的下面第一行,其包含的变量如下:

EID,PID,N1,N2,N3,N4,N5,N6,N7,N8

其中,EID 为单元的 ID 号,PART 的 ID 号,Ni 表示节点号,N1~N4 用于定义单元下表面,N5~N8 用于定义单元上表面,如图 3-4 所示。

②Beta 卡片

当关键字中包含 BETA 选项时,需要定义 Beta 卡片,其包含的参数如下:

,,,,BETA

BETA 为正交异性材料的基准偏移角度。

③Composite 卡片

当关键字中包含 COMPOSITE 选项时需要此卡片,其包含的参数如下:

MID1,THICK1,B1,,MID2,THICK2,B2

MID3,THICK3,B3,,……

其中,MIDi 为通过 *MAT 关键字指定的第 i

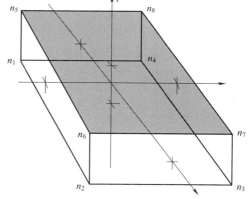

图 3-4　TSHELL 单元节点位置示意图

个积分点的材料 ID 号,THICKi 为第 i 个积分点的厚度,Bi 为第 i 个积分点的材料角。

4.SOLID 单元关键字

(1)SOLID 单元关键字一般形式及选项

BEAM 单元关键字的一般形式为:

*ELEMENT_SOLID_{OPTION}

此关键字后面的{OPTION}为可选项而并非必选项,可用{OPTION}包括<BLANK>、20、ORTHO、DOF、TET4TOTET10、H8TOH20。下面简单介绍这些选项的作用。

①20 选项

此选项用于指定高阶单元的其他节点。

②ORTHO 选项

此选项用于指定各向异性材料的局部坐标系。

③DOF 选项

此选项用于指定多余自由度。

④TET4TOTET10 选项

此选项用于转换 4 节点四面体单元到 10 节点四面体单元。

⑤H8TOH20 选项

此选项用于转换 8 节点六面体单元到 20 节点六面体单元。

(2)SOLID 单元关键字的输入数据及变量说明

＊ELEMENT_SOLID 关键字及后续一行或多行数据卡片用于定义 3 节点、4 节点、6 节点以及 8 节点的 3D 壳单元、膜单元及 2D 平面应力单元、平面应变单元及轴对称实体单元。

①卡片 1

卡片 1 位于 ＊ELEMENT_SHELL 关键字的下面第一行,其包含的变量如下:

EID,PID

其中,EID 为单元的 ID 号,PID 为单元所述 PART 的 Part ID 号(＊PART 定义)。

②卡片 2

卡片 2 位于 ＊ELEMENT_SHELL 关键字的下面第二行,其包含的变量如下:

N1,N2,N3,N4,N5,N6,N7,N8,N9,N10

③卡片 3

卡片 3 位于 ＊ELEMENT_SHELL 关键字的下面第三行,其包含的变量如下:

N11,N12,N13,N14,N15,N16,N17,N18,N19,N20

卡片 2 及卡片 3 的各变量依次表示组成单元的各节点的 ID 号。对于四面体单元,节点 N4 在卡片 2 中重复 5 次,如图 3-5 所示。

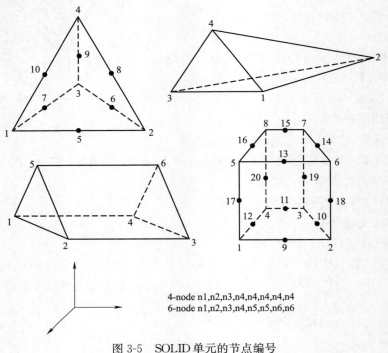

4-node n1,n2,n3,n4,n4,n4,n4,n4
6-node n1,n2,n3,n4,n5,n5,n6,n6

图 3-5　SOLID 单元的节点编号

④Orthotropic 卡片 1

关键字中包含 ORTHO 选项时使用此卡片,包含数据参数如下:

A1 或 BETA,A2,A3

A1、A2、A3 分别表示向量 **a** 的 x、y 及 z 分量。BETA 为材料角度。

⑤Orthotropic 卡片 2

关键字包含 ORTHO 选项时所需的第 2 个卡片,其包含的输入参数如下:

D1,D2,D3

D1、D2、D3 分别为向量 **d** 的 x、y 及 z 分量。关于向量 **a** 和向量 **d** 的定义,请参考关键字手册。

⑥Scalar Node 卡片

关键字包含 DOF 选项时需要此卡片,其包含的参数如下:

,,NS1,NS2,NS3,NS4,NS5,NS6,NS7,NS8

NS1~NS8 表示标量节点号。

5. DISCRETE 单元关键字

DISCRETE 单元包括弹簧、阻尼单元。

(1)DISCRETE 单元关键字的一般形式及选项

DISCRETE 单元关键字的一般形式为:

＊ELEMENT_DISCRETE_{OPTION}

此关键字后面的{OPTION}为可选项而并非必须,可选项包括＜BLANK＞以及 LCO,LCO 选项用于使用载荷曲线以初始化偏移。

(2)DISCRETE 单元关键字的输入数据及变量说明

＊ELEMENT_DISCRETE 关键字在两个节点或节点及地面之间定义无质量的离散弹簧阻尼单元。关键字的输入数据卡片以及各卡片包含的变量如下。

①卡片 1

卡片 1 为最基本的输入数据,位于＊ELEMENT_DISCRETE 关键字的下面第一行,其包含的变量如下:

EID,PID,N1,N2,VID,S,PF,OFFSET

卡片 1 各个变量的意义列于表 3-9 中。

表 3-9　卡片 1 参数及意义

变 量 名	解 释
EID	单元 ID 号
PID	单元所在部件的 ID 号
N1	节点 1 的 ID 号
N2	节点 2 的 ID 号,如果为 0,则弹簧/阻尼连接 N1 与地基
VID	单元定向方式
S	力的缩放系数
PF	DEFORC 文件中 Force 的打印标记开关,PF=0 打印,PF=1 不打印
OFFSET	初始偏移量

在表 3-9 的变量中，VID 为定位选项，其取值及代表的意义为：当 VID＝0 时，弹簧/阻尼单元沿着节点 N1 到节点 N2 的轴线方向起作用；当 VID≠0 时，弹簧/阻尼单元沿着定位向量规定的轴线方向起作用，VID 为关键字 * DEFINE_SD_ORIENTATION 中指定的向量 ID。

初始偏移量 OFFSET 是 Time＝0 时刻的位移或转动。比如，对于平移弹簧，一个正的 offset 在 0 时刻会引起拉力。如果在后面的卡片中指定了 LCID，则忽略此变量的输入。

②Offset Load Curve 卡片

如果在 * ELEMENT_DISCRETE 关键字中包含 LCO 选项，还需要指定 Offset Load Curve 卡片，其包含的变量如下：

LCID，LCIDDR

变量的意义如下：

LCID 为载荷曲线 ID 号，用于将初始的 OFFSET 定义为一个关于时间的函数，正的偏移量对应拉力。LCIDDR 为载荷曲线 ID 号，用于在动力松弛阶段将 OFFSET 定义为一个时间的函数。

6. MASS 单元关键字

(1)MASS 单元关键字的一般形式及选项

MASS 单元关键字的一般形式为：

 * ELEMENT_MASS_{OPTION}

此关键字后面的{OPTION}为可选项而并非必须，可选项包括＜BLANK＞及 NODE_SET。NODE_SET 选项用于定义均匀分布于节点集合上的质量。

(2)MASS 单元关键字的输入数据及变量说明

 * ELEMENT_MASS 关键字用于在节点上定义集中质量单元，或在节点集合上定义均匀分布的质量。当使用 NODE_SET 选项时，质量被均匀分布到节点集合上。 * ELEMENT_MASS 关键字的输入数据卡片包含的变量如下：

EID，ID，MASS，PID

其中各参数的意义列于表 3-10 中。

表 3-10　参数及意义

变　量　名	解　　释
EID	单元 ID 号
ID	质量所在节点或节点集合的 ID 号
MASS	质量的数值
PID	部件 ID 号，此选项为可选

7. INERTIA 单元关键字

(1)INERTIA 单元关键字的一般形式及选项

INERTIA 单元关键字的一般形式为：

 * ELEMENT_INERTIA_{OPTION}

此关键字后面的{OPTION}为可选项而并非必须，可选项包括＜BLANK＞以及 OFFSET。该关键字允许集中质量和惯性张量从节点处偏移。节点可以属于变形体或刚性体。

（2）INERTIA 单元关键字的输入数据及变量说明

①基本数据卡片

＊ELEMENT_INERTIA 关键字的输入数据卡片有 2 个,其变量信息如下：

EID,NID,CSID

IXX,IXY,IXZ,IYY,IYZ,IZZ,MASS

上述卡片的各变量意义列于表 3-11 中。

表 3-11　参数及意义

变 量 名	解 释
EID	单元 ID 号
NID	指定了质量的节点 ID 号
CSID	转动惯量张量的坐标系统 ID 号(0 表示总体坐标系,≥1 表示转动惯量主矩定位向量由坐标系 CSID 指定,CSID 由关键字 DEFINE_COORDINATE_SYSTEM 和 ＊DEFINE_COORDINATE_VECTOR 定义)
IXX	惯性张量的 XX 分量
IXY	惯性张量的 XY 分量
IXZ	惯性张量的 XZ 分量
IYY	惯性张量的 YY 分量
IYZ	惯性张量的 YZ 分量
IZZ	惯性张量的 ZZ 分量
MASS	集中质量

在表 3-11 的各变量中,如果定义了 CSID,则 IXY、IXZ 及 IYZ 设为 0。

②Offset 卡片

如果在 ＊ELEMENT_INERTIA 关键字中包含了 OFFSET 选项,还需要指定 Offset 卡片,其包含的变量如下：

X-OFF,Y-OFF,Z-OFF

这些变量分别表示相对于节点的 X、Y、Z 方向的偏移量。

8. 安全带单元及相关其他单元关键字

（1）安全带单元关键字及数据卡片

＊ELEMENT_SEATBELT

这一关键字段用于定义一维的安全带单元,这一关键字段包含如下的变量信息：

EID,PID,N1,N2,SBRID,SLEN,N3,N4

各变量依次代表单元的 ID 编号,单元所在部件的 ID 编号,各节点的 ID 号,卷收器单元的 ID 号(此单元在卷收器内部时需指定),初始的松弛长度。

上述各个参数的意义列于表 3-12 中。

表 3-12　参数及意义

变 量 名	解 释
EID	单元 ID 号
PID	部件 ID 号

变 量 名	解 释
N1	节点 1 的 ID 号
N2	节点 2 的 ID 号
SBRID	卷收器单元 ID 号（通过关键字 * ELEMENT_SEATBELT_RETRACTOR 定义）
SLEN	初始松弛长度
N3	可选节点 ID 号
N4	可选节点 ID 号

表 3-12 中，N3 和 N4 为可选的节点，当定义节点 N3 及 N4 后，单元成为 SHELL 形状的安全带单元。SHELL 安全带的厚度通过关键字 * SECTION_SHELL 定义，而不是通过关键字 * SECTION_SEATBELT。采用这种单元形式时，注意网格为矩形的规则网格。

（2）相关其他单元的关键字

与安全带的定义相关的单元还包括加速度计单元、预紧器单元、卷收器单元、传感器单元以及滑环单元，与之相关的关键字及主要参数的意义简单列举如下，全部卡片参数的详细介绍请参考 LS-DYNA 关键字手册。

①加速度计单元关键字

如下关键字（包含一个数据卡片）用于定义安全带加速度计：

* ELEMENT_SEATBELT_ACCELEROMETRE

SBACID，NID1，NID2，NID3，IGRAV，INTOPT，MASS

②预紧器单元关键字

如下关键字（包含两个数据卡片）用于定义安全带预紧器：

* ELEMENT_SEATBELT_PRETENSIONER

SBPRID，SBPRTY，SBSID1，SBSID2，SBSID3，SBSID4

SBRID，TIME，PTLCID，LMTFRC

③卷收器单元关键字

如下关键字（包含两个数据卡片）用于定义安全带卷收器：

* ELEMENT_SEATBELT_RETRACTOR

SBRID，SBRNID，SBID，SID1，SID2，SID3，SID4

TDEL，PULL，LLCID，ULCID，LFED

④传感器单元关键字

如下关键字（包含两个数据卡片）用于定义安全带传感器：

* ELEMENT_SEATBELT_SENSOR

SBSID，SBSTYP，SBSFL

上述卡片中的参数 SBSTYP 表示传感器的类型，依不同类型其数据卡片 2 的输入参数也有所不同。

当 SBSTYP=1 时，用于定义节点加速度传感器，卡片 2 的数据参数如下：

NID，DOF，ACC，ATIME

当 SBSTYP=2 时，用于定义卷收器拔出速率传感器，卡片 2 的数据参数如下：

SBRID,PULRAT,PULTIM

当 SBSTYP＝3 时,用于定义时间传感器,卡片 2 的数据参数如下：

TIME

当 SBSTYP＝4 时,用于定义节点间距离传感器,卡片 2 的数据参数如下：

NID1,NID2,DMX,DMN

⑤滑环单元关键字

以下的关键字(包含两个卡片,卡片 2 为可选)用于定义安全带滑环：

＊ELEMENT_SEATBELT_SLIPRING

SBSRID,SBID1,SBID2,FC,SBRNID,LTIME,FCS,ONID

K,FUNCID,DIRECT,DC,,LCNFFD,LCNFFS

9. SPH 单元

SPH 单元通过关键字＊ELEMENT_SPH 定义,此关键字(包含一个输入数据卡片)的一般形式如下：

＊ELEMENT_SPH

NID,PID,MASS

该关键字用于定义一个具有集中质量的 SPH 单元,数据卡片中各参数的意义为：NID 表示节点和单元的 ID 号(对于 SPH 单元,节点和单元的 ID 号相同)；PID 表示 SPH 单元所属 PART 的 ID 号；MASS 用于指定 SPH 单元的质量,当 MASS＞0 时表示 SPH 单元的质量数值,当 MASS＜0 时其绝对值表示 SPH 单元体积,密度由部件的材料关键字定义,这种情况下 SPH 单元的质量为 abs(MASS)×RHO,RHO 为定义的材料密度。

3.3　部件、材料及单元选项关键字

本节介绍部件、材料以及单元选项相关的 LS-DYNA 关键字段,这些关键字都与上节定义单元的关键字有关。

3.3.1　定义部件的关键字

PART(部件)是 LS-DYNA 中的一个重要概念,本节介绍用于定义部件的关键字＊PART及其数据卡片。

1.＊PART 关键字的一般形式及选项

(1)＊PART 关键字的一般形式

在 LS-DYNA 的关键字文件中,通过＊PART 关键字来定义部件及其相关特性,其基本形式如下：

＊PART_{OPTION1}_{OPTION2}_{OPTION3}_{OPTION4}_{OPTION5}

(2)部件关键字的选项

在上述关键字中,{OPTION1} 至 {OPTION5} 为可选项而非必须。{OPTION1} 至 {OPTION5}可以在＊PART 关键字中以任意顺序指定。

①{OPTION1}选项

对于{OPTION1},可用的选项有＜BLANK＞、INERTIA 以及 REPOSITION。INERTIA

选项允许惯性特性及初始条件直接定义而非基于有限元网格计算得到,此选项仅作用于刚体。REPOSITION 选项用于变形部件的重新定位。

②{OPTION2}选项

对于{OPTION2},可用的选项有<BLANK>和 CONTACT。CONTACT 选项允许结合自动接触类型使用基于 part 的接触参数,支持的接触类型号为 a3、4、a5、b5、a10、13、a13、15 及 26,即如下的接触类型关键字:

　　* CONTACT_AUTOMATIC_SURFACE_TO_SURFACE,

　　* CONTACT_AUTOMATIC_SURFACE_TO_SURFACE_MORTAR,

　　* CONTACT_SINGLE_SURFACE,

　　* CONTACT_AUTOMATIC_NODES_TO_SURFACE,

　　* CONTACT_AUTOMATIC_BEAMS_TO_SURFACE,

　　* CONTACT_AUTOMATIC_ONE_WAY_SURFACE_TO_SURFACE,

　　* CONTACT_AUTOMATIC_SINGLE_SURFACE,

　　* CONTACT_AUTOMATIC_SINGLE_SURFACE_MORTAR,

　　* CONTACT_AIRBAG_SINGLE_SURFACE,

　　* CONTACT_ERODING_SINGLE_SURFACE,

　　* CONTACT_AUTOMATIC_GENERAL

③{OPTION3}选项

对于{OPTION3},可用的选项有<BLANK>和 PRINT。PRINT 选项作用于刚体,允许用户控制输出数据是否写入 ASCII 文件 MATSUM 和 RBDOUT。

④{OPTION4}选项

对于{OPTION4},可用的选项有<BLANK>和 ATTACHMENT_NODES。

⑤{OPTION5}选项

对于{OPTION5},可用的选项有<BLANK>和 AVERAGED。AVERAGED 选项仅用于包含线状 truss 单元的部件,这些单元的平均应变和应变率将被计算,平均轴向力将被施加于部件中的所有单元上。

2. 关键字 * PART 的输入数据卡片及其变量

(1)基本卡片

* PART 关键字的输入数据的基本卡片有两个,其包含的变量如下:

HEADING

PID,SECID,MID,EOSID,HGID,GRAV,ADPOPT,TMID

基本卡片 1 各个变量的意义列于表 3-13 中。

表 3-13　　* ELEMENT_BEAM 关键字的卡片 1 参数意义

变 量 名	解　释
HEADING	部件的标题
PID	定义部件的 ID 号,必须是唯一编号
SECID	关键字 * SECTION 所定义的部件 SECTIONID 号
MID	关键字 * MAT 所定义的部件材料类型 ID 号

变量名	解　释
EOSID	关键字 * EOS 所定义的状态方程 ID 号,仅用于通过 EOS 计算压力的 SOLID 单元
HGID	由关键字 * HOURGLASS 定义的沙漏/体积黏性 ID 号,取 0 表示使用缺省值
GRAV	部件的重力初始化选项。初始化由于重力作用于覆盖层引起部件中的静水压力。仅用于 SOLID 单元,必须与 * LOAD_DENSITY_DEPTH 一同使用。等于 0 表示对所有部件初始化,等于 1 时仅对当前材料初始化
ADPOPT	部件采用自适应网格划分标识
TMID	由关键字 * MAT_THERMAL 定义的材料热力学参数 ID 号

（2）Inertia 卡片

当 * PART 关键字中包含 INERTIA 选项时,需要定义 Inertia 卡片（共 3 个）,其参数列表如下:

XC,YC,ZC,TM,IRCS,NODEID

IXX,IXY,IXZ,IYY,IYZ,IZZ

VTX,VTY,VTZ,VRX,VRY,VRZ

当 INERTIA 卡片 1 的 IRCS 参数取 1 时,还需定义 Inertial Coordinate System 卡片,用来定义两个局部向量或一个局部坐标系 ID,此卡片包含参数如下:

XL,YL,ZL,XLIP,YLIP,ZLIP,CID

（3）Reposition 卡片

当 * PART 关键字中包含 REPOSITION 选项时,还需定义 Reposition 卡片,此卡片包含参数如下:

CMSN,MDEP,MOVOPT

（4）Contact 卡片

当 * PART 关键字中包含 CONTACT 选项时,需要定义 Contact 卡片,其包含的参数列表如下:

FS,FD,DC,VC,OPTT,SFT,SSF,CPARM8

（5）Print 卡片

当 * PART 关键字中包含 PRINT 选项时,需要定义 Print 卡片,其包含的参数如下:

PRBF

（6）Attachment Nodes 卡片

当 * PART 关键字中包含 ATTACHMENT_NODES 选项时,需要定义 Attachment Nodes 卡片,其包含的参数如下:

ANSID

除 * PART 关键字的基本卡片外,后面几个卡片中各参数的具体意义请参考 LS-DYNA 关键字手册,本节不再展开介绍。

3.3.2　定义材料数据的关键字

LS-DYNA 求解器提供的材料模型十分丰富,大约有 300 种左右,这些材料模型用于模拟各种复杂的材料力学行为。在 LS-DYNA 关键字中, * MAT 关键字用于定义材料模型及参数；∗EOS 关键字用于定义材料的热力学状态方程及参数，通常用于计算材料模型的压力。

在 LS-DYNA 的关键字文件中，∗MAT 关键字一般有两种不同的形式：一种是以材料模型在 LS-DYNA 求解器材料库中的类型序号形式表示的关键字，另一种则是文字描述形式的关键字。比如：最常用的线弹性材料模型，其在材料库中的序号为 1，因此可采用关键字∗MAT_001 或者∗MAT_ELASTIC 来定义。由于采用文字描述形式的材料关键字更容易读懂，因此本节介绍关键字时均采用文字描述形式。LS-DYNA 提供的材料模型、对应的关键字（数字序号形式及文字描述形式）以及支持的单元类型详见附录 B。此外，本书的附录 C 介绍了 ANSYS 前处理器支持的 LS-DYNA 的材料模型以及相对应的 LS-DYNA 关键字。

LS-DYNA 通过∗EOS 关键字来定义计算压力所需的状态方程模型，常用的 LS-DYNA 状态方程包括线性多项式状态方程、高能炸药的状态方程以及 GRUNEISEN 状态方程等，分别通过关键字∗EOS_LINEAR_POLYNOMIAL、∗EOS_JWL 以及∗EOS_GRUNEISEN 定义。

下面介绍部分较为常用的材料类型及其关键字。

1. 弹性材料模型

（1）各向同性线弹性材料模型

各向同性线弹性材料是最简单的材料模型，这种材料模型的关键字及输入数据卡片的形式如下：

∗MAT_ELASTIC

MID,RO,E,PR,DA,DB,K

如果此关键字中包含了 FLUID 选项，则输入数据增加卡片 2（第 2 行），关键字及输入数据卡片的形式如下：

∗MAT_ELASTIC_FLUID 或 MAT_001_FLUID

MID,RO,E,PR,DA,DB,K

VC,CP

上述数据卡片中各参数的意义列于表 3-14 中。

表 3-14　∗MAT_ELASTIC 关键字的输入参数

参　　数	意　　义
MID	材料模型的 ID 号
RO	质量密度
E	杨氏模量
PR	泊松比
DA	轴向阻尼因子（仅用于 Belytschko-Schwer 梁，类型 2）
DB	弯曲阻尼因子（仅用于 Belytschko-Schwer 梁，类型 2）
K	体积模量（仅用于 FLUID 选项时）
VC	张量黏滞系数，数值介于 0.1 和 0.5 之间
CP	空化压力，缺省为 1.0e+20

（2）正交各向异性弹性模型

正交各向异性弹性材料模型的关键字及输入数据卡片的形式如下：

＊MAT_ORTHOTROPIC_ELASTIC 或 MAT_002

MID RO EA EB EC PRBA PRCA PRCB

GAB GBC GCA AOPT G SIGF

XP YP ZP A1 A2 A3 MACF IHIS

V1 V2 V3 D1 D2 D3 BETA REF

上述数据卡片中各参数的意义列于表 3-15 中。

表 3-15　＊MAT_002 关键字的输入参数

参　数	意　义
MID	材料模型的 ID 号
RO	质量密度
EA	a 方向的杨氏模量
EB	b 方向的杨氏模量
EC	c 方向的杨氏模量(不用于 SHELL 单元)
PRBA	v_{ba},在 ba 方向间的泊松比
PRCA	v_{ca},在 ca 方向间的泊松比
PRCB	v_{cb},在 cb 方向间的泊松比
GAB	ab 方向剪切模量
GBC	bc 方向剪切模量
GCA	ca 方向剪切模量
AOPT	材料轴选项
G	用于与频率无关阻尼的剪切模量
SIGF	频率无关摩擦阻尼的应力限值
XP,YP,ZP	定义点 P 坐标(AOPT＝1 和 4)
A1,A2,A3	定义向量 **a** 分量(AOPT＝2)
MACF	实体单元的材料轴改变标签(缺省等于 1,表示无改变)
IHIS	各向异性刚度项初始化标识(仅用于实体单元)
V1,V2,V3	定义向量 **v** 分量(AOPT＝3 和 4)
D1,D2,D3	定义向量 **d** 分量(AOPT＝2)
BETA	材料角(AOPT＝3)
REF	使用参考几何来初始化应力张量(取 0 读卡片提供数据;取 1,使用关键字 ＊INITIAL_STRESS_SOLID 的历史数据)

注:表中相关向量的定义可参考 LS-DYNA 关键字手册。

(3)完全各向异性弹性模型

完全各向异性弹性模型的关键字及输入数据卡片的形式如下:

＊MAT_ANISOTROPIC_ELASTIC

MID RO C11 C12 C22 C13 C23 C33

C14 C24 C34 C44 C15 C25 C35 C45

C55 C16 C26 C36 C46 C56 C66 AOPT

XP YP ZP A1 A2 A3 MACF IHIS

V1 V2 V3 D1 D2 D3 BETA REF

上述数据卡片中 Cij 为材料的应力应变关系矩阵相关元素。由于此矩阵为对称矩阵,因此在关键字中仅输入上三角部分(包括主对角线上)的元素合计 21 个。上述卡片中,其余参数的意义与 ORTHOTROPIC 相同。

2. 塑性材料模型

塑性是最为常见的材料非线性力学行为,LS-DYNA 提供了丰富的塑性模型,这些模型可以考虑各种硬化行为、与温度相关行为及应变率效应等。部分塑性材料模型的关键字及其特点简介列于表 3-16 中。

表 3-16　LS-DYNA 一般塑性模型

关　键　字	模型及特点简介
* MAT_PLASTIC_KINEMATIC	塑性随动硬化模型,可以考虑应变率效应
* MAT_ELASTIC_PLASTIC_THERMAL	与温度相关的弹塑性模型
* MAT_ELASTIC_PLASTIC_HYDRO	弹塑性流体力学模型
* MAT_STEINBERG	高应变率塑性变形模型,屈服强度与温度及压力有关,压力通过状态方程计算
* MAT_ISOTROPIC_ELASTIC_PLASTIC	等向强化塑性模型
* MAT_JOHNSON_COOK	Johnson 和 Cook 提出的塑性模型,用于分析与温度相关的应变率大范围变化的塑性问题
* MAT_POWER_LAW_PLASTICITY	幂率硬化塑性模型
* MAT_STRAIN_RATE_DEPENDENT_PLASTICITY	应变率相关塑性模型
* MAT_PIECEWISE_LINEAR_PLASTICITY	多线性塑性模型
* MAT_GEOLOGIC_CAP_MODEL	地质帽盖模型

下面,对表 3-16 中部分关键字的使用方法进行简要的介绍。

(1)塑性随动硬化材料模型

各向同性线弹性材料是最简单的材料模型,这种材料模型在 LS-DYNA 材料模型库中编号为 1,关键字及输入数据卡片的形式如下:

　* MAT_PLASTIC_KINEMATIC

MID RO E PR SIGY ETAN BETA

SRC SRP FS VP

上述数据卡片中各参数的意义列于表 3-17 中。

表 3-17　塑性随动模型的参数

参　　数	意　　义
MID	材料模型的 ID 号
RO	质量密度
E	杨氏模量
PR	泊松比
SIGY	屈服应力

续上表

参　　数	意　　义
ETAN	切线模量
BETA	硬化参数,$0<\beta<1$,$\beta=0$,1 分别表示随动硬化和等向硬化
SRC	Cowper Symonds 应变率模型中的参数 C,如果为 0 表示不考虑应变率效应
SRP	Cowper Symonds 应变率模型中的参数 P,如果为 0 表示不考虑应变率效应
FS	侵蚀单元的有效塑性应变
VP	率效应算法,缺省为 0 表示缩放屈服应力,取 1 表示使用黏塑性算法

(2)Johnson-Cook 塑性材料模型

Johnson-Cook 塑性材料模型是一种非线性分析中常用的塑性模型,其关键字及输入数据卡片的形式如下:

＊MAT_JOHNSON_COOK

MID RO G E PR DTF VP RATEOP

A B N C M TM TR EPS0

CP PC SPALL IT D1 D2 D3 D4

D5 C2/P EROD EFMIN NUMINT

上述卡片中包含的参数及其意义列于表 3-18 中。

表 3-18　Johnson-Cook 塑性材料参数

参　　数	意　　义
MID	材料模型的 ID 号
RO	质量密度
G	剪切模量
E	杨氏模量(仅用于 Shell 单元)
PR	泊松比(仅用于 Shell 单元)
DTF	自动单元删除的最小时间步长(Shell 单元),计算时间步长小于 DTF＊TSSFAC 时单元被删除,TSSFAC 为＊CONTROL_TIMESTEP 定义的比例因子
VP	应变率效应算法选项,VP=0 为缺省的缩放屈服应力方式,VP=1 表示采用黏塑性算法
RATEOP	应变率项的形式参数(可取 0、1、2、3、4,各代表不同的算法)。VP=0 时此参数被忽略
A、B、N、C、M	Johnson-Cook 屈服应力表达式的参数,见 LS-DYNA 理论手册
TM	熔化温度
TR	室内温度
EPS0	准静态阀值应变率
CP	比热
PC	拉伸失效应力或拉伸压力截断(PC<0.0)
SPALL	剥落形式
IT	塑性应变迭代选项,缺省为 0.0,即不迭代
D1-D5	断裂应变表达式的参数,见 LS-DYNA 理论手册

参　数	意　义
C2/P	可选应变率参数,见 LS-DYNA 理论手册
EROD	侵蚀参数,缺省为 0 表示允许单元侵蚀;不为 0 时单元无侵蚀但失效时偏应力置零
EFMIN	计算断裂应变的下限
NUMINT	删除壳单元之前必须失效的厚度方向积分点的数目(如果为零,所有积分点必须失效)

(3)与温度相关的弹塑性材料模型

与温度相关的弹塑性材料模型通过关键字 ∗ MAT_ELASTIC_PLASTIC_THERMAL 定义,关键字及输入数据卡片的形式如下:

∗ MAT_ELASTIC_PLASTIC_THERMAL

MID RO

T1 T2 T3 T4 T5 T6 T7 T8

E1 E2 E3 E4 E5 E6 E7 E8

PR1 PR2 PR3 PR4 PR5 PR6 PR7 PR8

ALPHA1 ALPHA2 ALPHA3 ALPHA4 ALPHA5 ALPHA6 ALPHA7 ALPHA8

SIGY1 SIGY2 SIGY3 SIGY4 SIGY5 SIGY6 SIGY7 SIGY8

ETAN1 ETAN2 ETAN3 ETAN4 ETAN5 ETAN6 ETAN7 ETAN8

上述数据卡片中各参数的意义列于表 3-19 中。

表 3-19　温度相关弹塑性材料的参数

参　数	意　义
MID	材料模型的 ID 号
RO	质量密度
Ti(i=1~8)	温度
Ei	各温度 Ti 下的弹性模量
PRi	各温度 Ti 下的泊松比
ALPHAi	各温度 Ti 下的热膨胀系数
SIGYi	各温度 Ti 下的屈服应力
ETANi	各温度 Ti 下的塑性硬化模量

在表 3-19 中,与温度相关的数据点最少 2 个,最多 8 个。材料温度超出以上输入数据定义的温度范围时分析将会被终止。如果仅希望定义热弹性材料,则不用指定 SIGYi 以及 ETANi 的数值。

3. 黏弹性及超弹性橡胶材料模型

LS-DYNA 提供了一系列黏弹性及超弹性材料模型,这些模型可用于模拟橡胶等材料。这里介绍几种常见的模型。

(1)黏弹性材料模型

LS-DYNA 的黏弹性材料通过关键字 ∗ MAT_VISCOELASTIC 定义,关键字及输入数据卡片的形式如下:

＊MAT_VISCOELASTIC

MID RO BULK G0 GI BETA

上述卡片中各参数的意义列于表 3-20 中。

表 3-20 黏弹性材料模型参数

参　　数	意　　义
MID	材料模型的 ID 号
RO	质量密度
BULK	弹性体积模量
G0	短期剪切模量
GI	长期剪切模量
BETA	衰减常数

（2）BLATZ-KO 模型

BLATZ-KO 模型用于模拟几乎不可压缩连续橡胶材料，泊松比被固定为 0.463。定义 BLATZ-KO 材料模型的关键字及输入卡片参数如下：

＊MAT_BLATZ-KO_RUBBER

MID RO G REF

在上述材料卡片中，MID 为材料的 ID 号；RO 为质量密度；G 为剪切模量；REF 为使用参考几何初始化应力张量的标识开关，等于 0.0 为关闭，等于 1.0 为打开（参考几何提供关键字 ＊INITIAL_FOAM_REFERENCE_GEOMETRY 定义）。

（3）MOONEY-RIVLIN 模型

MOONEY-RIVLIN 模型是一种用于模拟橡胶材料的两参数模型，定义 MOONEY-RIVLIN 模型的关键字及输入卡片参数如下：

＊MAT_MOONEY-RIVLIN_RUBBER

MID RO PR A B REF

SGL SW ST LCID

上述卡片各参数的意义列于表 3-21 中。

表 3-21 MOONEY-RIVLIN 模型参数意义

参　　数	意　　义
MID	材料 ID 号
RO	质量密度
PR	泊松比（推荐 0.49 至 0.5 之间）
A	应变能密度函数中的常数，见 LS-DYNA 理论手册
B	应变能密度函数中的常数，见 LS-DYNA 理论手册
REF	与 BLATZ-KO 模型的 REF 参数意义相同
SGL	试件标距长度，如图 3-6 所示
SW	试件截面的宽度
ST	试件截面的厚度
LCID	＊DEFINE_CURVE 定义的曲线 ID 号，曲线定义了力关于标距长度变化的关系

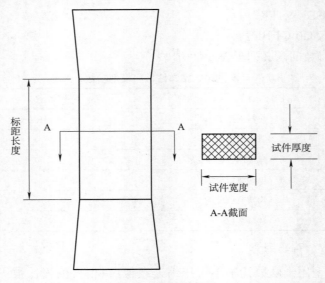

图 3-6　试件示意图

4. 高能炸药材料

LS-DYNA 提供了高能炸药材料用于爆炸分析,定义此材料的关键字及输入数据卡片如下:

*MAT_HIGH_EXPLOSIVE_BURN

MID,RO,D,PCJ,BETA,K,G,SIGY

上述卡片中各参数的意义列于表 3-22 中。

表 3-22　高能炸药材料输入卡片参数

参　　数	意　　义
MID	材料模型的 ID 编号
RO	炸药的质量密度
D	炸药的爆速
PCJ	炸药的爆压
BETA	炸药单元内部压力计算公式的标识变量: 0:表示有体积压缩或满足程序控制起爆条件将会起爆; 1:表示根据计算的结果,凡是有体积压缩的情况将会起爆; 2:表示由程序输入参数控制起爆
K	体积弹性模量(当 BETA=2 使用)
G	剪切模量(当 BETA=2 使用)
SIGY	屈服应力(当 BETA=2 使用)

以上关键字通常与描述爆轰产物压力-体积关系的 JWL 状态方程联用,定义 JWL 状态方程的关键字及其输入卡片参数如下:

*EOS_JWL

EOSID,A,B,R1,R2,OMEG,E0,V0

上述参数中,EOSID 为状态方程的 ID 编号;A,B,R1,R2,OMEG 为 JWL 状态方程表达

式中的参数 A、B、R_1、R_2、ω；E0 为初始能量密度；V0 为初始相对体积。JWL 状态方程的具体形式请参照 LS-DYNA 理论手册。

此外，下列关键字及输入卡片用于设置炸药起爆的位置以及起爆时刻：

*INITIAL_DETONATION

PID,X,Y,Z,LT

其中，各参数的意义为：PID 是炸药单元的部件号；X、Y、Z 依次为起爆点的 X 坐标、Y 坐标及 Z 坐标；LT 为起爆点的点火时间。

5. Null 材料模型

LS-DYNA 提供 Null 材料模型（空材料模型）结合状态方程来描述具有流体行为的材料（如：空气、水）。在空材料参数中提供模型的本构关系计算黏性应力，使用状态方程来计算压力。Null 材料的关键字及输入卡片数据的形式如下：

*MAT_NULL

MID RO PC MU TEROD CEROD YM PR

上述卡片中各参数的意义列于表 3-23 中。

表 3-23　*MAT_NULL 关键字各参数的意义

参　　数	意　　义
MID	材料的 ID 号
RO	材料的密度
PC	压力截断值（≤0.0）
MU	动力黏性系数 μ
TEROD	扩张侵蚀的相对体积 v/v0（取 0 表示被忽略）
CEROD	压缩侵蚀的相对体积 v/v0（取 0 表示被忽略）
YM	杨氏模量（仅用于 BEAM 和 Shell）
PR	泊松比（仅用于 BEAM 和 Shell）

Null 材料模型可以结合多种状态方程使用，这里简单介绍两种状态方程，即：线性多项式状态方程及 Gruneisen 状态方程。

（1）多项式状态方程

多项式状态方程的压力表达式如下：

$$p = C_0 + C_1\mu + C_2\mu^2 + C_3\mu^3 + (C_4 + C_5\mu + C_6\mu^2)E$$

其中，$\mu = \dfrac{\rho}{\rho_0} - 1$，当 $\mu < 0$ 时，$C_2\mu^2$ 及 $C_6\mu^2$ 项设为 0；线性多项式状态方程用于表示 γ 法则气体状态方程时，应按如下设置：

$$C_0 = C_1 = C_2 = C_3 = C_6 = 0$$

$$C_4 = C_5 = \frac{C_p}{C_v} - 1 = \gamma - 1$$

其中的 γ 为两种比热 C_p 和 C_v 之比。

定义多项式状态方程的关键字及输入数据卡片如下：

*EOS_LINEAR_POLYNOMIAL

EOSID C0 C1 C2 C3 C4 C5 C6

E0 V0

以上数据卡片中,EOSID 表示状态方程的 ID 号;C0～C6 为多项式状态方程的系数;E0 为单位参考体积上的初始内能;V0 为初始相对体积。

(2)Gruneisen 状态方程

Gruneisen 状态方程按下式定义压缩材料的压力:

$$p = \frac{\rho_0 C^2 \mu \left[1 + \left(1 - \frac{\gamma_0}{2} \right) \mu - \frac{a}{2} \mu^2 \right]}{\left[1 - (S_1 - 1)\mu - S_2 \frac{\mu^2}{\mu+1} - S_3 \frac{\mu^3}{(\mu+1)^2} \right]^2} + (\gamma_0 + a\mu) E$$

对于膨胀材料,Gruneisen 状态方程按下式定义压力:

$$p = \rho_0 C^2 \mu + (\gamma_0 + a\mu) E$$

在上述 Gruneisen 状态方程中,C 是 vs(vp)曲线的截距;S_1,S_2 和 S_3 是 vs(vp)曲线的斜率系数;γ_0 是 Gruneisen 常数,a 是 γ_0 的一阶体积修正量;$\mu = \frac{\rho}{\rho_0} - 1$。

该状态方程模型需要输入的参数包括 C、S_1、S_2、S_3、γ_0、A、E_0、V_0。定义 Gruneisen 状态方程的关键字及输入数据卡片如下:

*EOS_GRUNEISEN

EOSID C S1 S2 S3 GAMA0 A E0

V0

上述数据卡片各参数意义如下:

EOSID 表示状态方程的 ID 号;C、Si(i=1,2,3)、GAMA0 为状态方程的常数;A 为一阶体积修正系数;E0 为初始内能;V0 为初始相对体积。

6. 刚体材料

刚性材料模型用于模拟模型中相对刚度较大的部件,LS-DYNA 计算中使用刚体模型可以显著地节省计算时间,定义刚体材料模型的关键字及输入数据卡片如下:

*MAT_RIGID

MID RO E PR N COUPLE M ALIAS 或 RE

CMO CON1 CON2

LCO 或 A1 A2 A3 V1 V2 V3

其中,第 3 个卡片为可选的输出设置选项,在关键字中必须包含这个卡片但可以是空行。刚体材料模型输入参数的意义列于表 3-24 中。

表 3-24   刚体材料数据卡片参数

参　　数	意　　义
MID	刚体材料的 ID 编号
RO	刚体材料的质量密度
E	刚体材料的杨氏模量,注意采用合理的数值
PR	刚体材料的泊松比,注意采用合理的数值
N,COUPLE,M,ALIA 或 RE	MADYMO、CAL3D、VDA 等接口相关的参数,通用分析中较少使用,可不定义

续上表

参　数	意　义
CMO	刚体质心约束选项，见表后的解释
CON1	第一个约束参数
CON2	第二个约束参数
LCO	用于输出的局部坐标系编号
A1-V3	指定局部坐标系的另一种方法所使用的参数，向量 a 和向量 v 的分量。输出参数在 a、b、c 方向，c＝a×v，b＝c×a

对于表 3-24 中的约束选项及参数 CMO、CON1 及 CON2，下面进行说明。

CMO 为质心约束选项，CMO＝＋1.0 表示约束施加于总体坐标方向，CMO＝0.0 表示无约束，CMO＝－1.0 表示约束施加于局部坐标方向（SPC 约束）。

CON1 为第一个约束参数。当 CMO＝＋1.0 时 CON1 参数用于指定总体平动约束，包括如下情况：

（1）EQ.0：无约束。

（2）EQ.1：约束 X 方向的平动。

（3）EQ.2：约束 Y 方向的平动。

（4）EQ.3：约束 Z 方向的平动。

（5）EQ.4：约束 X 方向和 Y 方向的平动。

（6）EQ.5：约束 Y 方向和 Z 方向的平动。

（7）EQ.6：约束 Z 方向和 X 方向的平动。

（8）EQ.7：约束 X 方向、Y 方向以及 Z 方向的平动。

当 CMO＝－1.0 时，CON1 指定局部坐标系的 ID 号（通过＊DEFINE_COORDINATE 定义）。

CON2 为第二个约束参数。当 CMO＝＋1.0 时 CON2 参数用于指定总体转动约束，包括如下情况：

（1）EQ.0：无约束。

（2）EQ.1：约束绕 X 方向的转动。

（3）EQ.2：约束绕 Y 方向的转动。

（4）EQ.3：约束绕 Z 方向的转动。

（5）EQ.4：约束绕 X 方向和 Y 方向的转动。

（6）EQ.5：约束绕 Y 方向和 Z 方向的转动。

（7）EQ.6：约束绕 Z 方向和 X 方向的转动。

（8）EQ.7：约束绕 X 方向、Y 方向以及 Z 方向的转动。

当 CMO＝－1.0 时，CON2 参数指定局部的 SPC 约束，其意义如下：

（1）EQ.000000：无约束。

（2）EQ.100000：约束 X 方向的平动。

（3）EQ.010000：约束 Y 方向的平动。

（4）EQ.001000：约束 Z 方向的平动。

(5)EQ. 000100：约束绕 X 方向转动。

(6)EQ. 000010：约束绕 Y 方向转动。

(7)EQ. 000001：约束绕 Z 方向转动。

任意的局部约束组合可以通过在对应列添加 1 实现。

7. 离散单元材料关键字

在 LS-DYNA 中，弹簧及阻尼器等离散单元(＊ELEMENT_DISCRETE)的常数一般通过材料关键字的形式来指定，常见的关键字及其对应的离散单元列于表 3-25 中。

表 3-25　常见离散单元材料关键字

关　键　字	离散单元类型
＊MAT_SPRING_ELASTIC	线性弹簧
＊MAT_SPRING_GENERAL_NONLINEAR	通用非线性弹簧
＊MAT_SPRING_NONLINEAR_ELASTIC	非线性弹性弹簧
＊MAT_SPRING_ELASTOPLASTIC	弹塑性弹簧
＊MAT_SPRING_INELASTIC	非弹性弹簧
＊MAT_SPRING_MAXWELL	MAXWELL 弹簧
＊MAT_DAMPER_VISCOUS	线性黏滞阻尼器
＊MAT_DAMPER_NONLINEAR_VISCOUS	非线性黏滞阻尼器
＊MAT_CABLE_DISCRETE_BEAM	索
＊MAT_SEATBELT	安全带

下面简单介绍几种常见离散单元的 ＊MAT 关键字。

(1)弹簧

LS-DYNA 中弹簧的类型包括线性弹簧、通用非线性弹簧、非线性弹性弹簧、弹塑性弹簧、非弹性弹簧以及 MAXWELL 弹簧等。下面介绍各种弹簧的 ＊MAT 关键字。

①线性弹簧

线性弹簧的材料参数通过如下形式的关键字及输入数据卡片指定：

＊MAT_SPRING_ELASTIC

MID K

在此数据卡片中，MID 表示材料类型的 ID 号，K 表示弹簧的刚度系数，对应于不同的弹簧类型可以是"力/位移"或"力矩/转角"的量纲。

②通用非线性弹簧

通用非线性弹簧材料模型提供了一种通用非线性平动或转动的弹簧，并可以任意指定加载卸载行为。作为可选择的选项，可以定义硬化或软化行为。通过这种模型建立的弹簧单元，在所连接的两个节点之间只有一个被连接的自由度。

通用非线性弹簧材料定义的关键字及数据卡片如下：

＊MAT_SPRING_GENERAL_NONLINEAR

MID LCDL LCDU BETA TYI CYI

通用非线性弹簧的数据卡片中各参数的意义列于表 3-26 中。

表 3-26　通用非线性弹簧参数意义

参　　数	意　　义
MID	刚体材料的 ID 编号
LCDL	用于描述加载过程的力/力矩与位移/转动曲线
LCDU	用于描述卸载过程的力/力矩与位移/转动曲线
BETA	硬化参数。β＝0 时包含拉伸和压缩屈服应变软化(允许负斜率和 0 斜率),此选项不需要 TYI 和 CYI 选项。 β≠0 时,为随动硬化且无应变软化行为,β＝1 时为等向硬化
TYI	拉伸初始屈服力(＞0)
CYI	压缩初始屈服力(＜0)

③非线性弹性弹簧

非线性弹簧模型提供了一种非线性弹性平动和转动弹簧。应变率效应可以通过依赖于速度的缩放因子来考虑。这类弹簧通过两个节点连接,每个节点仅包含一个自由度。材料关键字及输入参数卡片如下:

*MAT_SPRING_NONLINEAR_ELASTIC

MID LCD LCR

其中,MID 表示材料类型的 ID 号;LCD 为用于描述力-位移或力矩-转动关系的曲线,这一曲线必须通过(0,0)且包含正负象限的响应。LCR 为可选的荷载曲线,用于描述力(力矩)关于相对速度(相对转速)的比例因子函数关系。

④弹塑性弹簧

弹塑性弹簧用于定义两个节点之间的等向硬化弹塑性的位移/转动弹簧。每个节点仅包含一个自由度。材料关键字及输入参数卡片如下:

*MAT_SPRING_ELASTOPLASTIC

MID K KT FY

其中,MID 表示材料类型的 ID 号;K 为弹性刚度(力/位移或力矩/转动);KT 为切线刚度;FY 为屈服点的力或力矩。

⑤非弹性弹簧

非线性弹簧用于定义非弹性的仅拉伸或压缩的平动或旋转弹簧。可使用由用户定义的卸载刚度替代最大加载刚度。材料关键字及输入参数卡片如下:

*MAT_SPRING_INELASTIC

MID LCFD KU CTF

其中,MID 表示材料类型的 ID 号,LCFD 为描述任意力/力矩关于位移/转动关系的曲线,这一曲线必须定义在力-位移第一象限(不管弹簧受拉或受压),KU 为卸载刚度(可选),KU 和曲线中的最大加载刚度中的较大者被用于卸载。CTF 为压缩/拉伸标签,等于一1.0 表示仅受拉伸,等于 1.0 表示仅受压缩。

⑥MAXWELL 弹簧

此模型用于指定三参数 Maxwell 黏弹性平动或转动弹簧。可以定义一个保持恒定力/力矩的截止时间。材料关键字及输入参数卡片如下:

*MAT_SPRING_MAXWELL

MID K0 KI BETA TC FC COPT

其中，MID 表示材料类型的 ID 号，K0 为短期刚度，KI 为长期刚度，BETA 为衰减参数，TC 为截止时间，FC 为截至时间后的力/力矩值，COPT 为时间选项，COPT＝0 表示增量时间变化，COPT≠0 表示连续时间变化。

（2）阻尼器

①线性黏滞阻尼器

此模型用于指定两节点的线性平动或转动阻尼器，仅连接一个自由度。材料关键字及输入参数卡片如下：

＊MAT_DAMPER_VISCOUS

MID DC

其中，MID 表示材料类型的 ID 号，DC 为阻尼常数（力/位移速率）或（力矩/转速）。

②非线性黏滞阻尼器

此模型用于指定两节点的黏性平动或转动阻尼器，仅连接一个自由度，可指定任意力-速度关系或力矩-转速关系。材料关键字及输入参数卡片如下：

＊MAT_DAMPER_NONLINEAR_VISCOUS

MID LCDR

其中，MID 表示材料类型的 ID 号，LCDR 为定义描述力-速度关系或力矩-转速关系的载荷曲线，这一曲线必须定义负半轴和正半轴的响应并经过原点(0,0)。

8. 定义材料失效的关键字

LS-DYNA 求解器通过关键字 ＊MAT_ADD_EROSION 指定材料失效，此关键字基本输入数据卡片如下：

＊MAT_ADD_EROSION

MID，EXCL

PFAIL，SIGP1，SIGVM，EPSP1，EPSSH，SIGTH，IMPULSE，FAILTM

上述卡片中各参数的意义列于表 3-27 中。

表 3-27　＊MAT_ADD_EROSION 关键字的输入参数

参　　数	意　　义
MID	需指定失效法则的材料模型的 ID 号
EXCL	被排除的数字标识，下一行参数的数值与 EXCL 相同时，此参数所对应的失效准则被忽略
PFAIL	失效压力值
SIGP1	失效第一主应力值
SIGVM	失效 Von-Mises 等效应力值
EPSP1	失效主应变值
EPSSH	失效剪应变值
SIGTH	阀值应力
IMPULSE	失效应力脉冲值
FAILTM	失效时间，强制由 MID 材料构成单元在指定时间失效

通过下面的关键字,可指定材料 5 构成的单元在 200 ms 的时刻失效:

* MAT_ADD_EROSION

5,111

111,111,111,111,111,111,111,200

3.3.3　定义单元算法及截面的关键字

* SECTION 关键字用于指定单元算法、积分规则、节点厚度以及横截面特性等。这些数据通过标识 SECID 与其他的关键字联系起来,每一种单元的 SECID 必须是唯一的。

下面介绍各种单元类型的 * SECTION 关键字。

1. 关键字 * SECTION_BEAM

关键字 * SECTION _ BEAM 用于定义 BEAM 单元的算法并为 beam、truss、discrete beam 及 cable 等各种细分单元类型定义截面特性数据。下面对其输入数据卡片及参数的具体意义进行介绍。

(1)基本数据卡片

基本数据卡片位于关键字后的第一个数据行,包含参数如下:

SECID,ELFORM,SHRF,QR/IRID,CST,SCOOR,NSM

上述卡片中各参数的意义列于表 3-28 中。

表 3-28　* SECTION _ BEAM 卡片 1 的参数解释

参　数　名	解　　　释
SECID	被 * PART 引用的 Section 的 ID 编号
ELFORM	BEAM 单元的算法选项
SHRF	剪切因子,对 2,3,6 单元类型无需此参数。建议矩形截面为 5/6,缺省值 1.0
QR/IRID	用户定义积分梁的积分规则或规则号
CST	截面类型号,对 2,3,6 单元类型无需此参数。取值为 0、1、2 分别表示矩形截面、圆管截面及任意截面(用户定义积分)
SCOOR	离散梁单元选项
NSM	单位长度的非结构质量

其中,ELFORM 的具体选项列于表 3-29 中。

表 3-29　Beam 单元的 ELFORM 选项

ELFORM	单元算法
1	Hughes-Liu
2	Belytschko-Schwer 合力梁
3	truss
4	Belytschko-Schwer 全截面积分梁
5	Belytschko-Schwer 圆管截面梁
6	离散梁/索
7	xy 平面内的平面应变 shell 单元

续上表

ELFORM	单元算法
8	xy 平面内的轴对称 shell 单元（y 为对称轴）
9	焊点梁单元（与 * MAT_SPOTWELD 结合使用）
11	积分翘曲梁
12	合力翘曲梁
13	精确刚度小位移线性 Timoshenko 梁
14	积分弯管梁

注：算法 1～6 和 9 的 3D 梁元可以混合使用，但不能与 2D 的 7、8 混用，7 和 8 也不能混用。

（2）附加数据卡片

根据基本数据卡片中单元算法选项 ELFORM 的不同，还需要分别定义不同的附加数据卡片，一般是在关键字后的第 2 个卡片（个别的还需要第 3 个卡片）。各种 BEAM 单元细分类型所需的附加数据卡片参数说明如下。

①Integrated Beam 卡片

当 ELFORM＝1 或 11 时作为第 2 个卡片输入，包含参数如下：

TS1 TS2 TT1 TT2 NSLOC NTLOC

上述各变量的意义如下：

TS1 表示节点 1 处沿 s 形心轴方向梁的外围尺寸（CST＝0.0，2.0）或外直径（CST＝1.0）；TS2 表示节点 2 处沿 s 形心轴方向梁的外围尺寸（CST＝0.0，2.0）或外直径（CST＝1.0）；TT1 表示节点 1 处沿 t 形心轴方向梁的外围尺寸（CST＝0.0，2.0）或内直径（CST＝1.0）；TT2 表示节点 2 处沿 t 形心轴方向梁的外围尺寸（CST＝0.0，2.0）或内直径（CST＝1.0）；NSLOC 和 NTLOC 对类型 1 的梁单元使用，作用时梁端面节点的定位，取 1.0，0.0 和 −1.0 依次表示节点位于 s 或 t 轴的正方向、截面中心、负方向。

②Resultant Beam With Shape 卡片

当 ELFORM＝2，3，12 且前 7 个字符拼写成"SECTION"时作为第 2 个卡片输入，包含参数如下：

STYPE D1 D2 D3 D4 D5 D6

其中 STYPE 表示截面形状类型，相关类型列于表 3-30 中。

表 3-30 STYPE 类型

STYPE 字符串	截面类型	STYPE 字符串	截面类型
SECTION_01	工字形	SECTION_09	圆管
SECTION_02	C 形	SECTION_10	工字形-2 类
SECTION_03	L 形	SECTION_11	矩形
SECTION_04	T 形	SECTION_12	十字形
SECTION_05	方管	SECTION_13	H 形
SECTION_06	Z 形	SECTION_14	T 形-2 类
SECTION_07	梯形	SECTION_15	工字形-3 类
SECTION_08	圆截面	SECTION_16	C 形-2 类

续上表

STYPE 字符串	截面类型	STYPE 字符串	截面类型
SECTION_17	U 形	SECTION_20	六边形
SECTION_18	T 形-3 类	SECTION_21	帽子形
SECTION_19	箱形	SECTION_22	帽子形-2 类

对表 3-30 中的每一种类型，D1～D6 参数用于描述几何尺寸（不一定被全部使用），以 SECTION_01 和 SECTION_02 类型截面为例，其 Di 如图 3-7 所示。

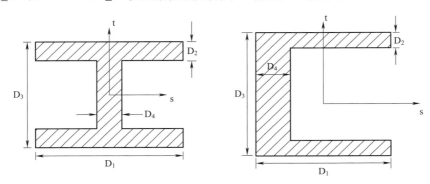

图 3-7　工字形和 C 形截面的参数示意

③Resultant Beam 卡片

当 ELFORM＝2，12，13 且前 7 个字符不拼成"SECTION"时作为第 2 个卡片输入，包含参数如下：

A ISS ITT J SA IST

以上卡片中各变量的意义依次为：梁的横截面积、s 方向的惯性矩、t 方向的惯性矩、极惯性矩、剪切面积、惯性积（非对称截面情况）；对于桁架杆单元，仅输入截面积 A。

④Resultant Beam 卡片

当 ELFORM＝12 且前 7 个字符不拼成"SECTION"时作为第 2 个卡片输入，包含参数如下：

YS ZS IYR IZR IRR IW IWR

以上卡片中各参数的意义依次为：剪切中心的 s 坐标、剪切中心的 t 坐标（坐标原点位于形心）、$\int_A sr^2 dA$、$\int_A tr^2 dA$、$\int_A r^4 dA$、$\int_A \omega^2 dA$（翘曲常数）以及 $\int_A \omega r^2 dA$，其中 $r^2 = s^2 + t^2$。

⑤Resultant Beam 卡片

当 ELFORM＝3 时作为第 2 个卡片输入，包含参数如下：

A RAMPT STRESS

以上卡片中各参数依次表示桁架的截面积、动力松弛分析的斜坡上升时间及初始应力。

⑥Integrated Beam 卡片

当 ELFORM＝4 或 5 时采用此卡片，其包含的参数如下：

TS1 TS2 TT1 TT2

⑦Discrete Beam 卡片

当 ELFORM＝6 时采用此卡片（材料类型不是 146 时），其包含的参数如下：

VOL INER CID CA OFFSET RRCON SRCON TRCON

以上卡片中各个变量的意义依次为：离散梁单元的体积、转动惯量、定向坐标系 ID、索单元的横截面积、索单元的偏置量、局部坐标系的转动约束。

⑧Discrete Beam 卡片

当 ELFORM＝6 且材料类型为 146 时采用此卡片，其包含的参数如下：

VOL INER CID DOFN1 DOFN2

其他卡片中各变量的意义同前，DOFN1 和 DOFN2 表示节点 1 和节点 2 被激活的自由度，用数字 1 到 6 表示，1 为 x 方向平动，4 为绕 x 方向转动。

⑨2D Shell 卡片

当 ELFORM＝7 或 8 时采用此卡片，其包含的参数为节点 n1、n2 的厚度：

TS1 TS2

⑩Spot Weld 卡片

当 ELFORM＝9 时采用此卡片，其包含的参数如下：

TS1 TS2 TT1 TT2 PRINT

其中，PRINT 参数为打印输出选项，缺省为 0 表示输出相关结果到 swforc 文件，设为 1 则不输出结果。

⑪Integrated Beam 卡片

当 ELFORM＝14 时采用此卡片，其包含的参数如下：

PR IOVPR IPRSTR

其中：PR 为 ELBOW 单元内部作用压力，启动刚化的作用。IOVPR 为 ELBOW 单元椭圆畸变自由度的打印标签，缺省为不打印，等于 1 作为 ascii 文件 elbwov 输出。IPRSTR 为由于 PR 引起应力是否加入材料子程序，取 0 时不加入，取 1 时在轴向和周向应力中考虑此效应。

2. 关键字 ＊SECTION _ BEAM_AISC

AISC 选项可用于定义美国钢结构学会 AISC Steel Construction Manual 所指定的标准钢型材截面。此关键字包含两个卡片。

卡片 1 包含如下数据：

SECID LABEL

其中，SECID 为 SECTION 的 ID 编号，LABEL 为 AISC 的截面标签。

当 ELFORM＝1，11 时，卡片 2 包含如下数据：

ELFORM SHRF NSM LFAC NSLOC NTLOC K

当 ELFORM＝2，12 时，卡片 2 包含如下数据：

ELFORM SHRF NSM LFAC

当 ELFORM＝3 时，卡片 2 包含如下数据：

ELFORM LFAC RAMPT STRESS

当 ELFORM＝4，5 时，卡片 2 包含如下数据：

ELFORM SHRF NSM LFAC K

＊SECTION _ BEAM_AISC 卡片各参数的意义这里不再逐个介绍。

3. 关键字 * SECTION_SHELL

关键字 * SECTION_SHELL 用于定义 Shell 单元的厚度及算法等特性,此关键字通常包括如下的 2 个卡片:

SECID,ELFORM,SHRF,NIP,PROPT,QR/IRID,ICOMP,SETYP

T1,T2,T3,T4,NLOC,MAREA

以上卡片中各参数的意义列于表 3-31 中。

表 3-31　* SECTION_SHELL 参数解释

参 数 名	解　　释
SECID	被 * PART 引用的 Section 的 ID 编号
ELFORM	SHELL 单元的算法选项,见后面的表格
SHRF	剪切因子,对均匀材料建议为 5/6
NIP	厚度方向的积分点数
PROPT	与输出相关的参数
QR/IRID	积分规则或积分规则号,取 0 表示 Gauss 积分,最多允许 10 个积分点
ICOMP	复合材料参数,均匀材料可以不指定
SETYP	此参数目前已不再使用
Ti(i=1,2,3,4)	第 i 个节点的厚度
NLOC	参考面位置(仅对单元算法类型 1),取 1.0,0.0,−1.0 分别表示节点偏置到单元的顶面、中面(缺省情况下)、底面
MAREA	单位面积分布的非结构质量

其中,ELFORM 为 SHELL 单元的算法公式,具体的选项列于表 3-32 中。

表 3-32　Beam 单元的 ELFORM 选项

ELFORM	单元算法
1	Hughes-Liu 薄壳单元
2	Belytschko-Tsay 薄壳单元
3	BCIZ 三角形薄壳单元
4	C0 薄壳单元
5	Belytschko-Tsay 膜单元
6	S/R Hoghes-Liu 选择缩减积分薄壳单元
7	S/R 旋转 Hoghes-Liu 选择缩减积分薄壳单元
8	Belytschko-Leviathan 薄壳单元
9	全积分 Belytschko-Tsay 膜单元
10	Belytschko-Wong-Chiang 薄壳单元
11	快速旋转 Hoghes-Liu 薄壳单元
12	平面应力单元(XY 平面)
13	平面应变单元(XY 平面)
14	轴对称实体单元(Y 轴为对称轴,面积加权)
15	轴对称实体单元(Y 轴为对称轴,体积加权)

ELFORM	单元算法
16	全积分薄壳单元(非常快)
-16	改进全积分薄壳单元(更高精度)
17	全积分 DKT 三角形薄壳单元
18	全积分线性 DK 薄壳单元(四边形/三角形)
20	全积分线性假定应变 C0 薄壳单元
21	全积分线性假定应变 C0 薄壳单元(5DOF)
22	线性剪切平板单元(3DOF/Node)
23	8 节点二次四边形壳单元
24	6 节点二次三角形壳单元
25	带厚度拉伸的 Belytschko-Tsay 壳单元
26	带厚度拉伸的全积分壳单元
27	带厚度拉伸的 C0 三角形壳单元
29	边-边连接的内聚壳单元

4. 关键字 * SECTION _ TSHELL

关键字 * SECTION _ TSHELL 用于定义厚壳单元的算法及相关特性,对于非复合材料单元此关键字通常包含 1 个如下的数据卡片:

SECID ELFORM SHRF NIP PROPT QR ICOMP TSHEAR

以上卡片中各参数的意义列于表 3-33 中。

表 3-33　* SECTION_TSHELL 的参数解释

参 数 名	解 释
SECID	被 * PART 引用的 Section 的 ID 编号
ELFORM	TSHELL 单元的算法选项,1、2、3、5 分别表示单点缩减积分、2×2 面内选择缩减积分、假定应变 2×2 面内积分、假定应变缩减积分
SHRF	剪切因子,对均匀材料建议为 5/6
NIP	厚度方向的积分点数
PROPT	与输出相关的参数
QR	积分规则或积分规则号,取 0 表示 Gauss 积分,最多允许 5 个积分点
ICOMP	复合材料参数,均匀材料可以不指定
TSHEAR	横向剪切应变或应力分布标识,0 表示抛物线分布,1 表示厚度方向为常数

5. 关键字 * SECTION_SOLID

关键字 * SECTION _ SOLID 用于定义体单元的算法选项,此关键字通常包含 1 个如下的数据卡片:

SECID ELFORM

其中,SECID 为 SECTION 的 ID 编号;ELFORM 为实体单元的算法公式选项,各种选项列于表 3-34 中。

表 3-34　SOLID 单元算法类型

ELFORM	单元算法
-2	全积分 S/R 实体单元,用于较差单元形状的精确算法
-1	全积分 S/R 实体单元,用于较差单元形状的有效算法
0	模拟蜂窝材料(＊MAT_MODIFIED_HONEYCOMB)的单元
1	缺省算法,常应力体单元
2	全积分 S/R 体单元
3	全积分带有节点转动的 8 节点单元
4	带有节点旋转的 S/R 四面体单元
5	单点 ALE 体单元
6	单点 Eulerian 单元
7	单点 Eulerian 环境单元
8	声学单元
9	同 ELFORM＝0
10	单点积分四面体单元
11	单点 ALE 多物质单元
12	单点积分单物质、空单元
13	用于成形分析的节点压力四面体单元
14	8 点声学单元
15	2 点五面体单元
16	4 或 5 点 10 节点四面体单元
17	10 节点复合材料四面体单元
18	8 点增强应变实体单元(仅用于静力线性)
23	20 节点实体单元

6. 关键字＊SECTION _ DISCRETE

关键字＊SECTION_DISCRETE 用于定义离散单元(弹簧、阻尼器)的特性和参数,一般此关键字包含两个数据卡片:

SECID DRO KD V0 CL FD

CDLTDL

上述卡片中各参数的意义列于表 3-35 中。

表 3-35　＊SECTION_TSHELL 的参数解释

参　数　名	解　　释
SECID	被＊PART 引用的 Section 的 ID 编号
DRO	平动或旋转单元选项,0 为平动单元,1 表示旋转单元
KD	动力放大系数
V0	测试速度
CL	空隙量
FD	失效变形量或转角(DRO＝1)

参　数　名	解　　　释
CDL	压缩极限值或转角限值(DRO＝1)
TDL	拉伸极限值或转角限值(DRO＝1)

3.4　接触关键字

接触是 LS-DYNA 动力分析中非常重要的一个方面。在 LS-DYNA 的关键字文件中,通过＊CONTACT 关键字来指定接触信息。＊CONTACT 关键字的一般格式如下:

　＊CONTACT_OPTION1

其中 OPTION1 为接触类型选项,可用的接触类型列于表 3-36 中。

表 3-36　＊CONTACT 的 OPTION1 类型选项

选　　项	接触类型说明
AIRBAG_SINGLE_SURFACE	气囊单面接触
AUTOMATIC_BEAMS_TO_SURFACE	自动梁-表面接触
AUTOMATIC_GENERAL	自动通用接触
AUTOMATIC_GENERAL_EDGEONLY	自动通用仅边接触
AUTOMATIC_GENERAL_INTERIOR	自动动用内部接触
AUTOMATIC_NODES_TO_SURFACE	自动节点-表面接触
AUTOMATIC_NODES_TO_SURFACE_SMOOTH	自动节点-表面光滑接触
AUTOMATIC_ONE_WAY_SURFACE_TO_SURFACE	自动单向面-面接触
AUTOMATIC_ONE_WAY_SURFACE_TO_SURFACE_TIEBREAK	自动单向面-面固连断开接触
AUTOMATIC_ONE_WAY_SURFACE_TO_SURFACE_SMOOTH	自动单向面-面光滑接触
AUTOMATIC_SINGLE_SURFACE	自动单面接触
AUTOMATIC_SINGLE_SURFACE_MORTAR	自动单面砂浆接触
AUTOMATIC_SINGLE_SURFACE_SMOOTH	自动单面光滑接触
AUTOMATIC_SINGLE_SURFACE_TIED	自动单面固连接触
AUTOMATIC_SURFACE_TO_SURFACE	自动面-面接触
AUTOMATIC_SURFACE_TO_SURFACE_MORTAR	自动面-面砂浆接触
AUTOMATIC_SURFACE_TO_SURFACE_MORTAR_TIED	自动面-面砂浆固连接触
AUTOMATIC_SURFACE_TO_SURFACE_TIED_WELD	自动面-面固连焊接接触
AUTOMATIC_SURFACE_TO_SURFACE_TIEBREAK	自动面-面固连断开接触
AUTOMATIC_SURFACE_TO_SURFACE_TIEBREAK_MORTAR	自动面-面砂浆固连断开接触
AUTOMATIC_SURFACE_TO_SURFACE_SMOOTH	自动面-面光滑接触
CONSTRAINT_NODES_TO_SURFACE	节点-表面约束接触
CONSTRAINT_SURFACE_TO_SURFACE	表面-表面约束接触
DRAWBEAD	拉延筋接触

选　　项	接触类型说明
ERODING_NODES_TO_SURFACE	节点-表面侵蚀接触
ERODING_SINGLE_SURFACE	单面侵蚀接触
ERODING_SURFACE_TO_SURFACE	表面-表面侵蚀接触
FORCE_TRANSDUCER_CONSTRAINT	约束力传感器
FORCE_TRANSDUCER_PENALTY	罚接触的力传感器
FORMING_NODES_TO_SURFACE	节点-表面成形接触
FORMING_NODES_TO_SURFACE_SMOOTH	节点-表面光滑成形接触
FORMING_ONE_WAY_SURFACE_TO_SURFACE	单向面-面成形接触
FORMING_SURFACE_TO_SURFACE_MORTAR	面-面砂浆成形接触
FORMING_ONE_WAY_SURFACE_TO_SURFACE_SMOOTH	单向面-面成形接触
FORMING_SURFACE_TO_SURFACE	面-面成形接触
FORMING_SURFACE_TO_SURFACE_SMOOTH	面-面光滑成形接触
NODES_TO_SURFACE	节点-表面接触
NODES_TO_SURFACE_INTERFERENCE	节点-表面干涉接触
NODES_TO_SURFACE_SMOOTH	节点-表面光滑接触
ONE_WAY_SURFACE_TO_SURFACE	单向面-面接触
ONE_WAY_SURFACE_TO_SURFACE_INTERFERENCE	单向面-面干涉接触
ONE_WAY_SURFACE_TO_SURFACE_SMOOTH	单向面-面光滑接触
RIGID_NODES_TO_RIGID_BODY	刚性体接触
RIGID_BODY_ONE_WAY_TO_RIGID_BODY	单向刚性体接触
RIGID_BODY_TWO_WAY_TO_RIGID_BODY	双向刚性体接触
SINGLE_EDGE	单边接触
SINGLE_SURFACE	单面接触
SLIDING_ONLY	仅滑动接触
SLIDING_ONLY_PENALTY	仅滑动罚函数接触
SPOTWELD	焊点
SPOTWELD_WITH_TORSION	带转动焊点
SPOTWELD_WITH_TORSION_PENALTY	带转动焊点罚函数接触
SURFACE_TO_SURFACE	面-面接触
SURFACE_TO_SURFACE_INTERFERENCE	面-面干涉接触
SURFACE_TO_SURFACE_SMOOTH	面-面光滑接触
SURFACE_TO_SURFACE_CONTRACTION_JOINT	面-面收缩关节接触，可模拟剪力键
TIEBREAK_NODES_TO_SURFACE	节点-面固连断开接触
TIEBREAK_NODES_ONLY	仅节点固连断开接触
TIEBREAK_SURFACE_TO_SURFACE	面-面固连断开接触
TIED_NODES_TO_SURFACE	节点-面固连接触

选　项	接触类型说明
TIED_SHELL_EDGE_TO_SURFACE	壳边-面固连接触
TIED_SHELL_EDGE_TO_SOLID	壳边-实体固连接触
TIED_SURFACE_TO_SURFACE	面-面固连接触
TIED_SURFACE_TO_SURFACE_FAILURE	面-面固连失效接触

对于大部分的接触类型选项,需要定义以下 3 个数据卡片:

SSID MSID SSTYP MSTYP SBOXID MBOXID SPR MPR

FS FD DC VC VDC PENCHK BT DT

SFS SFM SST MST SFST SFMT FSF VSF

上述各个卡片中相关参数的具体含义列于表 3-37～表 3-39 中。

表 3-37　∗CONTACT 卡片 1 的参数解释

参　数	解　释
SSID	接触从段编号,可以是 node set ID、part set ID、part ID 或 shell element setID,SSID=0 时,所有 part ID 被包含在单面接触、自动单面接触和侵蚀单面接触中
MSID	接触主段编号,可以是 node set ID、part set ID、part ID 或 shell element setID,SSID=0 时,所有 part ID 被包含在单面接触、自动单面接触和侵蚀单面接触中
SSTYP	接触从段编号类型: EQ.0:面面接触的 segment set ID EQ.1:面面接触的 shell element set ID EQ.2:part set ID EQ.3:part ID EQ.4:节点与面接触的 node set ID EQ.5:包含全部(SSID 忽略) EQ.6:免除的 part set ID
MSTYP	接触主段编号类型: EQ.0:segment set ID EQ.1:shell element set ID EQ.2:part set ID EQ.3:part ID EQ.4:node set ID(仅用于侵蚀力传感器) EQ.5:包含全部(MSID 忽略)
SBOXID	接触从段集合所在的接触搜索箱的 ID 号,(当 SSTYP=2,3 时使用)
MBOXID	接触主段集合所在的接触搜索箱的 ID 编号(当 MSTYP=2,3 时使用)
SPR	取 1 时在关键字 ∗DATABASE_NCFORC 及关键字 ∗DATABASE_BINARY_INCFOR 定义的结果文件中包含接触从段一侧信息
MPR	取 1 时在关键字 ∗DATABASE_NCFORC 及关键字 ∗DATABASE_BINARY_INCFOR 定义的结果文件中包含接触主段一侧信息

表 3-37 中提到的 SET(组),是指一系列对象的集合,在 LS-DYNA 中通过 ∗SET 关键字来定义各种对象(如 NODE、ELEMENT、PART 等)的分组集合。常用的 ∗SET 关键字包括:

∗SET_NODE_LIST

∗SET_PART_LIST

　＊SET_SOLID

　＊SET_BEAM

　＊SET_SHELL

　＊SET_SEGMENT

主、从段的选择一般遵循这样的原则，即：对于 TIE 类型的接触，一般是非对称的处理方式，网格较粗的宜作为主段；当使用单面的滑动面刚体接触时，刚体材料应作为主段；对单面算法，仅定义从段，此面上的每一个节点被检查以保证其不穿透表面。

表 3-38　＊CONTACT 卡片 2 的参数解释

参　　　数	解　　　释
FS	静摩擦系数（FS＞0 且≠2 时）
FD	动摩擦系数
DC	指数衰减因子
VC	黏性摩擦系数，限制摩擦力达到上限
VDC	黏性阻尼系数，定义为临界阻尼的百分比
PENCHK	接触搜索中的极小穿透选项
BT	接触表面被激活时间
DT	接触表面失效时间

与表中摩擦系数相关的几个参数之间满足如下的关系：

$$\mu_c = \mu_d + (\mu_s - \mu_d)^{-DC|vrel|}$$

式中，$vrel$ 为相对滑动速度。

表 3-39　＊CONTACT 卡片 3 的参数解释

参　　　数	解　　　释
SFS	接触从面的罚因子
SFM	接触主面的罚因子
SST	接触从面的可选厚度，这一变量仅用于薄壳单元表面的接触
MST	接触主面的可选厚度，这一变量仅用于薄壳单元表面的接触
SFST	接触从面的接触深度比例因子
SFMT	接触主面的接触深度比例因子
FSF	库仑摩擦比例因数，用于修正摩擦系数
VSF	黏性摩擦比例因数，用于修正 VC

除了上述三个卡片，对部分接触类型还需要第 4 个卡片，相关参数请参照 LS-DYNA 关键字手册。

3.5　约束方程及连接关键字

除了接触之外，在 LS-DYNA 中还可指定各种部件连接关系，比如：铰链、运动副、自由度耦合、节点刚性体、壳单元与体单元的连接、铆接、一般焊接、焊点等。这些连接方式可通过

∗CONSTRAINED 关键字来定义。

1. 铰约束

关键字 ∗CONSTRAINED_JOINT_OPTION 用于定义刚体间的铰链约束,比如:球铰链、万向铰链、柱面铰等。不同的 OPTION 选项被用于指定不同的约束类型,比如:SPHERICAL、UNIVERSAL、CYLINDRICAL 等。

2. 节点刚性体

关键字 ∗CONSTRAINED_NODAL_RIGID_BODY_OPTION 用于把一系列节点定义为节点刚性体,可以通过节点刚性体来连接两个变形体,使之一起运动。

3. 自由度耦合及约束方程

关键字 ∗CONSTRAINED_NODE_SET 用于在总体坐标系中对一组节点的平动自由度进行耦合。关键字 ∗CONSTRAINED_LINEAR 用于定义一个线性的自由度约束方程。

4. 壳与实体的连接

关键字 ∗CONSTRAINED_SHELL_TO_SOLID 用于将壳单元和实体单元进行固连,可以把一个壳单元的节点最多固连到 9 个实体单元的节点上。

5. 焊点与铆接

关键字 ∗CONSTRAINED_SPOTWELD_OPTION 用于在不重合的两个梁或壳单元节点之间建立刚性的焊点约束,其实质是在两个节点之间定义一个刚性梁的连接。关键字 ∗CONSTRAINED_RIVET 用于在不重合的两个体节点之间定义铆接连接约束。

对于两个重合的节点,不能通过关键字 ∗CONSTRAINED_SPOTWELD_OPTION 定义点焊接约束,也不能通过关键字 ∗CONSTRAINED_RIVET 定义铆接约束。这种情况下,可以通过关键字 ∗CONSTRAINED_NODAL_RIGID_BODY 来定义约束关系。

6. 通用焊接

关键字 ∗CONSTRAINED_GENERALIZED_WELD_OPTION 用于定义各种通用的焊接连接,其中的 OPTION 选项可以为:

(1)SPOT:多节点焊接约束;

(2)FILLET:节点间的角焊缝;

(3)BUTT:节点间的对接焊缝;

(4)CROSS_FILLET:交叉角焊缝;

(5)COMBINED:上述情形的组合。

7. 与刚体的连接

关键字 ∗CONSTRAINED_EXTRA_NODES_OPTION 用于将某个节点或一组节点附加到一个刚体上,需要定义的参数包括刚体的 PART ID 以及节点 ID 或节点 SET 的 ID。

8. 刚体之间的连接

关键字 ∗CONSTRAINED_RIGID_BODIES 用于在不同的两个刚体之间建立约束,两个刚体不一定在空间相连,但是约束后主、从刚体将在一起运动。

9. 创建边界约束面

关键字 ∗CONSTRAINED_GLOBAL 以及 ∗CONSTRAINED_LOCAL 用于定义总体和局部坐标系中的边界约束面,可指定约束平面的法线方向。对于自适应网格划分的情况建议采用这类约束条件关键字,因为网格细分后针对原有节点的约束定义会失效。

上述各类约束及连接关键字的输入数据卡片,本节不再逐一介绍,请参考 LS-DYNA 的关键字手册。

3.6　初始条件、边界条件与荷载关键字

本节介绍定解条件相关的关键字,定解条件包括初始条件、边界条件以及载荷三种动力分析的基本条件。

1. 初始速度关键字

在 LS-DYNA 中,指定初始速度的常用关键字包括如下几种情况:

(1)通过关键字 *INITIAL_VELOCITY 为关键字 *SET_NODE 所定义的节点集合指定初始速度。

(2)通过关键字 *INITIAL_ VELOCITY_NODE 向给定的节点定义初始的速度和角速度。

(3)通过关键字 *INITIAL_VELOCITY_RIGID_BODY 指定刚体质心处的初始平动和转动速度。

2. 边界条件关键字

关键字 *BOUNDARY 用于定义各种边界条件,常见边界条件有如下类型:

(1)固定位移边界

关键字 *BOUNDARY_SPC 用于向节点或节点 SET 来施加固定位移边界条件,可固定三向线位移或角位移中的任意多个。自适应划分时采用 *CONSTRAINED_GLOBAL 代替。

(2)规定运动边界

关键字 *BOUNDARY_PRESCRIBED_MOTION_OPTION 用于向节点或刚体施加给定的位移、速度、加速度边界条件,OPTION 可以是 SET,RIGID,RIGID_LOCAL 等选项。

(3)无反射边界

关键字 * BOUNDARY _ NON _ REFLECTING _ 2D 及 * BOUNDARY _ NON _ REFLECTING 用于向实体单元的表面 SEGMENT SET 定义无反射边界条件,用户需指定 AD(膨胀波开关)和 AS(剪切波开关)。

(4)循环或重复对称边界

关键字 *BOUNDARY_CYCLIC 用于定义轴对称的循环对称边界条件,或平行于坐标轴的重复平移对称边界条件。

(5)面内运动或沿线运动

关键字 *BOUNDARY_SLIDING_PLANE 用来向 node set 定义一个沿着任意方向的平面内运动或沿着任意方向的线运动的边界条件。

3. 荷载关键字

关键字 *LOAD 用于施加显式分析的各类荷载,常见的荷载包括如下类型:

(1)施加于节点的荷载

关键字 *LOAD_NODE_OPTION 用于向一个节点或节点 SET 施加动态的节点荷载。OPTION 可以为 POINT 或者 SET。

(2)施加于 SEGMENT(SET)的荷载

关键字 *LOAD_SEGMENT 以及 *LOAD_SEGMENT_SET 用于向一个段或段的 SET

施加均布的压力荷载。一个段是指一个壳单元的表面或体单元的表面节点。

（3）施加于体的荷载

可施加于体的荷载包括如下几种类型：

关键字 * LOAD_BODY_OPTION 向结构模型或选定的部件（PARTS 选项）施加的体积力。

关键字 * LOAD_BODY_GENERALIZED 用于向选择的节点 SET 或 PART SET 施加由于加速度或转动角速度引起的体力荷载。

关键字 * LOAD_RIGID_BODY 用于向一个刚体施加力或力矩，荷载的作用位置在刚体的质心，力矩作用方向绕总体坐标轴。

（4）施加于 BEAM 的荷载

关键字 * LOAD_BEAM_OPTION 用于向梁单元（OPTION＝ELEMENT）或梁单元 SET（OPTION＝SET）的表面施加均布力。

（5）施加于 SHELL 的荷载

关键字 * LOAD_SHELL_OPTION 用于向壳单元（OPTION＝ELEMENT）或壳单元 SET（OPTION＝SET）施加均布压力。关键字 * LOAD_MASK 用于向 Shell 单元部件的部分表面施加分布压力荷载。

（6）爆炸压力荷载

关键字 * LOAD_BLAST 用于向 segment 施加爆炸冲击波压力荷载。关键字 * LOAD_BRODE 用于施加 BRODE 函数形式的爆炸压力荷载。这两个关键字需要与关键字 * LOAD_SEGMENT，* LOAD_SEGMENT_SET 或 * LOAD_SHELL_OPTION 等结合使用。

在定义荷载时，常用到各种载荷曲线、向量以及坐标系等，这些可通过 * DEFINE 关键字来定义。

关键字 * DEFINE_CURVE 用于定义载荷曲线。

关键字 * DEFINE_VECTOR 用于定义分析中需要用到的向量。

关键字 * DEFINE_COORDINATE_NODE、* DEFINE_COORDINATE_SYSTEM 以及 * DEFINE_COORDINATE_VECTOR 用于定义局部坐标系统。

3.7 求解以及输出控制关键字

本节介绍与 LS-DYNA 求解以及输出控制相关的关键字。

1. 求解控制选项关键字

关键字 * CONTROL_TERMINATION 的作用是指定分析结束时间，这一关键字在任何一个分析中都是必要的。其他的 * CONTROL 关键字也提供了一些可选的分析设置选项，这些关键字及其作用列于表 3-40 中。

表 3-40 部分 * CONTROL 关键字及其作用

关 键 字	作 用
* CONTROL_ACCURACY	定义控制参数以提高计算精度
* CONTROL_ADAPTIVE	激活网格自适应技术并进行相关设置

关　键　字	作　　用
*CONTROL_ALE	设置 ALE 及欧拉计算的全局控制参数
*CONTROL_BULK_VISCOSITY	重置整体体积黏性系数的默认值
*CONTROL_CONTACT	改变接触计算的缺省值
*CONTROL_CPU	控制 CPU 时间
*CONTROL_DYNAMIC_RELAXATION	动力松弛分析中初始化应力和变形以模拟初应力
*CONTROL_ENERGY	提供能量耗散选项控制
*CONTROL_HOURGLASS	重新定义沙漏控制类型和系数的默认值
*CONTROL_IMPLICIT	隐式分析选项设置
*CONTROL_SUBCYCLE	激活子循环技术（混合时间步长）

2. 阻尼设置关键字

在 LS-DYNA 的关键字文件中，通过 *DAMPING 关键字为系统定义阻尼，包括如下具体类型：

（1）关键字 *DAMPING_FREQUENCY_RANGE 用于在一定频率范围内指定近似于恒定的阻尼比。

（2）关键字 *DAMPING_GLOBAL 用于定义质量加权总体阻尼。

（3）关键字 *DAMPING_PART_MASS 用于定义基于 PART 的质量加权阻尼。

（4）关键字 *DAMPING_PART_STIFFNESS 用于定义基于 PART 的 Rayleigh 刚度阻尼系数。

（5）关键字 *DAMPING_RELATIVE 用于定义相对于刚体运动的阻尼。

3. 输出控制关键字

*DATABASE 关键字用于定义 LS-DYNA 求解器计算输出相关的选项。

（1）结果文件格式

关键字 *DATABASE_FORMAT 指定计算输出的结果文件格式，数据卡片参数如下：

IFORM IBINARY

其中，IFORM 表示二进制文件的输出格式，选择 0 为输出 LS-DYNA 格式，选择 1 为输出 ANSYS 格式，选择 2 为输出 LS-DYNA 格式以及 ANSYS 格式。IBINARY 为输出文件字长选项，0 表示 64 位格式，1 表示 32 位格式。

（2）ASCII 文件输出选项

关键字 *DATABASE_OPTION 指定 ASCII 文件输出的类型及时间间隔。OPTION 选项表示可供选择输出的 ASCII 文件类型，常用 ASCII 文件类型列于表 3-41 中。此关键字数据卡片中的参数 DT 为输出的时间间隔，DT＝0 时无任何输出。

表 3-41　ASCII 文件选项类型

文件名	说　　明
ABSTAT	气囊统计信息
BNDOUT	边界力和能量
DEFORC	离散单元（弹簧、阻尼器）数据

文件名	说　　明
ELOUT	单元数据
GCEOUT	几何接触实体信息输出
GLSTAT	总体数据输出
H3OUT	混合 Ⅲ 型刚体假人数据
JNTFORC	Joint 力信息
MATSUM	材料能量
NCFORC	节点界面力
NODFOR	节点力组
NODOUT	节点数据输出
RBDOUT	刚体数据
RCFORC	界面的合力
RWFORC	墙的力
SBTOUT	安全带的输出文件
SECFORC	截面力
SLEOUT	滑动界面能
SPCFORC	SPC 反力
SWFORC	spot weld 及 rivet 反力

（3）二进制文件输出间隔选项

关键字 ∗ DATABASE_BINARY_OPTION 指定二进制文件的输出间隔。OPTION 选项代表一系列不同的二进制文件类型，常用的有 D3PLOT、D3THDT、D3DUMP 等。对结果文件 D3PLOT 和 D3THDT，指定时间间隔 DT；对重启动文件 D3DUMP 则指定循环次数 CYL。

第 4 章　ANSYS 传统界面前处理

本章介绍基于 ANSYS 传统界面 Mechanical APDL 的 LS-DYNA 前处理方法,内容包括 ANSYS 传统界面中的 LS-DYNA 前处理概述、建立 LS-DYNA 分析模型、定解条件分析选项 设置以及关键字的导出。

4.1　ANSYS 传统界面前处理概述

4.1.1　Mechanical APDL 界面及其基本使用

1. Mechanical APDL 操作界面

在 Windows 系统的开始菜单中选择 ANSYS Mechanical APDL Product Launcher,打开 ANSYS 传统界面启动器。在 Simulation Environment 下拉菜单中选择 ANSYS,即 ANSYS Mechanical APDL 传统界面;在 License 下拉菜单中选择软件许可证为 ANSYS LS-DYNA, 如图 4-1 所示。在 File Management 部分,为分析指定工作路径 Working Directory 以及工作 文件名 Jobname,如图 4-2 所示。按下 Product Launcher 界面左下角的 Run 按钮,启动 ANSYS Mechanical APDL 操作界面(即 ANSYS 传统界面),如图 4-3 所示。

图 4-1　选择软件许可

图 4-2　指定工作路径与文件名

Mechanical APDL 操作界面的主要组成部分包括:Main Menu(主菜单)、Utility Menu(功 能菜单)、Toolbar(工具栏)、Input Window(操作命令输入栏)、Graphic Window(图形显示区 域)、操作提示栏(Prompt line)以及系统状态栏(Status bar),此外还有一个独立于界面的输出 信息窗口(Output Window)。如果用户希望在一个文件中查看输出信息,而不是打印到屏幕输出窗口,可通过功能菜单 Utility Menu＞File＞Switch Output to＞ file…指定要写入输出信息的文件。Mechanical APDL 界面各部分的分区情况及其功能列于表 4-1 中。

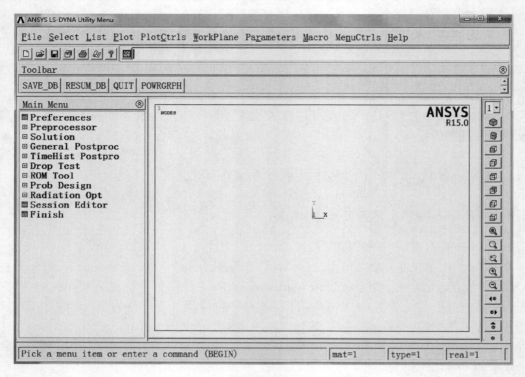

图 4-3　ANSYS 传统前处理环境

表 4-1　GUI 分区及其功能描述

界面分区	界面中的位置	功　　能
主菜单	左侧	包含前处理、加载求解以及后处理的主要功能菜单
功能菜单	上部	包含文件(File)、选择(Select)、列表(List)、绘图(Plot)、绘图控制(PlotCtrls)、工作平面(Workplane)、参数(Parameter)、宏(Macro)、菜单控制(MenuCtrls)及帮助(Help)等菜单项目
工具栏	功能菜单下方	包含程序执行过程中最为常用的操作按钮
命令输入行	功能菜单下方	可以直接输入命令的区域,下拉命令列表中可浏览已输入的命令
图形显示窗口	主菜单右方	显示用户操作结果的图形
命令提示栏	左下角	提供操作提示信息的区域
系统状态栏	正下方	显示当前设置,如坐标系、单元属性等
输出信息窗口	独立于界面外	显示软件运行过程中的有关输出信息,用户可以通过这些输出内容了解后台的软件运行情况

下面对 Mechanical APDL 界面的各部分功能和使用要点作简要介绍。

(1)应用程序菜单(Utility Menu)

包含了程序会话过程中的一些可用工具操作,例如文件管理(File)、对象的选择(Select)、数据资料列表(List)、图形绘制(Plot)、绘图控制(PlotCtrls)、工作平面设置(Workplane)、参变量设置(Parameter)、宏管理(Macro)、菜单控制(MenuCtrls)以及帮助(Help)。

（2）主菜单(Main Menu)

包含了分析过程中各个环节中用到的主要操作命令的菜单,如建立模型、划分网格、施加约束及荷载、分析求解过程、结果的图形化显示等,这些命令分属于前处理器、求解器、后处理器等不同的程序模块。

（3）工具栏(Toolbar)

工具栏包含了程序执行过程中最为常用的命令和操作的按钮。用户可通过选择功能菜单 Utility Menu＞Macro＞Edit Abbreviations 打开 Edit Toolbar/Abbreviations 对话框,通过 ＊ABBR 命令在其中定义命令缩写,以增加工具条中的按钮,如图 4-4 所示。

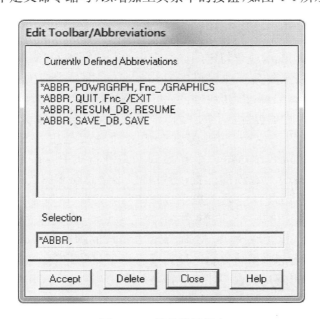

图 4-4　工具条缩写指定

（4）输入栏窗口(Input Window)

直接输入命令的区域,命令输入过程中程序可自动显示提示信息,用户可以点击窗口右端的▾按钮,在下拉的命令列表中浏览以前输入的命令历史并选择相关命令重复执行。

（5）图形显示窗口(Graphic Window)

即时显示用户操作结果的图形显示区域。

（6）输出信息窗口(Output Window)

独立于界面的窗口,其中显示程序在运行过程中的各种中间信息和计算结果输出等参数,可以通过观察该窗口显示的内容以了解程序的运行情况和当前工作的进程。

（7）操作提示栏

操作提示栏位于操作界面的左下角,用于向用户提供命令操作方法的提示信息。

（8）系统状态栏

操作提示栏的右边为系统状态参数提示栏,包括当前的材料类型号(mat)、单元类型号 (type)、实参数编号(real)、坐标系(csys)、截面号(secn)。

2. Mechanical APDL 的两种操作方法与层次结构

Mechanical APDL 环境的操作方法有两种,即:界面交互操作和命令操作。菜单操作就是通过图形用户界面(GUI)的菜单进行交互式的操作;命令操作则是直接输入命令或命令流文件来驱动程序执行的操作方式。由于 ANSYS Mechanical APDL 实质上是一个通过命令所驱动的界面,所有的菜单操作都对应着特定的操作命令,而界面操作的实质也相当于向程序发出命令,因此菜单操作和命令操作两种方式在本质上是等效的。

(1)界面交互操作方式

Mechanical APDL 的图形用户界面(GUI)提供了功能强大的菜单选项和人机交互功能,用鼠标点选相应的菜单调用各种对话框即可执行相关的操作命令,从而完成建模和分析的操作过程。

(2)命令批处理操作方式

既然所有的菜单操作都对应着特定的操作命令,那么当然也可以直接通过命令实现各种操作,可以将操作命令按照先后顺序编辑成为一个文件,即命令流文件,通过菜单项 Utility Menu>File>Read Input From,即可自动读入并逐条执行文件中的每一条命令。

ANSYS LS-DYNA 除了包含基本的 ANSYS 前、后处理操作命令之外,还内置了一些与 LS-DYNA 显式分析专用的命令,这些显式分析的命令都是用"ED"开头,即"EXPLICIT DYNAMICS"首字符缩写,表示这些命令与显式动力分析相关。通过 ED 系列命令可以在 ANSYS 环境中进行显式分析选项的设置,还可将模型信息在求解之前写入 LS-DYNA 关键字文件。关于这些命令与 LS-DYNA 关键字之间的对应关系,请参考本书附录的相关内容。

在 ANSYS 工作路径下有一个日志文件(后缀名为 log),此文件中按照操作的先后次序记录了全部操作对应的命令。由一连串 ANSYS 命令组成的脚本文件通常被称为命令流文件,命令流中的所有命令组合起来就可以自动地完成一个项目的建模、分析以及后处理的全部操作。用户在启动界面后可通过菜单 Utility Menu>File>Read Input From,导入命令流文件,ANSYS 将会自动地逐条执行文件中的全部命令。由于 ANSYS 命令脚本文件执行效率高,适合于参数改变后的快速重复模型生成与分析,因此建议优先采用命令流操作的方式,即编写 ANSYS 的命令脚本文件(命令流文件),然后在 Mechanical APDL 环境下导入并自动执行。

在 ANSYS 命令脚本的编写过程中,必须注意 Mechanical APDL 程序的层次结构,这是因为 ANSYS 的程序结构分为两层:起始层(Begin Level)以及处理器层(Processor Level),这种层次结构如图 4-5 所示。

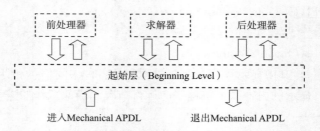

图 4-5 Mechanical APDL 的处理器层结构

图中所示的起始层是用户进入和离开 ANSYS 程序时所处的层,在不同的处理器中间进行切换也必须经由起始层才能实现。这一层仅仅是一个抽象的概念,在其中并不发生任何实质性的操作。处理器层则由一系列实现不同功能的处理器组成,常见的处理器包括实现建模功能的前处理器(PREP7)、求解器(Solver)、通用后处理器(POST1)以及时间历程后处理器(POST26)等。在 ANSYS LS-DYNA 使用过程中,主要用到的是前处理器以及求解器中的命令,后处理器则较少使用。

由于每个处理器都包含完成相应功能的一系列命令,通常情况下,这些命令不可以在其他处理器中调用。在不同的操作阶段,需要用户进入不同的处理器发出正确的命令,从而完成整个分析项目。界面操作中,用户只需要点相应的菜单即可,对于不在同一处理器中的菜单项,程序能够自动进行处理器切换。但是在编写 APDL 脚本文件时,编写者必须通过相应的命令进入相应处理器,如:/PREP7 命令表示进入前处理器,/SOLU 命令表示进入求解器,/POST1 命令表示进入通用后处理器,/POST26 命令表示进入时间历程后处理器。在完成相关处理器的操作后要写一条 FINISH 命令以退出此处理器,比如求解完成后,通过 FINISH 命令退出求解器,再通过发出/POST1 命令以进入通用后处理器进行结果的查看和分析。在编写脚本的过程中,用户必须清楚每一条命令是否属于当前所在的处理器,不注意这些问题会导致脚本文件运行发生错误。命令的参数及其所属的处理器信息,用户可以查看 ANSYS 的命令手册《Command Reference》。

3. ANSYS 命令群组记忆法

ANSYS 操作命令虽然种类繁多,但是常用的并不很多,建议采用分类熟记命令的方法,即按命令群组的形式,同一命令群组中一般都是具有相同或类似功能的命令,只是作用的针对的对象类型不同。

表 4-2 和表 4-3 中给出了 ANSYS 中命令作用对象 X 的种类以及名称,以及一些 X 对象的群组命令系列。

表 4-2　ANSYS 中对象的类型名称

对象种类(X)	节点	元素	点	线	面积	体积
对象名称	X＝N	X＝E	X＝K	X＝L	X＝A	X＝V

表 4-3　ANSYS 中 X 对象的群组命令

群组命令	作　用	举　例
XSEL	选择 X 对象	NSEL 选择节点
XSLY	基于选择的 X 对象选择相关 Y 对象	X＝N,Y＝A 时,即 NSLA,表示基于选择的面选择面上的节点
XDELE	删除 X 对象	LDELE 删除线
XLIST	在窗口中列示 X 对象	VLIST 在窗口中列出体积资料
XGEN	复制 X 对象	VGEN 复制体积
XSUM	计算 X 对象几何资料	ASUM 计算面积的几何资料,如面积、边长、重心等
XMESH	网格化 X 对象	AMESH 面积网格化 LMESH 线的网格化
XCLEAR	清除 X 对象网格	ACLEAR 清除面积网格 VCLEAR 清除体积网格
XPLOT	在窗口中显示 X 对象	KPLOT 在窗口中显示关键点 APLOT 在窗口中显示面积

以上面划分网格的命令群组 XMESH 为例,X＝A 表示对面进行网格划分的命令 AMESH,其使用方式举例说明如下:

AMESH,1,3,1	! 对编号为 1-3 的面进行网格剖分。
AMESH,SURFACE	! 对一个名为 SURFACE 的面组元进行网格剖分。
AMESH,ALL	! 对所有的面进行网格剖分。

ANSYS 命令的具体调用方法和参数可参考 ANSYS 的命令手册《Command Reference》。与 LS-DYNA 前处理及分析设置相关的 ANSYS 界面交互操作以及对应的命令,将在本章后续内容中进行系统的介绍。

4.1.2　APDL 语言使用简介

基于 ANSYS 传统操作环境 Mechanical APDL 进行 LS-DYNA 前处理,经常采用 APDL 命令流或宏文件的操作方式,为此本节对 APDL 语言及其应用作简要的介绍。

1. APDL 语言的基本功能及命令流文件

APDL 是 ANSYS Parametric Design Language 的缩写,即 ANSYS 参数化设计语言。作为 Mechanical APDL 界面的脚本语言,APDL 可提供一般性的程序语言功能及相关的特殊功能,比如:标量参数、数组参数、数学运算、内部函数、分支与循环、访问 ANSYS 数据库、文件读写、创建宏、界面定制开发等。APDL 可以调用 ANSYS 命令或创建宏文件,并用于开发专用分析模块等,还可以访问 ANSYS 数据库,提取模型或结果数据。APDL 还具备简单的界面开发能力,可实现参数的交互式输入、消息机制、界面驱动等功能。在 Mechanical APDL 环境中,基于 APDL 语言编写的命令流或宏文件可以实现全参数化的显式动力分析自动建模、加载以及分析选项设置等操作。

ANSYS 的命令流文件是按照 APDL 格式编写的命令批处理文件,由变量参数赋值、变量表达式、APDL 编程命令以及 ANSYS 操作命令组成。一般情况下,一个语句或一条命令占一行。以"!"开头的行为注释行,程序在执行过程中将自动跳过。多个命令可以放到同一行写,其间以"$"隔开。在 Mechanical APDL 的图形界面 GUI 中,通过菜单项 Utility Menu＞File＞Read Input from 或者/INPUT 命令即可将编写好的命令流文件读入并逐条执行其中的每一条语句或命令。比如:将一个文件名为 FILE. TXT 的批处理文本文件读入程序的命令为:

/INPUT,FILE,EXT

由于所有的图形界面交互式操作都将以命令的形式记录到日志文件(Jobname. log)中,因此对于初学者,可以通过查看 GUI 操作的日志文件(Utility Menu＞File ＞List ＞log File),了解交互操作与 ANSYS 操作命令之间的对应关系,并据此改写所需的命令流文件。

2. APDL 的标量参数与数组参数

APDL 语言提供标量参数和数组参数等一般程序语言功能,ANSYS 命令可以调用 APDL 定义的参数完成参数化的建模和分析选项设置。

(1)标量参数

APDL 语言通过 ∗ SET 命令定义标量参数,∗ SET 命令的形式为:

∗ SET,Par,Value

上述命令的意义是定义一个标量参数 Par,其值为 Value。

标量参数的也可以赋值语句来定义,语句的形式为:

Par＝Value

赋值语句的作用与＊SET 命令等价。

比如,定义一个名称为 pi 的常数,可通过以下两种方式之一:

＊SET,pi,3.14159

PI＝3.14159

ANSYS 不区分参数名称的大小写,如输入的是小写自动转换为大写。

标量参数还可以通过表达式赋值,表达式由参数、数字以及加、减、乘、除、乘方、内部函数等组成,可以是以下的形式:

MM＝NN＋LL

RI＝RO－TCK

Distance＝SQRT((x2－x1)＊＊2＋(y2－y1)＊＊2)

PI＝ACOS(－1)

Z＝LOG10(Y)

在使用 APDL 的内部函数给标量参数赋值时,要注意三角函数的角度单位,角度单位通过菜单 Utility Menu＞Parameters＞Angular Units 或者＊AFUN 命令进行设置,菜单交互操作的对话框如图 4-6 所示。

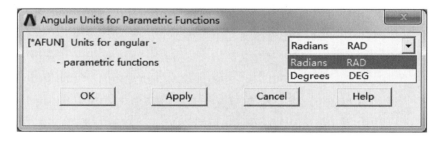

图 4-6 角度单位制

(2)数组参数

APDL 语言通过＊DIM 命令定义数组参数,命令格式为:

＊DIM,Par,Type,IMAX,JMAX,KMAX,Var1,Var2,Var3

其中,Par 是要定义的数组参数名称;Type 是数组类型,可以是 ARRAY(数值数组)、TABLE(需指定 0 行 0 列的数表,可插值)、CHAR(字符型数组)、STRING(字符串数组);IMAX,JMAX,KMAX 是数组各维的维数(数组元素下标的最大值);Var1,Var2,Var3 是对于 TABLE 类型,与行、列、面对应的变量名。

定义了数组参数之后,通过＊SET 命令或直接赋值语句为数组的各元素赋值,在直接赋值语句中为按列输入元素。

例如,通过＊DIM 定义一个 3×3 的 ARRAY 型的数组参数 MM 并赋值,命令如下:

＊DIM,MM,ARRAY,3,3

MM(1,1)＝11,21,31

MM(1,2)＝12,22,32

MM(1,3)＝13,23,33

选择菜单 Utility Menu＞Parameters＞Array Parameters＞Define/ Edit,可查看数组 MM 的元素,如图 4-7 所示。

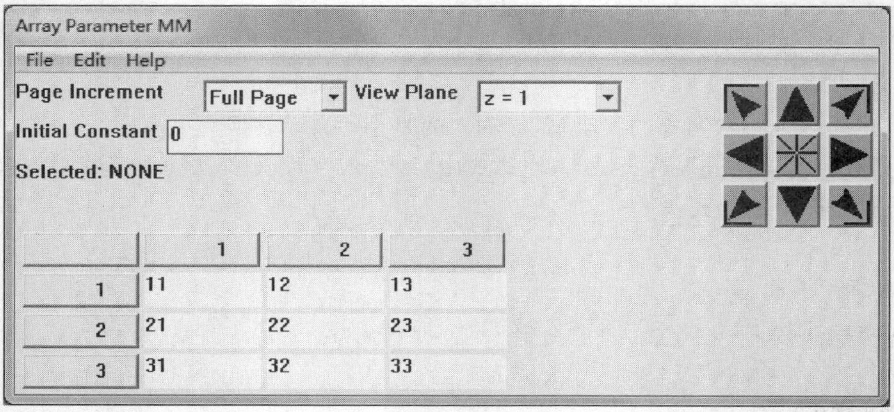

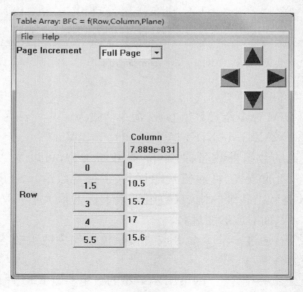

图 4-7　数组 MM 的元素

又比如,通过 ＊DIM 定义一个 5×1 的 TABLE 数组 BFC 并赋值:

＊DIM,BFC,TABLE,5,1,1

BFC(1,0)＝0.0,1.5,3.0,4.0,5.5

BFC(1,1)＝0.0,10.5,15.7,17.0,15.6

定义 TABLE 数组 BFC 后,通过菜单 Utility Menu＞Parameters＞Array Parameters＞Define/ Edit 可查看此数表,如图 4-8 所示,Table 型数组的特点是有一个第 0 列。

图 4-8　TABLE 型数组的定义

Table 型数组数据点以外的 Table 数值可以通过已有的数据点插值得到,通过 ＊SET 命令计算 BFC 第 0 列为 1.0 以及 5.0 时的 BFC 值并赋予标量参数 AA 以及 BB:

＊SET,AA,BFC(1.0)

＊SET，BB，BFC(5.0)

选择菜单 Utility Menu＞Parameters＞Scalar Parameters 查看标量参数 AA 及 BB 的值
如图 4-9 所示。

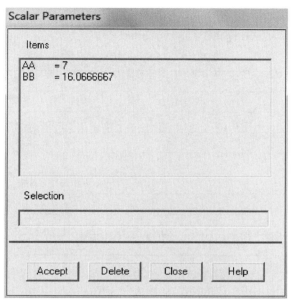

图 4-9　TABLE 数组的插值计算

3. APDL 语言的循环与分支

循环和分支是 APDL 语言的的控制语句。

(1)循环

APDL 的循环用于重复性的操作,分支用于控制程序执行。

对于大量重复性的操作,可以通过定义循环的方式。APDL 采用 ＊DO 命令和 ＊ENDDO
命令定义一个循环体,一般形式为:

　＊DO，Par，IVAL，FVAL，INC

　……(循环操作的命令,要引用循环变量 Par)

　＊ENDDO

Par 为循环变量,IVAL、FVAL、INC 为决定循环次数的参量,分别表示循环变量的初值、
终值以及增量,增量 INC 可正可负也可为小数(分数)。如果 IVAL 比 FVAL 的值大,且 INC
为正,则程序会终止循环语句的执行。

循环体中可以嵌入下一级的循环体形成多重循环。

(2)分支

APDL 语言的分支控制命令的一般形式如下:

　＊IF，VAL1，Oper，VAL2，THEN

　……(需要执行的命令)

　＊ELSEIF，VAL1，Oper，VAL2，

　……(需要执行的命令)

　＊ELSEIF，VAL1，Oper，VAL2，

……（需要执行的命令）

＊ELSE

……（需要执行的命令）

＊ENDIF

其中，Oper 为操作符，常见的操作符列于表 4-4 中。

表 4-4　条件语句的操作符

操　作　符	含　义
EQ	等于
NE	不等于
LT	小于
GT	大于
LE	小于等于
GE	大于等于
ABLT	绝对值小于
ABGT	绝对值大于

更一般形式的 ＊IF 语句可以是由两组操作符连接在一起的形式：

＊IF，VAL1，Oper1，VAL2，Base1，VAL3，Oper2，VAL4，Base2

其中，Base1 是连接操作符 Oper1 和 Oper2 的运算为真的条件，Base1＝AND 表示两个操作符 Oper1 和 Oper2 同时为真；Base1＝OR 表示两个操作符 Oper1 和 Oper2 中间任何一个为真；Base1＝XOR 表示两个操作符 Oper1 和 Oper2 中间有一个为真（不是两个同时为真）。

4. 访问 ANSYS 数据库

APDL 语言具有强大的访问和提取 ANSYS 数据库的能力。

(1)通过命令 ＊GET 及 ＊VGET 获取数据库信息

① ＊GET 命令的使用

＊GET 命令用于从 ANSYS 数据库中提取标量参数，其一般格式为：

＊GET，Par，Entity，ENTNUM，Item1，IT1NUM，Item2，IT2NUM

其中，Par 为提取的标量参数名称；Entity 为提取参数信息的实体项目类型，比如：NODE、ELEM、KP、LINE、VOLU 等；ENTNUM 为实体编号；Item1，IT1NUM 为提取的信息类型及其编号；Item2，IT2NUM 是提取的第 2 组信息类型及其编号。

表 4-5 给出一些通过 ＊GET 命令从数据库中提取标量参数的举例。

表 4-5　＊GET 命令的举例

命　令	含　义
＊GET，MAT100，ELEM，100，ATTR，MAT	MAT100＝100 号单元的材料类型号
＊GET，Y10，NODE，10，LOC，Y	Y10＝节点 10 的 Y 坐标
＊GET，NMAX，NODE，NUM，，NMAX	NMAX＝当前选择节点的最大 ID 号
＊GET，V101，ELEM，101，VOLU	V101＝101 号单元的体积
/POST1 ＊GET，sx103，node，103，s，x	进入 POST1 SX103＝节点 103 的 X 方向应力分量

②＊VGET 命令的使用

＊VGET 命令用于从 ANSYS 数据库中提取数组参数,其一般形式如下:

＊VGET,ParR,Entity,ENTNUM,Item1,IT1NUM,Item2,IT2NUM,KLOOP

其中,Par 为提取的数组参数名称;Entity 为提取参数信息的实体项目类型,比如:NODE、ELEM、KP、LINE、VOLU 等;ENTNUM 为实体编号;Item1,IT1NUM 为提取的信息类型及其编号;Item2,IT2NUM 是提取的第 2 组信息类型及其编号;KLOOP 为循环指示位置。

下面举一个例子说明＊vget 的使用,以下命令流用于提取节点坐标值放入 Node_loc 数组中,操作完成后得到 Node_loc 数组如图 4-10 所示。

```
/prep7
n,1,1.0,2.0,3.0
n,2,1.5,2.5,3.5
＊dim,Node_loc,array,2,3
＊vget,Node_loc(1,1),node,1,loc,x
＊vget,Node_loc(1,2),node,1,loc,y
＊vget,Node_loc(1,3),node,1,loc,z
```

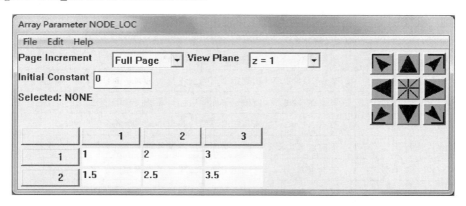

图 4-10　Node_Loc 数组

(2)基于内部函数获取数据库信息

作为＊GET 命令以及＊VGET 命令的替代做法,也可以使用内部函数快速获取数据库信息。利用表 4-6 所列函数可获取各类位置坐标。

表 4-6　位置坐标获取函数

函　　数	作　　用
CENTRX(E)	单元 E 的质心在总体笛卡儿坐标系中的 x 坐标
CENTRY(E)	单元 E 的质心在总体笛卡儿坐标系中的 y 坐标
CENTRZ(E)	单元 E 的质心在总体笛卡儿坐标系中的 z 坐标
NX(N)	节点 N 在当前激活坐标系中的 x 坐标
NY(N)	节点 N 在当前激活坐标系中的 y 坐标
NZ(N)	节点 N 在当前激活坐标系中的 z 坐标
KX(K)	关键点 K 在当前激活坐标系中的 x 坐标

函　　数	作　　用
KY(K)	关键点 K 在当前激活坐标系中的 y 坐标
KZ(K)	关键点 K 在当前激活坐标系中的 z 坐标
NODE(X,Y,Z)	获取距点 X,Y,Z 最近的被选择的节点的编号(在当前激活坐标系中)
KP(X,Y,Z)	获取距点 X,Y,Z 最近的被选择的关键点的编号(在当前激活坐标系中)

利用表 4-7 所列的函数可以计算距离、面积、面的法向等一些几何量。

表 4-7　计算几何量的内部函数

函　　数	作　　用
DISTND(N1,N2)	节点 N1 和节点 N2 之间的距离
DISTKP(K1,K2)	关键点 K1 和关键点 K2 之间的距离
DISTEN(E,N)	单元 E 的质心和节点 N 之间的距离
ANGLEN(N1,N2,N3)	以 N1 为顶点的夹角,单位缺省为弧度
ANGLEK(K1,K2,K3)	以 K1 为顶点的夹角,单位缺省为弧度
AREAND(N1,N2,N3)	节点 N1,N2,N3 围成的三角形的面积
AREAKP(K1,K2,K3)	关键点 K1,K2,K3 围成的三角形的面积
NORMNX(N1,N2,N3)	节点 N1,N2,N3 所确定平面的法线与 X 轴夹角的余弦
NORMNY(N1,N2,N3)	节点 N1,N2,N3 所确定平面的法线与 Y 轴夹角的余弦
NORMNZ(N1,N2,N3)	节点 N1,N2,N3 所确定平面的法线与 Z 轴夹角的余弦
NORMKX(K1,K2,K3)	关键点 K1,K2,K3 确定平面的法线与 X 轴夹角的余弦
NORMKY(K1,K2,K3)	关键点 K1,K2,K3 确定平面的法线与 Y 轴夹角的余弦
NORMKZ(K1,K2,K3)	关键点 K1,K2,K3 确定平面的法线与 Z 轴夹角的余弦

在通用后处理器中,利用表 4-8 所列的函数可以获取当前结果 Set 中的节点自由度解,如:结构分析的位移,热分析的温度等。

表 4-8　用于获取自由度解的内部函数

函　　数	作　　用
UX(N)	节点 N 在 X 向的结构位移
UY(N)	节点 N 在 Y 向的结构位移
UZ(N)	节点 N 在 Z 向的结构位移
ROTX(N)	节点 N 绕 X 向的结构转角
ROTY(N)	节点 N 绕 Y 向的结构转角
ROTZ(N)	节点 N 绕 Z 向的结构转角
TEMP(N)	节点 N 上的温度

对于字符型变量,利用表 4-9 所示的操作函数可以进行字符编辑。

表 4-9　字符串操作内部函数

函　　数	作　　用
StrOut＝STRSUB(Str1,nLoc,nChar)	获取 nChar 子字符串,起始于 Str1 的 nLoc 位置
StrOut＝STRCAT(Str1,Str2)	添加 Str2 到 Str1 的末尾
StrOut＝STRFILL(Str1,Str2,nLoc)	添加 Str2 到 Str1 的 nLoc 字符位置
StrOut＝STRCOMP(Str1)	删除 Str1 字符串中的全部空格
StrOut＝STRLEFT(Str1)	左对齐 Str1
nLoc＝STRPOS(Str1,Str2)	获取 Str1 中 Str2 的起始字符位置
nLoc＝STRLENG(Str1)	Str1 中最后一个非空格字符位置
StrOut＝UPCASE(Str1)	转化 Str1 为大写
StrOut＝LWCASE(Str1)	转化 Str1 为小写

（3）对单元或节点信息统计排序

NSORT、ESORT 命令用于对当前所选择节点或单元关于某一量（如:应力）的排序和列表。比如下面的命令:

NSEL,…　　　　　　　　　　　　! 选择进行排序统计的节点

NSORT,S,X　　　　　　　　　　　! 节点按照应力 SX 数值进行排序

PRNSOL,S,COMP　　　　　　　　! 列出排序后的应力分量

可以选择按升序或降序,也可选择按绝对值还是原始值参加排序。排序后列表显示单元或节点量时,第一列的节点号或单元号是按统计后的排序。对应菜单位置为:

Main Menu＞General Postproc＞List Results＞Sorted Listing＞Sort Nodes

Main Menu＞General Postproc＞List Results＞Sorted Listing＞Sort Elems

使用命令 NUSORT 或 EUSORT 可取消排序,恢复到原来的节点或单元顺序（默认为编号由小到大的顺序）,对应菜单位置为:

Main Menu＞General Postproc＞List Results＞Sorted Listing＞Unsort Nodes

Main Menu＞General Postproc＞List Results＞Sorted Listing＞Unsort Elems

5. 创建和使用 ANSYS 宏

宏是一系列 ANSYS 命令集合形成的文件,通常宏的扩展名取为 mac,如 Mac01.mac 就是一个名为 Mac01 的宏文件。在搜索路径中的宏可以通过 ＊USE 命令来执行,例如:

＊use,Mac01

或直接在命令输入窗口中输入宏的文件名 Mac01。

宏的搜索路径包括/ansys_inc/v150/ansys/apdl 目录、由环境变量 ANSYS_MACROLIB 所指定的路径、由 $ HOME 环境变量指定的路径以及工作路径。宏中可以包含参数,宏还可以嵌套其他的宏。

后缀名为 mac 的宏文件实际上也可当作 ANSYS 命令直接调用,即在 ANSYS 的命令窗口中直接输入宏文件名也可执行宏命令。

宏文件的创建可通过 ＊Create 命令、＊CFWRITE 命令（结合 ＊CFOPEN 和 ＊CFCLOS）、/TEE 命令等方式创建,但最为直接的方法是通过文本编辑器创建并保存为 ＊.Mac 文件。

6. 简单的界面定制开发能力

APDL 还具有简单的见面定制开发功能。

(1)工具条按钮定制

通过菜单项 Utility Menu＞Macro＞ Edit Abbreviations 或者 Utility Menu＞MenuCtrls＞ Edit Toolbar，可以将分析中常用的 ANSYS 菜单项（对应的指令）定制成按钮，添加到工具条中，这样可以提高工作效率。

例如：在建模过程中要频繁地用到重新绘图的命令/REPLOT（对应菜单项为 Utility Menu＞Plot＞Replot），为了在使用过程中快速调用这一功能，只需选择 Utility Menu＞Macro＞ Edit Abbreviations 菜单，弹出 Edit Toolbar/Abbreviations 对话框，在其中输入 ∗ABBR，REPLOT，/REPLOT，选择 Accept 按钮，如图 4-11 所示，这一功能的快速调用按钮就出现在 ANSYS 的工具条中，如图 4-12 所示。

图 4-11　输入 ∗ABBR 选项

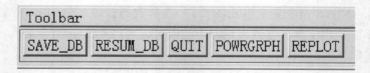

图 4-12　增加 REPLOT 按钮后的工具条

其中，REPLOT 为新建的工具条按钮名称，/REPLOT 为这一按钮所调用的 ANSYS 命令。读者可以根据需要，添加各种常用命令的快速调用按钮到工具条中。

(2)∗ASK 参数提示框

用户可以通过 ∗ASK 命令提示参数的输入，当在命令行中输入如下指令时，将弹出关于参数 length 的提示框，如图 4-13 所示，其缺省的值为 1。

∗ask，AA，Density，7800

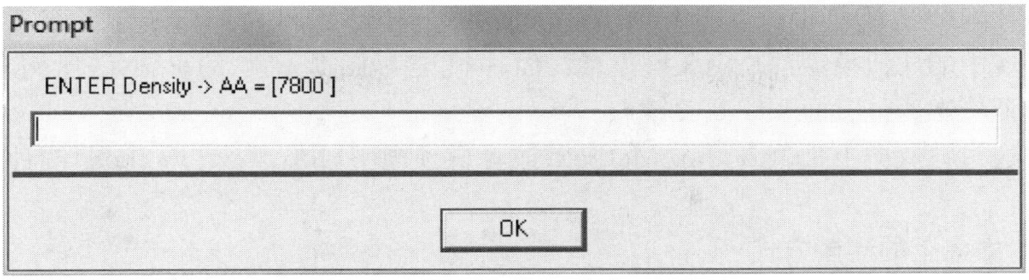

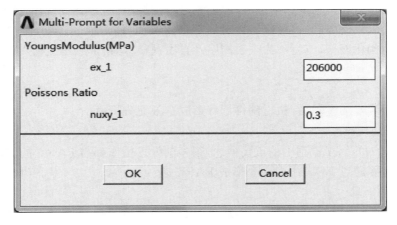

图 4-13　* ASK 提示信息框

（3）创建参数输入提示对话框

对于带参数的宏命令,其多个参数还可通过 multipro 命令创建对话框来提示输入,这里列举一个例子。

/Prep7
multipro,'start',2
* cset,1,3,ex_1,'YoungsModulus(MPa)',2. 06E5
* cset,4,6,nuxy_1,'Poissons Ratio',0. 3
multipro,'end'

通过这些命令可创建如图 4-14 所示的参数提示框,为参数 Ex_1 和 NUXY_1 赋值。

图 4-14　参数提示框

4.1.3　LS-DYNA 前处理的一般流程

在 Mechanical APDL 环境中进行 LS-DYNA 前处理的流程通常包含建立几何模型、定义单元属性、网格划分、建立 PART 表、定义接触信息、定义定解条件、导出关键字等一系列操作环节,前处理过程的输出结果是 LS-DYNA 的关键字文件。

下面对前处理各个环节的任务进行简要的介绍。

1. 定义单元属性

定义单元类型及其算法选项、几何参数信息、材料模型及材料参数等单元属性。在 Mechanical APDL 前处理器中,常见的单元属性包括单元类型、实常数以及材料特性。

2. 建立几何模型

建立几何模型就是根据实际结构尺寸创建一个外形相同的几何造型。在 Mechanical APDL 环境中的几何模型都是由关键点、线、面、体等各种图形元素(简称图元)所构成,图元层次由高到低依次为体、面积、线及关键点。

可以通过自底向上(bottom-up Method)或者自顶向下(top-down method)两种途径创建几何模型:

(1)自底向上的建模方式

首先定义关键点,再由这些点连成线,由线组成面,由面围合形成体积。即由低级图元向高级图元的建模顺序。

(2)自顶向下的建模方式

直接建立较高层次的图元对象,其对应的较低层的图元对象随之自动产生。这种方式建模将用到布尔运算,即各种类型对象的相互加、减、组合等操作。

3. 网格划分

对几何模型进行单元划分,一般包括如下三个步骤:

(1)分配单元属性

所谓分配单元属性,就是将之前定义的各种单元属性(单元类型、实常数、材料属性)赋予要划分网格的几何对象。

(2)网格划分设置

网格划分设置一般包括网格的尺寸控制、划分方法控制以及网格形状的控制。

尺寸控制可以是整体的,也可以是针对局部点、线、面、体对象的;划分方法一般可分为结构化网格及非结构化网格,或者称为映射网格及自由网格;网格形状则包括六面体、四面体、四边形、三角形。

(3)划分网格

在完成前面两步的设置后,执行网格划分形成有限元分析模型。

4. 建立 PART 表

PART 是 LS-DYNA 模型中的重要概念,很多前处理操作都与 PART 的 ID 相关联,因此划分网格之后需要通过 EDPART 命令形成 PART 表。

5. 定义接触信息

接触定义是 LS-DYNA 的重要环节,此环节的任务是定义各部件之间的接触关系以及接触参数。由于接触定义很多基于节点组元,通常需预先定义相关的组元。

6. 定义定解条件

定解条件包括初始条件、边界约束条件以及荷载三大类。在一个动力分析中至少需要指定一种类型的定解条件,否则系统将保持静止。

7. 导出关键字

上述前处理操作结束后,通过 ANSYS LS-DYNA 的 EDWRITE 命令导出 LS-DYNA 格式的模型关键字文件。

4.2 建立分析模型

本节介绍在 Mechanical APDL 前处理器中创建 LS-DYNA 分析模型的具体方法。

4.2.1　定义单元属性

本节介绍 ANSYS LS-DYNA 单元属性的定义,包括单元类型、实常数以及材料模型定义,这些操作是在 ANSYS 的前处理器程序中进行的,定义单元属性之前首先通过命令/PREP7 或选择 Main Menu＞Preprocessor 菜单以进入前处理器。

1. 定义单元类型及选项

通过 ET 命令定义单元类型及单元选项,ET 命令的形式如下:

ET,ITYPE,Ename,KOP1,KOP2,KOP3,KOP4,KOP5,KOP6,INOPR

其中,ITYPE 为单元类型号,Ename 为单元名称(160～168),KOP1 至 KOP6 为单元选项。

如果采用交互操作,则选择菜单 Main Menu＞Preprocessor＞Element Type＞Add/Edit/Delete,打开 Element Types 对话框中,选择 ADD 按钮,打开 Library of Element Types 对话框,如图 4-15 所示,在右侧的单元列表中选择 ANSYS LS-DYNA 单元类型,通过 Element Types 对话框中的 Options 按钮在打开的单元选项设置对话框中选择单元选项,比如 SHELL163 单元的 KEYOPT 选项设置对话框如图 4-16 所示。

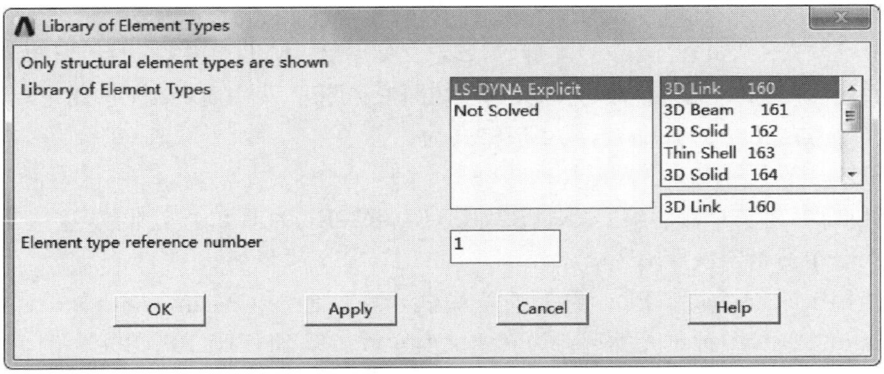

图 4-15　单元类型选择

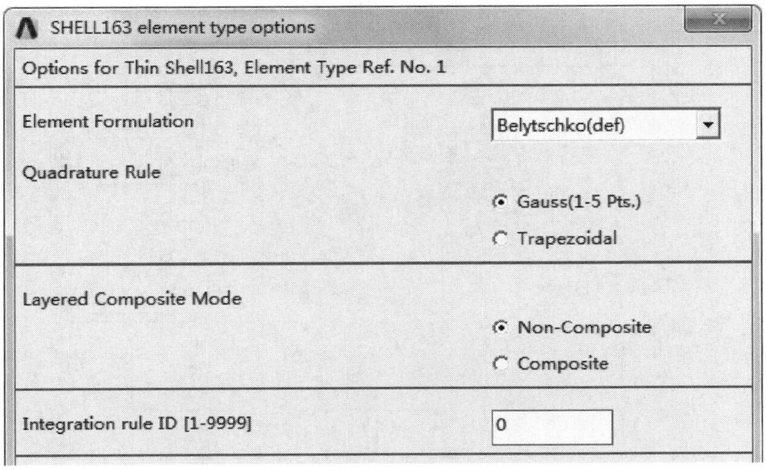

图 4-16　SHELL163 单元选项

表 4-10 列出了 ANSYS LS-DYNA 的 9 种显式单元类型,每种单元类型都提供多个 KEYOPT 选项,这些选项与上一章介绍的 * SECTION 关键字中的选项相对应。

表 4-10　显式分析单元

单元类型	单元特性
LINK160	用于模拟桁架杆件,仅能承受轴向力
BEAM161	3D 梁单元
PLANE162	2D 连续单元,用于 2D 弹塑性力学问题
SHELL163	薄壳单元或薄膜单元
SOLID164	3D 连续单元,包含多种算法
COMBI165	弹簧-阻尼单元,可为线弹簧或扭转弹簧
MASS166	集中质量或惯性单元
LINK167	索单元,仅能承受拉伸
SOLID168	10 节点四面体单元,用于划分几何不规则的 3D 模型

关于各种单元的 KEYOPT 选项,请参考附录 E 的相关内容。

2. 定义实常数

对部分 ANSYS LS-DYNA 单元类型,需要定义实常数。常见实常数包括:梁单元的剪切因子以及截面积、惯性矩等几何参数,壳单元的剪切因子和厚度、集中质量、弹簧/阻尼单元参数等。

定义实常数的命令为 R 命令,其一般格式为:

R,NSET,R1,R2,R3,R4,R5,R6

其中,NSET 为实常数的编号,R1,R2,R3,R4,R5,R6 为前 6 个实常数,这些实常数必须按照单元手册中的指定次序输入。

如果使用 Mechanical APDL 界面交互模式,则选择菜单 Main Menu＞Preprocessor＞ Real Constants,选择一种单元类型并为其定义实常数。以 SHELL163 单元为例,在缺省单元 KEYOPT 选项下,实常数可在如下对话框中定义,如图 4-17 所示。

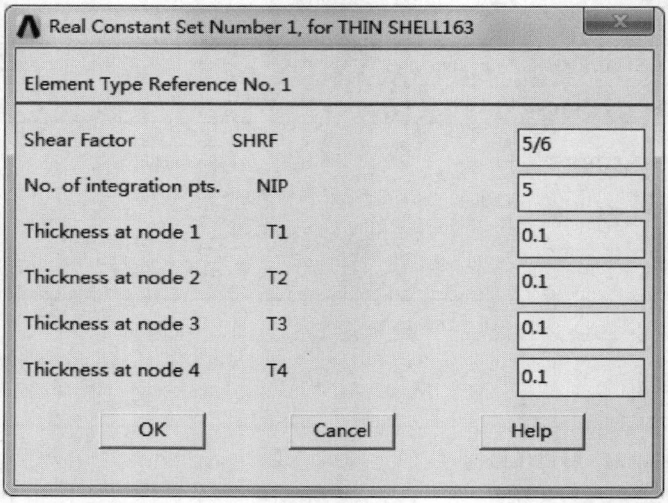

图 4-17　SHELL163 单元的实常数定义

与此相对应的命令为：

R,1,5/6,5,0.1,0.1,0.1,0.1

在上面的对话框以及 R 命令中，1 表示 NSET，即实常数的编号；SHRF 为剪切因子，此处定义为 5/6；NIP 为沿厚度方向的积分点个数，按 Gauss 积分计算，这里定义为 5 个；壳单元各节点的厚度 T1 至 T4 为 0.1。

除了 R 命令外，如果有多于 6 个实常数的，可通过 RMORE 或 RMODIF 命令定义。

RMORE 命令用于指定第 7 至 12 个实常数，续写在 R 命令的下面一行，其格式如下：

RMORE,R7,R8,R9,R10,R11,R12

RMODIF 命令用于指定或编辑实常数，其格式如下：

RMODIF,NSET,STLOC,V1,V2,V3,V4,V5,V6

其中，当 STLOC=1 时 V1 至 V6 表示第 1 至第 6 个实常数；STLOC=7 时 V1 至 V6 则表示第 7 至第 12 个实常数。

各种单元类型所需的实常数，请参考附录 E 的相关内容。

3. 定义材料模型及材料参数

Mechanical APDL 前处理环境中可定义各种常用的 LS-DYNA 材料模型及参数，ANSYS 前处理支持的 LS-DYNA 材料模型可参照附录。

如果采用交互操作方式，则通过选择菜单项目 Main Menu＞Preprocessor＞Material Props＞Material Model，打开如图 4-18 所示的 Define Material Model Behavior 对话框，此对话框的右侧显示了可用的材料模型分类目录。在目录中选择材料模型类型时，双击目录可打开下一级子目录，直至找到所需的模型。目录图标为 📁 表示该项目下面还有子项目，图标 📂 表示已经打开过的具有子项目的项目，图标 ◈ 表示已经是可以直接打开参数设置对话框的材料类型。在目录中选择所需类型并输入相关材料参数，即可完成材料模型的定义。

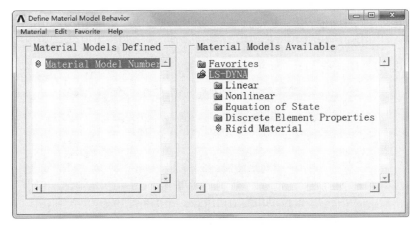

图 4-18 材料模型选择

如果需在一个分析中定义多种材料模型，在定义一种材料模型后，在 Define Material Model Behavior 对话框中选择的 Material＞New Model…菜单项，指定材料模型编号即可增加新材料类型，新的材料类型指定后继续按上述步骤选择材料模型并指定材料参数。

与上述界面操作对应的定义材料模型参数的命令包括 MP、EDMP、TB 和 TBDATA 以及定义与温度相关特性的 MPTEMP、MPDATA 等。如果对相关命令不熟悉，可先采用交互操作方式填写材料数据,然后由 log 文件中提取有关的命令。

在上述材料类型目录中包括线性材料模型、非线性材料模型、与状态方程相关的材料模型、离散单元模型以及刚性体模型等 5 种大的类型,下面对各种类型材料模型的定义方法及注意要点进行介绍。

(1)线性材料模型

在 Define Material Model Behavior 的 LS-DYNA \ Linear \ Elastic 目录下,分别选择 Isotropic、Orthotropic、Anisotropic 或 Fluid 即可定义各向同性、正交各向异性、完全各向异性线弹性材料模型以及弹性流体模型。

各向同性材料模型的材料数据输入对话框如图 4-19 所示,需要定义密度、弹性模量及泊松比。如果采用命令可按下列方式。

MP,DENS,1,2500　　　　　　　　　　! 定义材料密度
MP,EX,1,3.0E10　　　　　　　　　　 ! 定义弹性模量
MP,NUXY,1,0.2　　　　　　　　　　　! 定义泊松比

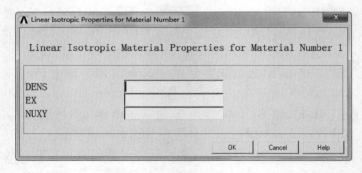

图 4-19　各向同性弹性材料

正交各向异性材料数据的输入对话框如图 4-20 所示,需要定义 DENS、EX、EY、EZ、NUXY、NUYZ、NUXZ、GXY、GYZ、GXZ 以及坐标系号。材料参数定义的命令也是 MP,坐标系号则是通过 EDMP,ORTHO 命令定义。

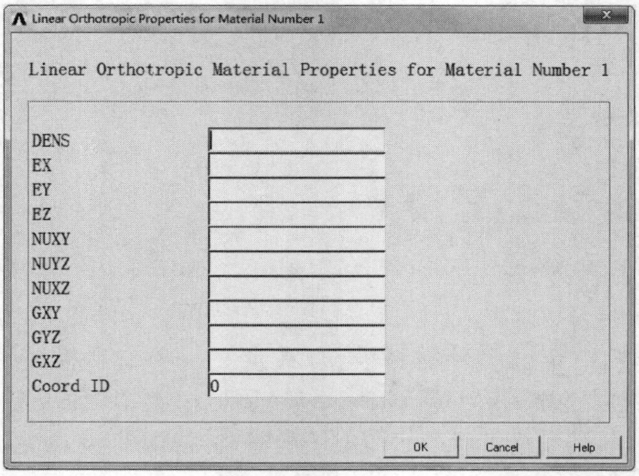

图 4-20　正交各向异性材料

各向异性线弹性材料参数的定义对话框如图 4-21 所示,需要定义的参数包括密度、坐标系及弹性系数。

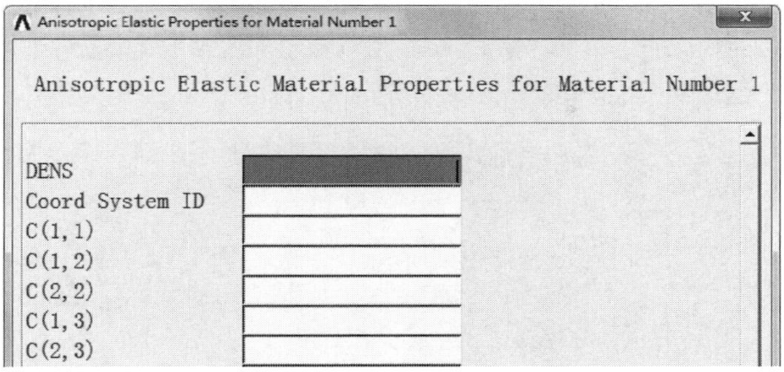

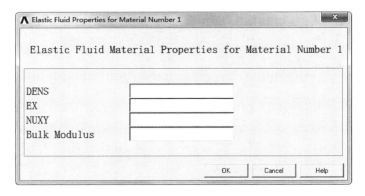

图 4-21 各向异性材料

对应命令为 MP、EDMP、TB 及 TBDATA,具体格式如下:

MP,DENS,MAT,VAL

EDMP,ORTHO,MAT,VAL

TB,ANEL

TBDATA,1,C11,C12,C22,C13,C23,C33

TBDATA,7,C14,C24,C34,C44,C15,C25

TBDATA,13,C35,C45,C55,C16,C26,C36

TBDATA,19,C46,C56,C66

图 4-22 弹性流体模型

弹性流体模型的参数对话框如图 4-22 所示,需要定义 DENS、EX、NUXY 及 Bulk Modulus。体积模量可不定义,由 EX、NUXY 按 Bulk Modulus=EX/$[3\times(1-2\times$NUXY$)]$ 计算;如果定义体积模量,以输入的体积模量为准。

如果采用命令方式,则 DENS、EX、NUXY 仍通过 MP 命令定义,Bulk Modulus 通过 EDMP 命令按如下格式定义(其中 VAL1 是体积模量):

EDMP,FLUID,MAT,VAL1

(2)非线性材料模型

在 Define Material Model Behavior 对话框中,非线性材料模型包括非线性弹性、非弹性模型以及泡沫模型三大类。非线性弹性模型包括超弹性、黏弹性;非弹性模型主要是各类塑性模型;泡沫模型中提供了 5 个泡沫材料模型。

非线性材料模型的参数也同样可通过界面或命令方式定义。比如:塑性分析中最常见的双线性随动塑性模型。在 Define Material Model Behavior 对话框中选择 LS-DYNA \ Nonlinear\ Inelastic\Kinematic Hardening\Bilinear Kinematic,打开如图 4-23 所示对话框。

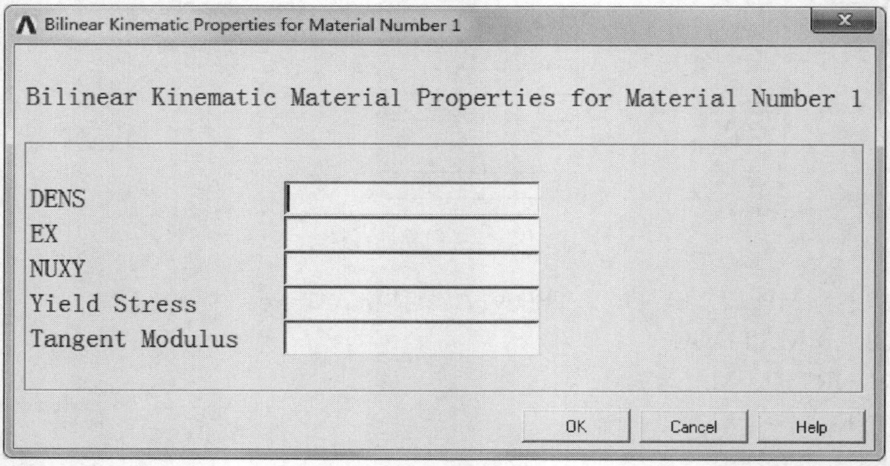

图 4-23   Bilinear Kinematic 模型

如果采用命令操作方式,则 DENS、EX 及 NUXY 通过 MP 命令定义,屈服应力(Yield Stress)和切线模量(Tangent Modulus)通过 TB,BKIN 和 TBDATA 命令定义,格式如下:

TB,BKIN

TBDATA,1,Yield Stress

TBDATA,2,Tangent Modulus

其他非线性模型的定义方式都是相似的,不再逐个介绍。下面介绍 LS-DYNA 材料定义涉及的应力和应变数据的问题。

在定义部分塑性模型时,常需要指定各种应力-应变关系,这一般是指真实应力与真实应变,已知的工程应力与工程数据需要首先转换为真实应力应变才能用于 LS-DYNA 材料定义。

如果工程应力和工程应变为 σ 和 ε,真实应力和对数应变为 S 和 E,则它们之间的换算关系如下(进入颈缩阶段后不能用此方式转化):

$$S=\sigma(1+\varepsilon)$$
$$E=\ln(1+\varepsilon)$$

通过上述转化得到的真实应变减去弹性应变(以屈服强度除以弹性模量计算),又可得到部分材料模型定义所需的应力-有效塑性应变关系。

上面提到的各种应力-应变关系首先需要定义数组(* DIM 命令),然后用 EDCURVE 命令(在后面加载部分介绍此命令)定义成数据曲线,在定义相关材料时直接引用曲线 ID 即可。

(3)状态方程相关模型

在 Define Material Model Behavior 的 LS-DYNA\Eqution of State 目录中包含了线性多项式、Gruneisen 以及 Tabulated 三种状态方程,这些状态方程可与部分材料模型结合使用,以

计算相关材料的压力,比如线性多项式状态方程与 Null 模型结合可用于定义水、空气等流体材料模型。在材料模型目录中选择 LS-DYNA\Eqution of State\Linear Polynomial\Null,打开如图 4-24 所示的 Null 材料属性对话框,即可在其中指定相关的流体模型参数。

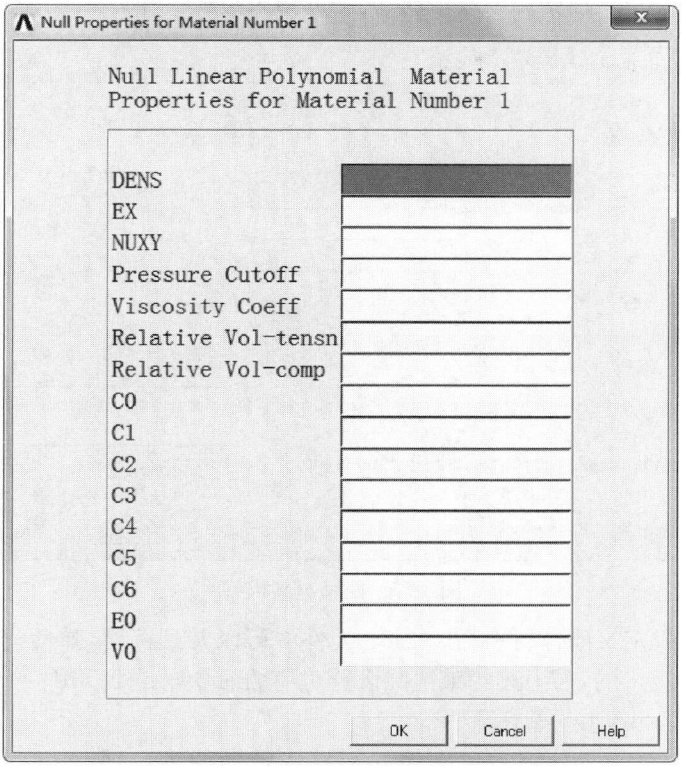

图 4-24　流体模型的参数

　　在上述的对话框中,需指定的参数包括密度、弹性模量、泊松比、压力截断值(小于 0.0)、动力黏性系数、扩张侵蚀过程的相对体积(取 0 表示被忽略)、压缩侵蚀的相对体积(取 0 表示被忽略)、状态方程的系数 C0 至 C6、初始内能(通过初始压力计算)以及初始相对体积。由于参数较多,建议在以上对话框中直接填写,然后在 log 文件中提取相关命令脚本。

　　除了 Null 材料外,线性多项式状态方程还可以用来定义 Johnson-Cook 塑性模型、Zerilli-Armstrong 模型以及 Steinberg 塑性模型等。Gruneisen 以及 Tabulated 状态方程也可与这几种材料模型结合使用。相关参数的意义请参照前面关键字一章,这里不再详细介绍。

　　(4)离散单元特性模型

　　所谓离散单元特性模型,是指通过材料模型的形式指定离散单元的参数。在 Define Material Model Behavior 的 LS-DYNA\Discrete Element Properties 目录下包含了弹簧(Spring)、阻尼器(Damper)、索(Cable)三种离散单元类型。在其中选择一种具体的离散单元类型,然后在打开的对话框中指定相关参数即可,这些参数的意义请参照前面一章材料模型关键字部分。有些单元类型(如:非线性弹簧的力-位移关系)可能会涉及数据曲线定义,方法与后面一节介绍的载荷曲线的定义方法相同。

（5）刚性体模型

在 Define Material Model Behavior 的材料模型目录中选择 LS-DYNA\Rigid Material，即可打开刚体材料模型参数设置 Rigid Properties 对话框，如图 4-25 所示。刚体材料模型所需参数包括密度、弹性模量、泊松比以及平动、转动的约束类型。

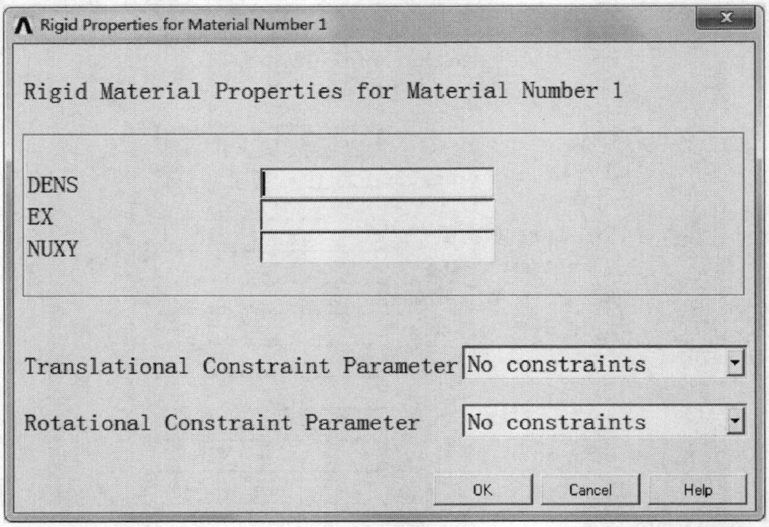

图 4-25　刚性材料模型

通过上述对话框定义刚体材料后，在 log 文件中可以看到密度、弹性模量、泊松比这些参数是通过 MP 命令定义的，与上述约束情况设置对应的命令则是 EDMP，RIGID，其形式如下：

EDMP，RIGID，MAT，VAL1，VAL2

其中，VAL1 和 VAL2 分别表示刚体的平动和转动约束选项（相对于整体笛卡尔坐标系），具体选项及对应约束情况列于表 4-11 及表 4-12 中。

表 4-11　VAL1 及刚体平动约束情况

VAL1 取值	刚体平动的约束情况
0	没有平动约束（缺省）
1	约束 X 方向的平动位移
2	约束 Y 方向的平动位移
3	约束 Z 方向的平动位移
4	约束 X 和 Y 方向的平动位移
5	约束 Y 和 Z 方向的平动位移
6	约束 Z 和 X 方向的平动位移
7	约束 X，Y，Z 三个方向的平动位移

表 4-12　VAL2 及刚体转动约束情况

VAL2 的取值	刚体转动的约束情况
0	没有转动约束（缺省）
1	约束绕 X 方向的转动

续上表

VAL2 的取值	刚体转动的约束情况
2	约束绕 Y 方向的转动
3	约束绕 Z 方向的转动
4	约束绕 X 和 Y 方向的转动
5	约束绕 Y 和 Z 方向的转动
6	约束绕 Z 和 X 方向的转动
7	约束绕 X,Y,Z 方向的转动

4.2.2　直接法建模与间接法建模

本节所指的建模是在上面定义了单元属性之后创建分析的有限元模型。基于 Mechanical APDL 创建 LS-DYNA 分析模型,可以采用两种不同的建模方法:直接法和间接法。

直接法即通过逐个定义节点和单元的方式建立有限元模型,仅适用于单元数目较少的简单结构。间接法则是首先建立由各种几何图形元素组成的实体模型,再对其进行网格划分以形成有限单元模型,间接法适用于各种大型结构或几何外型复杂的结构。

1. 直接法建模

在定义了单元类型及上述各种单元属性之后,就可以用这些单元类型来创建结构分析模型了。前已述及,建模方法有直接法以及间接法。如采用直接法建模,直接创建节点,然后通过节点创建单元。

创建节点的命令为 N,其一般格式如下:

N,NODE,X,Y,Z

命令参数说明:

NODE 为节点号,X、Y、Z 为节点的坐标。

创建节点时,要注意坐标系的问题,因为在不同的坐标系下需要输入的节点坐标不同。比如:直角坐标系中输入坐标(X,Y,Z),而柱坐标系则输入(R,THETA,Z)。ANSYS Mechanical APDL 中常见的几个坐标系列于表 4-13 中。其中工作平面是一个建模的辅助平面,缺省情况下与总体坐标 XOY 重合,可以根据需要平移和旋转。此外,用户还可以根据需要通过 LOCAL 命令来指定局部坐标系并将设为当前活动坐标系。用户可以通过 CSYS 命令来选择当前坐标系,这一设置在界面正下方的状态栏中会显示出来。

表 4-13　Mechanical APDL 中的几个常用坐标系

坐标系编号	特性描述
0	总体直角坐标系
1	以总体直角坐标系 Z 轴为转轴的柱坐标系
2	总体球坐标系
WP 或 4	工作平面坐标系
5	以总体直角坐标系 Y 轴为转轴的柱坐标系
≥11	用户定义的局部坐标系

对于一个分析中有多种单元类型或单元属性的情况,在创建单元之前必须首先向程序声明接下来所要创建的单元属性。表 4-14 列出了直接建模中用于声明单元属性的命令及其参数说明及所起的作用。

表 4-14　声明单元属性的相关命令

命令格式	命令参数说明	所起的作用
TYPE,ITYPE	ITYPE 为单元类型号	指定要创建的单元类型
MAT,MAT	MAT 为材料模型号	指定要创建单元的材料特性
REAL,NSET	NSET 为实参数组号	指定要创建单元的实参数
SECNUM,SECID	SECID 为截面号	指定要创建单元的截面
ESYS,KCN	KCN 为坐标系编号	指定要创建单元的单元坐标系

声明了单元属性后,通过节点直接创建单元。创建单元的命令为 E,其命令的一般格式如下:

E,I,J,K,L,M,N,O,P

命令参数说明:I,J,K,L,M,N,O,P 为单元的各个节点号,必须预先定义好,节点编号要按单元手册中单元示意图中的节点编号顺序。

在创建节点和单元过程中,还可以配合使用 NGEN 命令、EGEN 命令进行节点和单元的快速复制,以提高建模效率。可以使用 NUMMRG 命令合并重合的节点,使用 NUMCMP 命令压缩节点和单元编号。

以上就是直接法建立有限元模型的基本过程和操作注意事项。

2. 间接法建模之一:创建几何模型

所谓间接法,就是首先形成几何模型,再对几何对象进行单元属性和单元划分参数指定,最后通过网格划分的方法形成有限元分析模型。间接法建模首先需要在前处理器 PREP7 中创建几何模型。

在 Mechanical APDL 中,几何模型的对象包括关键点(Keypoint)、线(Line)、面(Area)、体(Volume)等几个层次,通常上一层次的几何对象包含下面各层次的对象。创建几何模型时,可以自下而上,也可自上而下。采用自下而上方式时,先创建低层次的图形对象,再通过低层次图形对象创建高层次图形对象,比如:首先创建关键点,再通过一系列关键点创建多义线。采用自上而下方式时,直接创建高层次的图形对象,而其包含的低层次的对象被自动创建,比如:创建一个圆柱体,则其底面、顶面、侧面等各面自动被创建。在自上而下建模时,经常用到各种布尔操作,在几何图形对象之间进行诸如加、减、交、分割、粘接、搭接等各种操作,进而形成复杂的几何造型。

在 Mechanical APDL 环境中的几何建模功能集中在 Main Menu＞Preprocessor＞Modeling＞菜单下的一系列子菜单中,介绍这些建模操作及其命令的教程已经很多,此处不再展开介绍。

3. 间接法建模之二:形成网格

在几何模型创建完成后,需要进行单元属性和网格划分参数的指定,之后按照这些设定进行网格划分形成有限元模型。

在 Mechanical APDL 环境中,这些网格划分相关的操作均可以通过选择菜单 Main Menu＞

Preprocessor＞ Meshing＞ MeshTool，在弹出的"MeshTool"工具面板中实现。MeshTool 工具面板有五个功能分区，用分隔线分开，自上而下依次为：

（1）设置单元属性

设置单元属性在 MeshTool 面板的 Element Attributes 区域中进行，如图 4-26 所示。在此区域中可以对点、线、面、体等几何对象设置网格属性，在下拉列表选择对象类型，点 SET 按钮，弹出对象选择对话框，输入几何对象号（如：1 号点、3 号面等）或在模型中用鼠标拾取相应的对象，在弹出的对象单元属性对话框中指定各种前面已经定义的单元属性即可。与这一步相应的命令为 XATT(X＝K、L、A、V)，可以为各种对象指定单元属性。

（2）智能网格划分控制区域

智能网格控制区域位于 Element Attributes 区域下方。如选择"Smart Size"复选框，可激活智能网格划分方法。该方法能够自动考虑模型细节及曲率变化，智能划分四面体或三角形网格，可通过滑块选择智能划分的尺寸粗细级别 1～10，10 表示单元最细。设置智能网格划分尺寸控制级别的命令为 SMRTSIZE。

（3）网格尺寸控制区域

网格尺寸控制区域即 MeshTool 中的 Size Controls 区域，位于智能网格划分区域下方，如图 4-27 所示。在此区域内可以对总体网格进行网格尺寸控制，也可对线、面、体、关键点周围进行单元尺寸或划分等分数指定。注意这些指定的优先顺序为：线＞关键点＞总体。

控制单元尺寸的命令为 ESIZE(总体)、XESIZE(X＝K、L、A、V，表示对各种对象进行单元尺寸控制)。

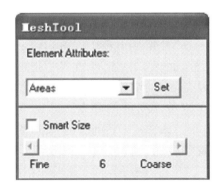

图 4-26　MeshTool 单元属性及智能网格划分区域

图 4-27　网格尺寸控制区域

（4）网格划分操作区域

网格划分操作区域位于 MeshTool 面板网格尺寸控制区域下方，如图 4-28 所示。

在此区域内可以指定网格划分的对象和方法并进行网格划分。比如选择对 Volume(体)进行划分，在 Shape 中选择单元形状为 Tet(四面体)或 Hex(六面体)，然后选择划分方法为 Free(自由网格)、Mapped(映射网格)或 Sweep(扫略网格)。其中映射网格和扫略网格需要被划分的几何体满足一定条件。然后点 Mesh 按钮，在弹出的拾取框中输入对象编号或用鼠标拾取对象即可进行网格划分。这些操作对应的命令为 MSHAPE 命令(控制单元形状)、

MSHKEY 命令(控制 mesh 方法)以及 XMESH 命令(X＝K、L、A、V,表示对各种对象进行网格划分)。如果对划分的网格不满意,还可以通过此区域的 Clear 按钮,清除有关对象上已经存在的网格以便进行重新划分。

(5)网格的细化区域

网格细化区域位于网格操作区域下方,如图 4-29 所示。在此区域内,可以对选择单元、各种几何对象(关键点、线、面)上或其附近的已有网格进行细化。

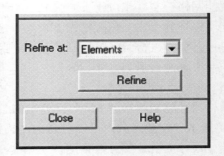

图 4-28　网格划分操作区域　　　　　　图 4-29　网格细化区域

(6)形成网格的其他方式

除了上面的一般操作之外,还有一些形成有限元网格的操作方法,比如前面的实体建模中已经介绍过的拖拉、旋转操作,由面拖拉形成体时,如果面已经进行了网格划分,则拖拉成体的同时将面网格拖拉形成体网格。

在拖拉之前,选择菜单项目 Main Menu＞Preprocessor＞Modeling＞Operate＞Extrude＞Elem Ext Opts,弹出"Element Extrusion Options"对话框,如图 4-30 所示,在其中指定要拖拉形成的体单元的属性、沿拖拉方向的网格等分数,以及是否在拖拉后保留面。与之相关的命令为 EXTOPT 以及 TYPE、MAT、REAL、ESYS 等指定单元属性的命令。通过菜单项目 Main Menu＞Preprocessor＞Modeling＞Operate＞Extrude＞Areas＞Along Normal,可实现沿法向拉伸面,对应命令为 VOFFSET。还可以选择沿着指定路径拉伸或绕轴旋转形成体网格等。

无论基于何种方式形成网格后,即完成间接法结构建模工作。

4.2.3　接触以及连接关系的指定

本节先介绍 PART、PART 集合以及组元的定义,然后介绍接触以及连接关系的指定。

1. 定义 PART

PART 是 LS-DYNA 的一个重要概念。在 LS-DYNA 的分析模型中,一个 PART 一般是模型中的某一个特定部分,每个 PART 都被赋予了一个 PART ID,这个编号可被相关的关键字引用。在 ANSYSLS-DYNA 前处理过程中,可以用 EDPART 命令建立部件、更新或列出部件列表,以在一些后续命令中直接引用部件的 PART ID 号。在 ANSYSLS-DYNA 中,一个

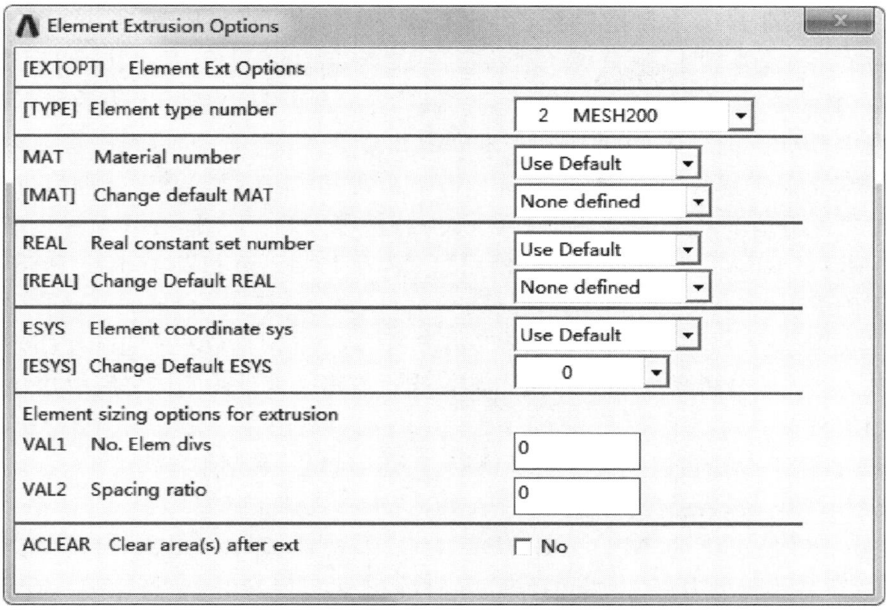

图 4-30　拖拉形成单元的设置

PART 一般是指具有相同的单元属性(即:单元类型号,实常数和材料号)的单元组成的集合。材料类型、单元类型及单元属性相同的单元集合可以被定义为 1 个单独的 PART,也可以分别定义为多个不同的 PART。ANSYS LS-DYNA 在递交 LS-DYNA 求解器计算之前,会将 PART 的相关信息写入分析的关键字文件 Jobname. k 中。

EDPART 命令调用的一般格式如下:

EDPART,Option,PARTID,Cname

Option 选项可以是 CREATE(创建)、UPDATE(更新)、ADD(添加)、DELE(删除)、LIST(列出)等。选择 CREATE 表示创建 PART 表;选择 UPDATE 表示更新 PART 表;如果选择 ADD,还需要指定要添加的部件号 PARTID 以及这一部件包含的单元组元 Cname(组元是指一组对象的集合,下面将介绍);DELE 选项用于删除通过 ADD 选项添加的 PART,也需要指定要删除的 PARTID;LIST 选项则用于列出 PART 表。在形成 PART 后,通过菜单 Utility Menu>Plot>Parts,可以绘制分颜色显示的 Part 图。

对 EDPART 命令的 CREATE 选项,在使用过程中要特别谨慎。比如通过 EDPART,LIST 列出如下形式的部件表(PART 表):

PART	MAT	TYP	REAL	USED
1	1	1	1	0
2	1	2	3	1
3	2	2	2	1
4	2	2	3	1
5	2	3	2	1
6	2	3	3	1

上述 PART 表的各列依次为各 PART 的 ID 号、材料类型号、单元类型号、实常数号以及

PART 使用状态标识号(0 表示是一个无用的 PART)。如果在 PART 表第一次形成后,组成 PART 1 的单元被全部删除,则 PART 表将显示 PART 1 是一个无用的 PART(USED=0)。这种情况下,如果执行"EDPART,UPDATE"命令将不会影响此 PART 表的状态,因为这样不会改变表中 PART 的顺序;但是执行"EDPART,CREATE"命令时,程序将创建一个仅包含 5 个 PART 的新的部件表(即所有的有用 PART 列表),PART 2 成为 PART 1,其余的依次类推。这将使得基于 PART 定义的荷载、接触特性等失效。因此,在建模过程中不要重复使用"EDPART,CREATE"命令,可多次使用"EDPART,UPDATE",在需要 PART ID 的命令中注意正确引用。

PART 集则是由一系列的部件(PART)组成的部件集合,部件集合有一个 ID 号,部件集合号也可被一些显式分析命令所引用,比如定义包含有多个部件的实体之间的接触时,PART集是很有用的。

使用 EDASMP 命令可以定义、列表和删除 PART 集合,其调用格式为:

EDASMP,Option,ASMID,PART1,PART2,……,PART16

其中,Option 域可以为 ADD/LIST/DELETE 等选项,即建立、显示和删除部件集合。ASMID 表示部件集合的 ID 号。当选择 ADD 时,最多可以定义由 16 个 PART 所组成一个新的 PART 集合。

例如,下列命令表示定义一个由 PART1、PART3 和 PART5 组成的 PART 集合,其 ID 号为 10:

EDASMP,ADD,10,1,3,5

2. 组元

组元(Component),是 Mechanical APDL 中一个很重要的概念,很多命令都会引用到组元。所谓组元,是同一种对象的集合,如节点组成的集合、单元组成的集合等。在 ANSYS LS-DYNA 中,有很多显式分析命令都会引用到预先定义的组元。比如:向模型的一部分节点施加荷载时,首先选择所有需加载的节点,将其定义为一个节点组元,然后将荷载施加到这一组元上;在接触分析中定义节点与表面的接触时,也通常需要将接触节点集合定义为组元。

在 ANSYS LS-DYNA 中定义组元的命令如下:

CM,Cname,Entity

其中,Cname 是要定义的组元名称,Entity 为组元类型选项,如 ELEM 表示单元组元,NODE 表示节点组元等。

比如,可通过如下命令,将当前选中的所有节点定义为一个名为 INTERFACE 的节点组元:

CM,INTERFACE,NODE   ! 创建一个名为 INTERFACE 的节点组元

如果采用界面交互模式,则通过选择菜单 Utility Menu>Select>Comp/Assembly>Create Component,打开"Create Componeng"对话框,在 Cname 中填写组元名称,在 Entity 下拉列表中选择组元包含的对象类型,点 OK 按钮完成组元的创建,如图 4-31 所示。

3. 接触定义

在 ANSYS LS-DYNA 程序中,接触类型主要包含三大类,即:Single Surface(单面接触)、Nodes to Surface(节点到表面接触)以及 Surface to Surf(表面到表面接触)。三大类型又各自包含一些亚类,相关的接触类型汇总于表 4-15 中。

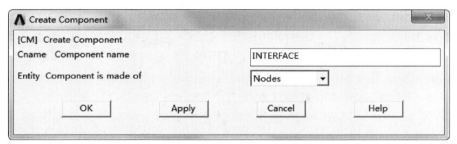

图 4-31　创建节点组元 INTERFACE

表 4-15　接触类型汇总

接触类型	接触亚类	适用问题
Single Surface	AG	通用自动接触
	ASSC	自动单面接触
	ASS2D	二维单面接触
	SS	单面接触
	ESS	单面侵蚀接触
	SE	单边接触
Nodes to Surface	NTS	通用点到面接触
	ANTS	点到面自动接触
	RNTR	刚性节点与刚性体之间的接触
	TDNS	节点到表面的固连接触
	TNTS	节点到表面的固连失效接触
	ENTS	节点到表面的侵蚀接触
	FNTS	金属成形过程中的节点到表面接触
	DRAW	金属成形过程中的压延筋接触
Surface to Surf	STS	通用表面到表面接触
	OSTS	单向表面到表面接触
	ASTS	自动表面到表面接触
	ROTR	刚体间的单向接触
	TDSS	表面间的固连接触
	TSES	壳边缘到表面的固连接触
	TSTS	定义表面间的固连失效接触
	ESTS	表面侵蚀接触
	FSTS	金属成形过程中的表面间接触
	FOSS	金属成形过程中的单向面-面接触

关于表中的各种接触类型的选择原则及适用范围，这里作简单的说明。

Single Surface 接触类型包括的接触亚类有 AG、ASSC、ASS2D、SS、ESS、SE。对于 Single Surface 接触类型，预先不清楚接触的具体部位，LS-DYNA 程序在计算中自动判定模型中发生接触的位置。Single Surface 接触类型适用于同一物体表面的自接触或不同物体之间的表面接触。Single Surface 接触类型的定义无需区分接触面以及目标面,定义 Single Surface 接触的表面实际上与模型的所有外表面都可能发生接触。这种类型的接触比较适合于自接触问题以及无法预知接触具体部位的问题。对 SHELL 单元的表面,尽量使用自动单面接触 ASSC,定义简单且计算效率较高。

Nodes to Surface 接触类型包括的亚类有 NTS、ANTS、RNTR、TDNS、TNTS、ENTS、FNTS、DRAW。Nodes to Surface 接触类型在计算中会探测接触节点是否穿透了接触的表面。Nodes to Surface 接触类型适合于两个物体表面之间的接触,因此要注意区分接触面以及目标面,一般原则为:凹面或平面、网格较粗的面通常作为目标面,而凸面、网格较细的面作为接触面。此外,压延筋接触(DRAW 亚类)的筋总是作为接触面。

Surface to Surf 接触类型包括的亚类有 STS、OSTS、ASTS、ROTR、TDSS、TSES、TSTS、ESTS、FSTS、FOSS。Surface to Surf 接触类型在计算中会探测接触两侧的物体是否会穿透对方的表面。Surface to Surf 接触类型适合于不同物体之间的发生的较大面积及相对较大滑移的接触。

在 Mechanical APDL 界面中,按照如下的操作步骤定义接触:

(1)选择接触类型

选择菜单 Main Menu>Preprocessor>LS-DYNA Options>Contact>Define Contact,打开 Contact Parameter Definition 接触定义对话框,如图 4-32 所示。在 Contact Parameter Definition 对话框中首先选择合适的接触类型和亚类。

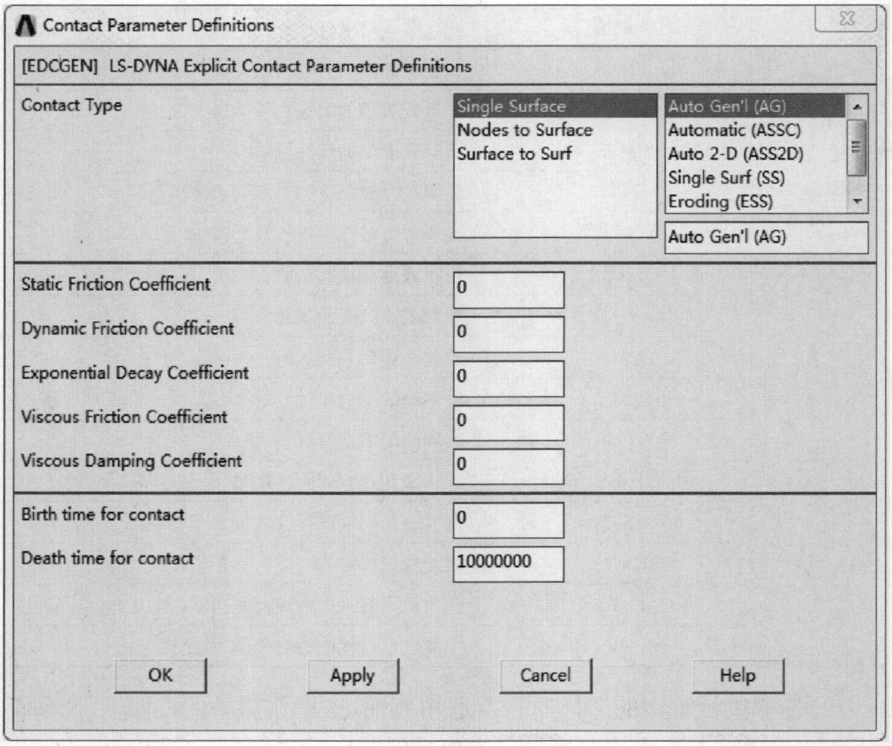

图 4-32　定义接触类型和参数对话框

（2）定义接触参数

在 Contact Parameter Definition 对话框中定义与接触相关的参数，如：接触面之间的摩擦系数、阻尼系数、接触的激活与失效的时刻等，详见后面命令参数的说明。接触参数定义完成后按下 OK 按钮，对于 Single Surface 接触类型可直接完成接触定义。

（3）定义接触面及目标面

对 Nodes to Surface 以及 Surface to Surf 接触类型，按下上面的 OK 按钮，会继续打开 Contact Options 对话框，如图 4-33 所示，在其中选择 Contact 以及 Target 节点组元或 PART ID，按下 OK 按钮完成接触的定义。

节点组元需要在定义接触操作之前预先定义好。

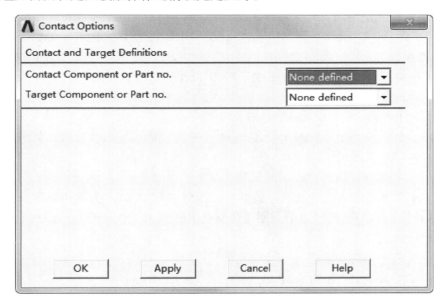

图 4-33　指定接触/目标组元或 PART

实际操作中更多采用命令方式定义接触。与上述界面交互方式定义接触相对应的命令为 EDCGEN 命令，其一般调用格式如下：

EDCGEN，Option，Cont，Targ，FS，FD，DC，VC，VDC，V1，V2，V3，V4，BTIME，DTIME，BOXID1，BOXID2

其中：

Option 参数用于指定接触的类型选项，即亚类的名称，如 AG。

Cont 参数用于指定接触面，可填写相应的节点组元名称或 PART（PART 集）的 ID 号；对于 AG、SE、ASSC、ESS 以及 SS 等类型不需要输入 Cont。对于 ASS2D 类型，Cont 必须定义为 part 集。对于 ENTS 类型，Cont 必须定义为节点组元。对于 ESS 和 ESTS 类型，Cont 必须定义为 Part 或 PART 集。

Targ 参数用于指定目标面，可填写相应的节点组元名称或 PART（PART 集）的 ID 号；对于 AG、SE、ASSC、ESS、SS 以及 ASS2D 等接触类型不需要输入 Cont。

FS、FD、DC 参数依次为静摩擦系数、动摩擦系数、指数衰减系数，缺省值均为 0。

VC、VDC 为黏滞摩擦系数和黏滞阻尼系数占临界阻尼的百分比，缺省值为 0。

V1、V2、V3、V4 为附加参数,不同接触亚类会有不同的意义,可参考 ANSYS 的命令手册。

BTIME、DTIME 为接触的激活时刻与强制失效时刻。

4. 节点约束方程

在 ANSYS LS-DYNA 中,通过 EDCNSTR 命令可指定节点约束方程,用于向刚体附加节点、模拟节点刚性体、SHELL 与 SOLID 的连接以及铆接。

EDCNSTR 命令的调用格式为如下:

EDCNSTR,Option,Ctype,Comp1,Comp2,VAL1

其中各参数的意义为:

Option 选项可以是 ADD(定义)、DELE(删除)或 LIST(列表);Ctype 为定义约束的类型选项,Ctype=ENS 表示向刚体上附加节点,Ctype=NRB 表示用于定义节点刚性体,Ctype=STS 用于定义 SHELL 与 SOLID 之间的固连,Ctype=RIVET 表示定义无质量的铆接连接。

不同的 Ctype 所对应的具体命令形式不同,下面作简单的解释。

(1)Ctype=ENS 的命令形式

EDCNSTR,Option,ENS,Comp1,Comp2

其中,Comp1 为存在的刚体 Part 号,Comp2 为要向刚体添加的节点组元名称。

(2)Ctype=NRB 的命令形式

EDCNSTR,Option,NRB,Comp1,,VAL1

其中,Comp1 为要定义为节点刚性体的节点组元名称,VAL1 为输出数据所用的坐标系 ID(通过 EDLCS 命令预先定义)。节点刚性体没有 PART 号,仅与节点组元有关,可用于模拟多个柔性体之间的刚性连接。

(3)Ctype=STS 的命令形式

EDCNSTR,Option,STS,Comp1,Comp2

其中,Comp1 为 SHELL 单元的节点号,Comp2 为要与 SHELL 单元连接的 SOLID 单元的节点组元名称(最多 9 个节点)。

(4)Ctype=RIVET 的命令形式

EDCNSTR,Option,RIVET,Comp1,Comp2

其中,Comp1 为铆接连接的第一个节点的节点号,Comp2 为铆接连接的第二个节点的节点号,且与第一个节点不能重合。铆接连接的两节点间的距离将在分析过程中保持不变,RIVET 约束不能定义失效。

EDCNSTR 命令的 GUI 路径为:

如果在 Mechanical APDL 界面中,可通过以下的菜单之一定义节点约束连接。

Main Menu＞Preprocessor＞LS-DYNA Options＞Constraints＞Apply＞Additional Nodal

Main Menu＞Solution＞Constraints＞Apply＞Additional Nodal

选择上述菜单会打开如图 4-34 所示对话框,在其中选择 Constraint Type,点 OK 按钮,对不同的约束类型,会打开不同的对话框,如图 4-35(a)、(b)、(c)、(d)所示,在其中指定了相关信息后按 OK 按钮,即可完成节点约束方程连接方式的指定。

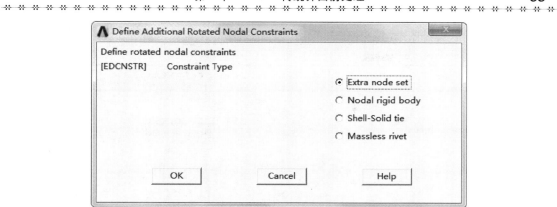

图 4-34　定义节点约束

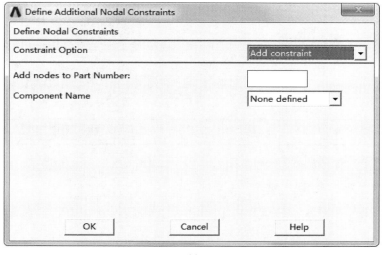

(a)

(b)

图　4-35

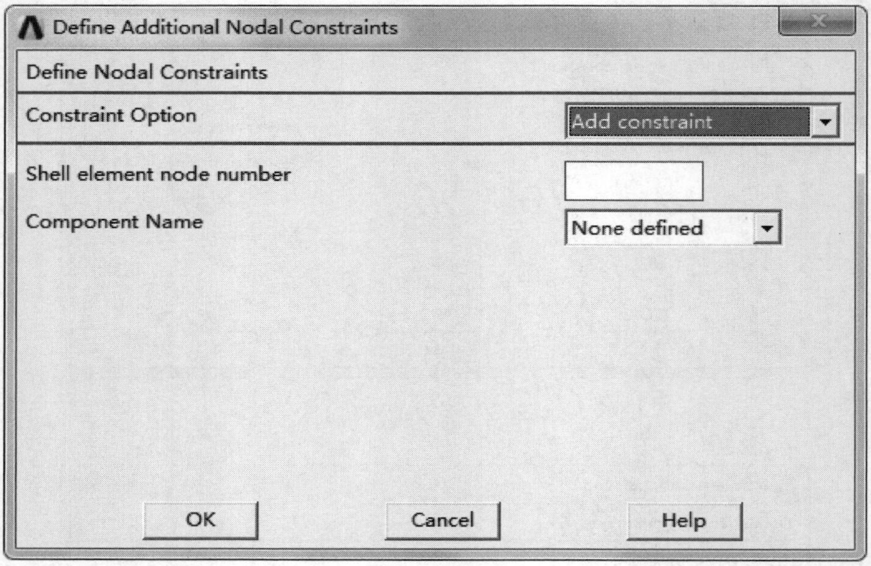

(c)

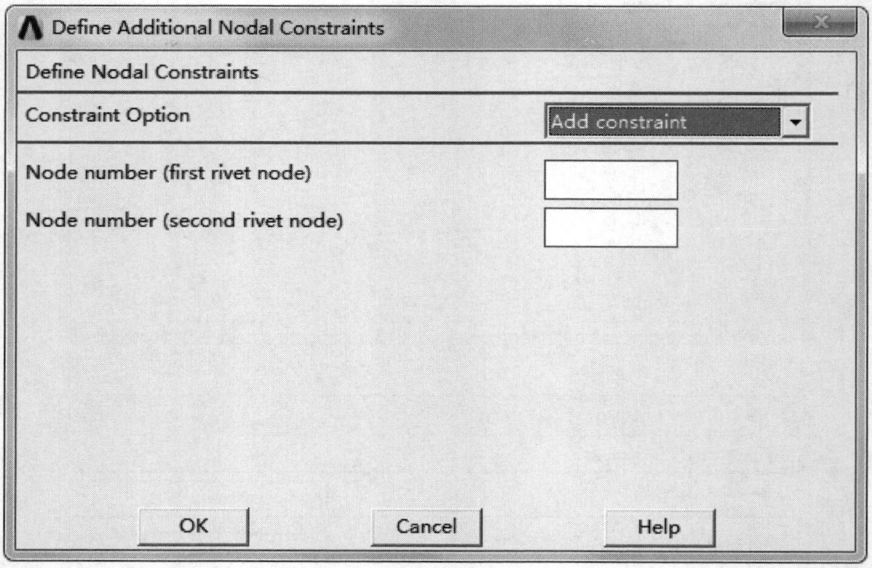

(d)

图 4-35   不同节点约束类型的参数对话框

5. 定义焊接连接

焊接是一种常见的结构连接方式。ANSYS LS-DYNA 可以通过两个节点来定义一个无质量焊点,也可通过一组节点定义一般焊接。

(1)无质量焊点

如果在 Mechanical APDL 界面中进行交互式操作,定义无质量焊点时,选择菜单 Main Menu>Preprocessor>LS-DYNA Options>Spotweld>Massless Spotwld,弹出对象拾取框,选择一个节点,点 Apply 按钮,选择另一个节点,按 OK 按钮,打开如图 4-36 所示对话框,在其中指定相关参数，按 OK 按钮即可完成焊点的定义。

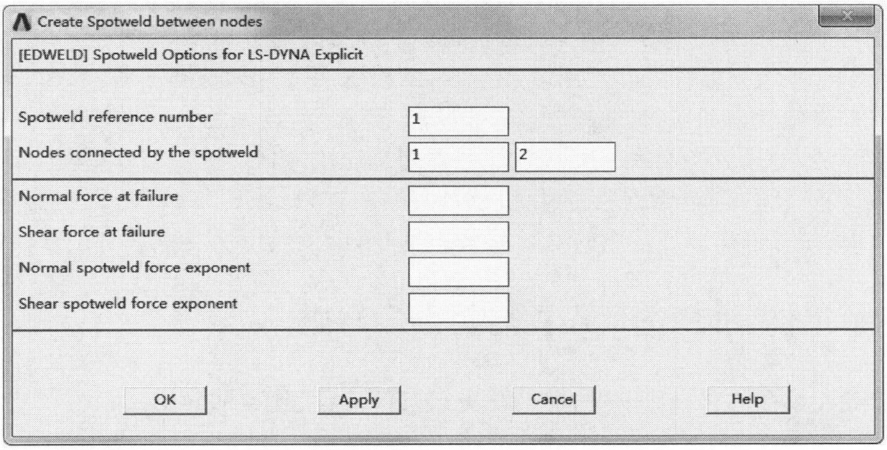

图 4-36　定义无质量焊点

（2）一般焊接

定义一般焊接时，选择菜单 Main Menu＞Preprocessor＞LS-DYNA Options＞Spotweld＞Genrlizd Spotwld，打开如图 4-37 所示对话框，在其中指定相关参数（下面命令参数中介绍），按 OK 按钮，即可完成一般焊接的定义。

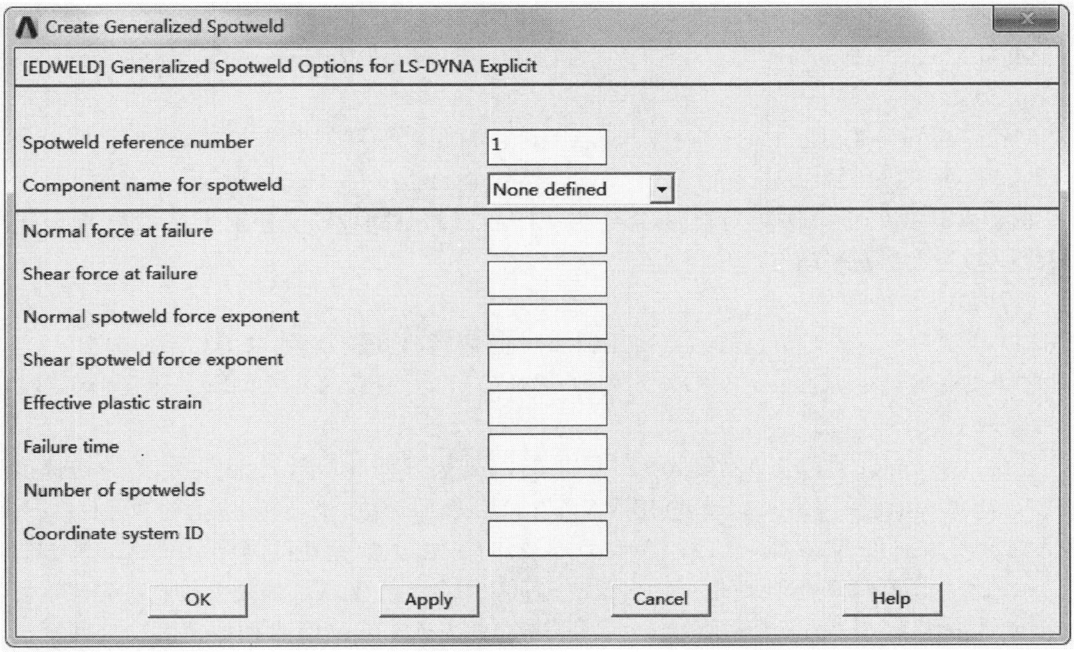

图 4-37　定义一般焊接

上述定义无质量焊点及一般焊接对话框显示，与指定焊接相对应的命令为 EDWELD 命令，此命令的调用格式为：

EDWELD,Option,NWELD,N1,N2,SN,SS,EXPN,EXPS,EPSF,TFAIL,NSW,CID

其中,Option 为操作选项,可以是 ADD(定义)、DELE(删除)、LIST(列表);NWELD 为焊点或一般焊接的编号;对于焊点,N1 和 N2 为焊点所连接的两个节点号,对于一般焊接,N1 为要定义焊接的节点组元名称,N2 不用填;SN、SS、EXPN 及 EXPS 仅用于焊点,SN 和 SS 分别为点焊的法向失效应力和切向失效应力;EXPN 和 EXPS 为点焊的失效准则中法向和切向力的指数;EPSF、TFAIL、NSW 及 CID 仅用于一般焊接连接,EPSF 为一般焊接发生延性破坏的有效塑性应变;TFAIL 为一般焊接连接的失效时间,缺省为 1.0E20;NSW 为一般焊接所包含的焊点数;CID 域为输出数据使用的坐标系(通过 EDLCS 命令预先定义)。

4.3 定解条件、计算选项设置与关键字导出

本节介绍定解条件、分析选项的指定以及 LS-DYNA 关键字的导出。

4.3.1 定解条件

本节所指的定解条件包括初始条件、边界约束条件以及载荷三种类型。

1. 初始条件

在 LS-DYNA 动力学分析中需要定义系统的初始条件,模型各部分缺省的初始速度均为零。在 ANSYS LS-DYNA 中可通过以下菜单之一进行初始条件的设定。

Main Menu＞Preprocessor＞LS-DYNA Options＞Initial Velocity＞On Nodes＞w/Axial Rotate

Main Menu＞Preprocessor＞LS-DYNA Options＞Initial Velocity＞On Nodes＞w/Nodal Rotate

Main Menu＞Solution＞Initial Velocity＞On Nodes＞w/Axial Rotate

Main Menu＞Solution＞Initial Velocity＞On Nodes＞w/Nodal Rotate

与上述菜单交互操作相对应的命令为 EDVEL 和 EDPVEL,分别用于对节点组元或 PART(集)定义初始平动速度及角速度。

(1)EDVEL 命令

EDVEL 命令用于对节点或节点组元施加初速度,其调用格式为:

EDVEL,Option,Cname,VX,VY,VZ,OMEGAX,OMEGAY,OMEGAZ,XC,YC,ZC,ANGX,ANGY,ANGZ

其中,Option 选项可为 VGEN、VELO、LIST(列表显示)、DELE(删除定义的初速度)。VGEN 选项表示将采用平动初速度(用 VX,VY,VZ 表示)叠加绕某转轴(通过其上一点 XC,YC,ZC 及其方向角 ANGX,ANGY,ANGZ 定义)的初始转动(角速度为 OMEGAX)的方式来定义初始速度。VELO 选项则是采用平动初速度(用 VX,VY,VZ 表示)叠加节点初始转动(节点角速度为 OMEGAX,OMEGAY,OMEGAZ)的方式来定义节点初始速度。这两个选项只能使用一个。Cname 为要施加初始速度的节点组元名称或者节点号。

(2)EDPVEL 命令

EDPVEL 命令用于对 PART 或 PART 集合定义初速度,其调用格式为:

EDPVEL,Option,PID,VX,VY,VZ,OMEGAX,OMEGAY,OMEGAZ,XC,YC,ZC,

ANGX,ANGY,ANGZ

其中,PID 为要施加初始速度的 PART 或 PART 集的 ID 号,其余各选项的意义与 EDVEL 命令的相应选项相似。

2. 边界条件

在 ANSYS LS-DYNA 中,可以通过如下命令为分析模型指定边界条件。

(1)固定边界条件

在 ANSYS LS-DYNA 中,通过 D 命令或 EDNROT 命令用于施加固定位移边界条件。

D 命令用于施加总体坐标方向的固定约束,其基本格式为:

D,NODE,Lab,VALUE,VALUE2,NEND,NINC,Lab2,Lab3,Lab4,Lab5,Lab6

其中,NODE 表示被约束的节点,Lab 为受约束的自由度,VALUE 必须为 0.0。D 命令菜单路径为 Main Menu＞Preprocessor＞LS-DYNA Options＞Constraints＞Apply＞On Nodes 或 Main Menu＞Solution＞Constraints＞Apply＞On Nodes。

EDNROT 命令用于在旋转的节点坐标系中施加非总体坐标方向的固定约束,其基本格式为:

EDNROT,Option,CID,Cname,DOF1,DOF2,DOF3,DOF4,DOF5,DOF6

其中,Option 可为 ADD、DELE 或 LIST,CID 表示之前通过 EDLCS 命令定义的局部坐标系的 ID 号,Cname 为施加边界条件的节点组元,DOFi(i＝1～6)为局部坐标系 CID 中的自由度,可为 UX、UY、UZ、ROTX、ROTY、ROTZ,如果 DOF1＝ALL 则约束全部自由度。

EDNROT 命令的菜单路径为 Main Menu＞Preprocessor＞LS-DYNA Options＞Constraints＞Apply＞Rotated Nodal。

(2)平移或循环对称边界条件

在 ANSYS LS-DYNA 中,通过 EDBOUND 命令施加平移或循环对称边界,此命令的格式为:

EDBOUND,Option,Lab,Cname,XC,YC,ZC,Cname2,COPT

其中,Option 可为 ADD(施加)、DELE(删除)或 LIST(列表);Lab 可为 SLIDE(滑移对称)或 CYCL(循环对称);Cname 为边界节点组元;原点指向点(XC,YC,ZC)的向量用来定义滑移对称面法向或循环对称转轴。Cname2 为要定义循环对称边界的第二个边界节点组元,仅在 CYCL 选项时才使用;COPT 为滑移对称边界条件的参数,0 表示节点在法向平面内运动,1 表示节点仅在向量方向移动,此参数仅在 SLIDE 选项时才使用。

EDBOUND 命令的菜单路径为 Main Menu＞Solution＞Constraints＞Apply＞Symm Bndry Plane。

(3)无反射边界条件

在 ANSYS LS-DYNA 中,通过 EDNB 命令向 SOLID164 及 SOLID168 单元表面的节点组元施加无反射边界条件。EDNB 命令的基本格式为:

EDNB,Option,Cname,AD,AS

其中,Option 选项可为 ADD(定义)、DELE(删除)、LIST(列表显示);Cname 表示要施加边界条件的节点组元;AD 和 AS 分别为膨胀波及剪切波开关。

EDNB 命令的菜单路径为 Main Menu＞Solution＞Constraints＞Apply＞Non-Refl Bndry。

3. 施加显式荷载

(1)可施加的显式荷载类型

ANSYS LS-DYNA 的荷载通过 EDLOAD 命令施加,可施加的荷载类型列于表 4-16 中,这里要注意非零位移是通过荷载的方式施加的。

表 4-16　可施加的荷载类型

施加对象	类型标识	意　义
节点组元	FX,FY,FZ	集中力
	MX,MY,MZ	集中力矩
	UX,UY,UZ	非零位移
	ROTX,ROTY,ROTZ	非零转角位移
	VX,VY,VZ	速度
	AX,AY,AZ	节点加速度
	ACLX,ACLY,ACLZ	体加速度
	OMGX,OMGY,OMGZ	角速度
	TEMP	温度
刚体 PART	RBFX,RBFY,RBFZ	力
	RBMX,RBMY,RBMZ	力矩
	RBUX,RBUY,RBUZ	位移
	RBRX,RBRY,RBRZ	转角
	RBVX,RBVY,RBVZ	速度
	RBOX,RBOY,RBOZ	角速度
单元组元	PRESS	压力

关于表中各种荷载,这里作如下的补充说明:

以上各种荷载类型均需通过荷载-时间曲线来定义,然后施加到模型的特定部分。施加到节点组元上时,节点组元必须预先定义。施加到单元组元上时,必须加到正确的面上,通过 SHELL163 和 SOLID164 单元的面号来指定。非零自由度需要作为动力荷载施加。

(2)载荷曲线及加载坐标系

上节介绍的各类荷载具有一个共同的特点,即:都是随着时间变化的。为此,在加载前必须定义时间和载荷数组或者由两者组成载荷时间历程曲线。在 ANSYS LS-DYNA 中,通过 EDCURVE 命令定义包括载荷曲线在内的各类数据曲线,其调用格式为:

EDCURVE,Option,LCID,Par1,Par2

其中,Option 选项可以为 ADD(定义曲线)、DELE(删除曲线)、LIST(列表曲线)、PLOT(绘制曲线);LCID 为曲线编号;Par1 和 Par2 为通过 *DIM 命令预先定义并赋值的自变量数组和因变量数组。当 Par1 和 Par2 的长度不同时,取较短的长度。

关于如何定义载荷曲线,这里举一个例子。

*DIM,TIME,ARRAY,5,1

*DIM,F1,ARRAY,5,1

TIME(1,1)=0.0,0.025,0.05,0.075,0.1

F1(1,1)＝0.0,100,75,125,0.0

EDCURVE,ADD,1,TIME,F1

EDCURVE,PLOT,1

执行以上命令,得到如图 4-38 所示的荷载时间历程曲线。

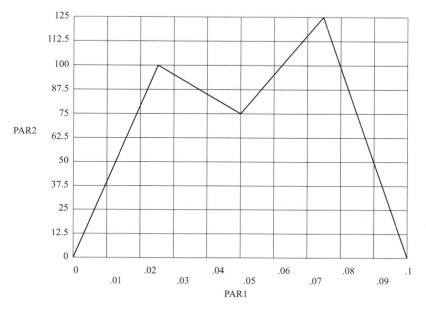

图 4-38　载荷时间历程曲线

EDLCS 命令用于定义加载的坐标系,其一般格式为:

EDLCS,ADD,CID,X1,Y1,Z1,X2,Y2,Z2,X3,Y3,Z3

其中,CID 为加载坐标系的 ID;X1,Y1,Z1 为加载坐标系的 X 轴上一点的坐标;X2,Y2,Z2 为加载坐标系 XY 平面上的一点;X3,Y3,Z3 为加载坐标系的原点在总体直角坐标系下的坐标。

(3)施加显式荷载

在 ANSYS LS-DYNA 中,荷载施加通过 EDLOAD 命令实现,其调用格式为:

EDLOAD, Option, Lab, KEY, Cname, Par1, Par2, PHASE, LCID, SCALE, BTIME,DTIME

其中,Option 选项可以为 ADD(施加荷载)、DELE(删除荷载)以及 LIST(列表显示荷载);Lab 为荷载类型标识(见表 4-16 所列);KEY 选项对于 Lab＝PRESS 时为面荷载作用的单元的面号,对其他荷载类型,则表示加载坐标局部坐标系(EDLCS 命令所指定的 CID),如果未指定局部坐标系,则荷载被施加到总体笛卡尔坐标系方向;Cname 为加载的组元名称或刚体 PART 的 ID;Par1,Par2 为时间以及荷载数组名;PHASE 为标识变量,取 0,1,2 分别表示在瞬态分析中使用、在应力初始化或动态松弛中使用以及两种情况下使用;LCID 表示载荷曲线号(如指定 LCID,则无需指定 Par1 和 Par2);SCALE 为载荷缩放系数;BTIME,DTIME 表示载荷的激活时刻与失效时刻。

如果采用界面交互操作方式,则与 EDLOAD 加载命令对应的菜单项目如下:

Main Menu＞Preprocessor＞LS-DYNA Options＞Loading Options＞ Specify Loads

Main Menu＞Solution＞Loading Options＞Specify Loads

施加了显式分析载荷之后，可以通过 EDFPLOT 命令显示或隐藏荷载标志。EDFPLOT，ON 表示显示载荷标志；EDFPLOT，OFF 表示隐藏载荷标志。界面交互操作的菜单项目为：

Main Menu＞Preprocessor＞LS-DYNA Options＞Loading Options＞Show Forces

4.3.2　计算选项设置

ANSYS LS-DYNA 中计算选项设置包括时间步控制、求解选项设置和输出选项设置三个方面，相关命令列于表 4-17 中。

表 4-17　分析设置相关的命令

ANSYS LS-DYNA 分析设置命令	作用描述
TIME	指定分析的结束时间
EDTP	绘制小尺寸单元
EDCTS	时间步缩放选项
EDCSC	子循环选项
EDSTART	设置重启动选项
EDIS	完全重启动分析中的应力初始化
EDCPU	指定计算 CPU 时间限制
EDTERM	指定计算结束条件
EDENERGY	能量控制选项
EDBVIS	体积黏性选项
EDHGLS	总体沙漏控制选项（针对材料的沙漏控制在材料定义时通过 EDMP 命令）
EDADAPT	激活自适应网格
EDCADAPT	指定自适应网格参数
EDGCALE	指定总体 ALE 控制选项
EDALE	指定 ALE 算法的单元光顺选项
EDRUN	指定并行求解开关及使用的 CPU 核数
EDDBL	指定使用单精度或双精度求解
EDOPT	输出文件类型选项
EDRST	结果文件输出频率或输出时间间隔（D3PLOT）
EDHTIME	时间历程文件输出频率或输出时间间隔（D3THDT）
EDDUMP	重启动 DUMP 文件输出频率或输出时间间隔
EDOUT	指定要输出的 ASCII 文件
EDHIST	指定要写入时间历程文件的节点或单元组元名称
EDINT	指定 BEAM 和 SHELL 单元结果输出的积分点个数（单元积分点由实常数 NIP 定义）

下面对部分上述命令的选项进行简要的介绍，同时列出界面交互操作中对应的菜单或对话框。

1. 时间步控制相关的命令

（1）TIME 命令

TIME 命令用于指定显式动力分析的结束时间，其参数列表如下：

TIME，TIME

界面交互操作对应的菜单路径为 Main Menu＞Solution＞Time Controls＞Solution Time。

（2）EDCTS 命令

EDCTS 命令用于指定质量缩放，其基本格式如下：

EDCTS，DTMS，TSSFAC

其中：DTMS 为采用质量缩放的时间步长，如果 DTMS 为正，则所有的单元采用同样的时间步长，所有单元都进行质量缩放。如果 DTMS 为负，则仅对计算时间步长小于 DTMS 的单元进行质量缩放。TSSFAC 为时间步的比例因子，一般去 0.9，对高能炸药取 0.67。

界面交互操作对应菜单项目为 Main Menu＞Solution＞Time Controls＞Time Step Ctrls。

（3）EDCSC 命令

EDCSC 命令用于在显式分析中打开子循环开关。界面交互操作对应的菜单路径为 Main Menu＞Solution＞Time Controls＞Subcycling。

2. 求解选项设置相关的命令

（1）EDENERGY 命令

EDENERGY 命令用于控制。

在 GUI 中，通过菜单路径 Main Menu＞Solution＞Analysis Options＞Energy Options，弹出如图 4-39 所示对话框，设置分析过程的能量控制参数。

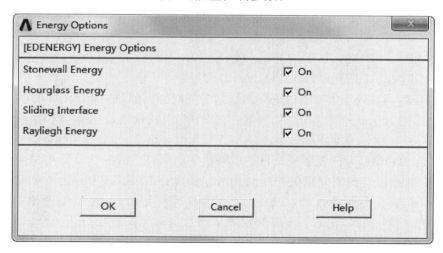

图 4-39　能量控制选项

（2）EDBVIS 命令

EDBVIS 命令用于指定体积黏性参数，其格式为：

EDBVIS，QVCO，LVCO

QVCO 和 LVCO 为二次黏性系数和线性黏性系数,缺省为 1.5 和 0.06。

EDBVIS 命令对应的菜单项目为:

Main Menu>Solution>Analysis Options>Bulk Viscosity

(3)EDHGLS 命令

EDHGLS 命令用于指定沙漏系数,其格式为:

EDHGLS,HGCO

HGCO 为沙漏系数,缺省为 0.1,大于 0.5 可能导致不稳定。

EDHGLS 命令对应的菜单项目为:

Main Menu>Preprocessor>Loads>Load Step Opts>Other>Change Mat Props>Hourglass Ctrls>Global

Main Menu>Preprocessor>Material Props>Hourglass Ctrls>Global

Main Menu>Solution>Analysis Options>Hourglass Ctrls>Global

Main Menu>Solution>Load Step Opts>Other>Change Mat Props>Hourglass Ctrls>Global

(4)EDADAPT 命令和 EDCADAPT 命令

自适应单元划分技术仅可用于薄壳单元(在 ANSYS LS-DYNA 中为 SHELL163 单元),通过 EDADAPT 命令来指定采用自适应网格剖分的壳单元部件(part),其格式为:

EDADAPT,PART,Key

其中,PART 为部件号;Key=OFF 为不适用自适应网格,Key=ON 表示采用自适应网格。对所有 PART 缺省为 OFF。

界面交互操作所对应的菜单项目为 Main Menu>Solution>Analysis Options>Adaptive Meshing>Apply to Part。

通过 EDCADAPT 命令对采用自适应网格划分的部件指定网格划分选项,此命令的一般格式为:

EDCADAPT, FREQ, TOL, OPT, MAXLVL, BTIME, DTIME, LCID, ADPSIZE, ADPASS,IREFLG,ADPENE,ADPTH,MAXEL

其中,FREQ 为在计算中考虑自适应网格划分的时间间隔,如 0.1 s;TOL 为相邻单元倾斜角度的限值,超过了此值将进行网格的细分;OPT 为算法选项,1 表示倾斜角度基于初始构型,2 表示基于前一次细分网格的构型;MAXLVL 为细分级别,如 2 级细分可以将某一个单元分成 4 个单元;BTIME 为计算中开始自适应网格的时间;DTIME 为计算中结束自适应网格的时间;LCID 为自适应时间间隔关于时间的数据曲线;ADPSIZE 为相对于单元边长的最小细分尺寸;ADPASS 为算法选项,0 表示双通道自适应划分,1 表示单通道自适应划分;IREFLG 为统一细分级别,比如 1、2、3 分别表示所有的单元都被细分为 4 个、16 个、64 个单元;ADPENE 为壳单元到达(此参数为正数)或穿透(为负数)加工表面时细化网格;ADPTH 为壳单元厚度下限,厚度低于此数值开始自适应划分;MAXEL 为最大单元上限,如果单元数超过此值就会停止计算。

EDCADAPT 命令所对应的菜单项目为:

Main Menu>Solution>Analysis Options>Adaptive Meshing>Global Settings

(5)EDGCALE 命令和 EDALE 命令

EDGCALE 命令和 EDALE 命令用于指定总体 ALE 选项,其格式为:

EDGCALE,NADV,METH

NADV 为输运步之间的循环次数;METH 为输运算法选项,缺省为 0,即采用 Donor cell+Half Index Shift 算法(一阶精度),设为 1 则采用 Van Leer+Half Index Shift 算法(二阶精度),对应的菜单项目为:

Main Menu>Solution>Analysis Options>ALE Options>Define

EDALE 命令用于设置 ALE 网格平滑选项,其格式为:

EDALE,Option,--,AFAC,BFAC,--,DFAC,EFAC,START,END

其中,Option 缺省为 ADD(定义选项);AFAC 为简单平均平滑权重因子(缺省为 0);BFAC 为体积加权平滑权重因子(缺省为 0);DFAC 为等势平滑权重因子(缺省为 0);EFAC 为平衡平滑权重因子(缺省为 0);START 和 END 为 ALE 平滑计算开始时间(缺省为 0)和结束时间(缺省为 1e20)。

要激活 ALE 算法,必须定义 EDGCALE 命令的 NADV 以及 EDALE 中至少一种平滑因子。

EDALE 命令对应的菜单项目为:Main Menu>Solution>Analysis Options>ALE Options>Define

(6)EDTERM 命令

EDTERM 命令用于设置多条计算终止条件,其格式为:

EDTERM,Option,Lab,NUM,STOP,MAXC,MINC

其中,Option 选项缺省为 ADD(定义分析终止条件);Lab 选项可为 NODE(节点)或者 PART(刚体部件);NUM 选项为节点号(如果 Lab 域=NODE)或 PART ID(如果 Lab 域=PART);STOP 选项为计算终止准则,可以为 1(总体 x 方向),2(总体 y 方向),3(总体 z 方向),4(如果 Lab=NODE,则指定点与其他表面发生接触时分析停止;如 Lab=PART,则是刚性体位移到达某一特定位置时分析停止);MAXC,MINC 域表示选定节点坐标、选定的刚性体部件位移的最大以及最小值,其缺省值分别为 $\pm 1.0e21$。

EDTERM 命令所对应的菜单项目为:

Main Menu>Solution>Analysis Options>Criteria to Stop

(7)EDCPU 命令

EDCPU 命令用于指定 CPU 时限 CPUTIME,当计算达到限制时间将终止计算,其格式为:

EDCPU,CPUTIME

对应菜单项目为 Main Menu>Solution>Time Controls>Analysis Options>CPU Limit。

3. 输出选项设置相关的命令

在求解之前,需要对计算结果文件的输出进行必要的设置:

(1)EDOPT 命令

EDOPT 命令用于指定计算文件输出的类型选项,其格式为:

EDOPT,Option,--,Value

其中,Option 选项缺省为 ADD(定义文件选项)。Value 可选择 ANSYS、LSDYNA 或 BOTH,选择 ANSYS 选项将计算输出 ANSYS 后处理的结果文件 Jobname.RST 和 Jobname.HIS,可用 ANSYS 的后处理器 POST1 及 POST26 查看结果;选择 LSDYNA 选项

将计算输出 LS-DYNA 格式的后处理结果文件 D3PLOT 和 D3THDT,通过 LS-PREPOST 进行后处理;选择 BOTH 时,会同时输出 ANSYS 和 LSDYNA 格式结果文件。

界面交互操作对应的菜单路径为 Main Menu>Solution>Output Controls>Output File Types。

(2)EDHIST 命令

EDHIST 命令用于指定时间历程文件包含的单元或节点的组元,其格式为:

EDHIST,Comp

Comp 为用于时间历程输出结果的组元名称。

界面交互操作对应菜单路径为 Main Menu>Solution>Output Controls>Select Component。

(3)EDRST 命令

EDRST 命令用于定义输出结果文件(D3PLOT 文件)的频率或时间间隔,其格式为:

EDRST,NSTEP,DT

其中,NSTEP 表示输出(NSTEP+2)步,DT 表示输出的时间间隔。如果已经指定了 NSTEP,则 DT 可以不填,缺省值为结果文件包含 100 个时步的计算结果。

(4)EDHTIME 命令

EDHTIME 命令用于定义 D3THDT 文件的输出的频率或时间间隔,其格式为:

EDHTIME,NSTEP,DT

NSTEP 表示总共输出的步数,DT 表示输出的时间间隔。如指定了 NSTEP,则 DT 将被忽略,缺省值为时间历程文件包含 1 000 个时步的计算结果。

(5)EDDUMP 命令

EDDUMP 命令用于定义重启动文件的输出间隔,其格式为:

EDDUMP,NUM,DT

NUM 表示记录的重启动文件个数,DT 表示输出的时间间隔。如指定了 NUM,则 DT 将被忽略。

上述三条命令在 GUI 界面操作中对应着同一个对话框,如图 4-40 所示,此对话框可通过如下的菜单项来调用:

Main Menu>Solution>Output Controls>File Output Freq>Number of Steps

Main Menu>Solution>Output Controls>File Output Freq>Time Step Size

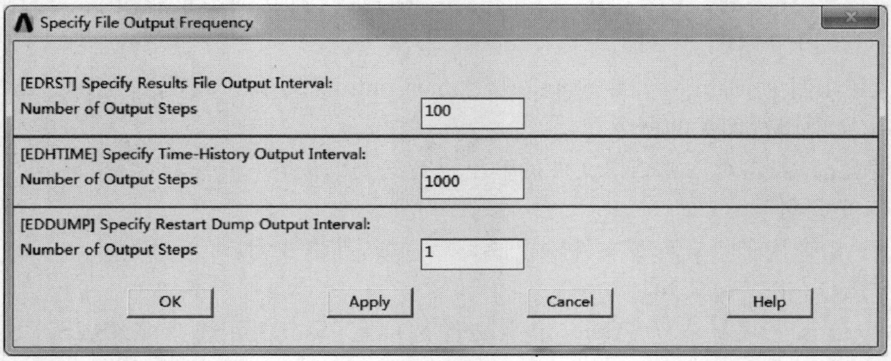

图 4-40　输出文件设置

（6）EDOUT 命令

EDOUT 命令用于指定输出的 ASCII 文件类型，常见 ASCII 文件类型中的信息列于表 4-18 中。

表 4-18　ASCII 输出文件及其内容

ANSYS 命令	ASCII 文件名	包含信息
EDOUT,GLSTAT	GLSTAT	总体数据输出
EDOUT,BNDOUT	BNDOUT	边界力和能量
EDOUT,RWFORC	RWFORC	刚性墙的力
EDOUT,DEFORC	DEFORC	离散单元（弹簧、阻尼器）数据
EDOUT,MATSUM	MATSUM	材料能量
EDOUT,NCFORC	NCFORC	节点界面力
EDOUT,RCFORC	RCFORC	界面的合力
EDOUT,DEFGEO	DEFGEO	变形几何文件
EDOUT,SPCFORC	SPCFORC	SPC 反力
EDOUT,SWFORC	SWFORC	spot weld 及 rivet 反力
EDOUT,RBDOUT	RBDOUT	刚体数据
EDOUT,GCEOUT	GCEOUT	几何接触实体信息输出
EDOUT,SLEOUT	SLEOUT	滑动界面能
EDOUT,JNTFORC	JNTFORC	Joint 力信息
EDOUT,NODOUT	NODOUT	节点数据输出
EDOUT,ELOUT	ELOUT	单元数据

输出 NODOUT 和 ELOUT 文件时，需要先通过 EDHIST 命令定义节点或单元组元。如果需要输出所有上述 ASCII 文件，可用 EDOUT,ALL 命令。所有的 ASCII 文件，输出频率由 EDHTIME 命令所指定的输出步数或时间间隔所决定。

界面交互操作对应的菜单路径为：Main Menu＞Solution＞Output Controls＞ASCII Output，在"ASCII Output"对话框中选择需要输出的 ASCII 文件类型，如图 4-41 所示。

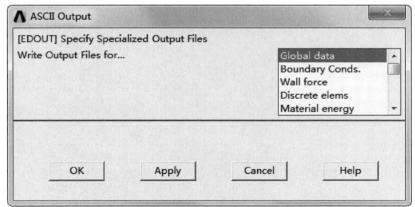

图 4-41　输出 ASCII 文件选项

（7）EDINT 命令

EDINT 命令用于指定 SHELL 和 BEAM 单元结果输出积分点个数，其格式为：

EDINT,SHELLIP,BEAMIP

其中，SHELLIP 为 SHELL 输出的积分点个数，缺省为 3 个（top、middle、bottom），如果 SHELLIP >3，则前 SHELLIP 层的结果将输出；BEAMIP 为梁单元积分点输出个数，缺省为 4 个。界面交互操作对应的菜单路径为 Main Menu>Solution>Output Controls>Integ Pt Storage。

4.3.3　关键字文件的导出

模型前处理、定义条件和分析设置等操作完成后，通过执行 EDWRITE 命令创建 LS-DYNA 求解器的输入文件，即 LS-DYNA 关键字文件。

EDWRITE 命令的格式如下：

EDWRITE,Option,Fname,Ext

其中，Option 为写入 LS-DYNA 关键字文件的结果文件类型选项，选择 ANSYS 选项表示要求输出 ANSYS 类型结果文件 Jobname. rst 和 Jobname. his；选择 LSDYNA 选项表示要求输出 LS-DYNA 类型结果文件 d3plot；选择 BOTH 选项表示同时输出 ANSYS 和 LS-DYNA 格式的文件。一般建议选择 LS-DYNA 类型，这样计算完成后可以通过 LS-PREPOST 后处理器进行结果的分析。Fname 为输出的关键字文件名称。Ext 为输出的关键字文件扩展名，对于一般分析为 k，对于小型重启动分析为 r。

EDWRITE 命令所对应的菜单项目为：

Main Menu>Solution>Write Jobname. k

在 ANSYS LS-DYNA 中，可通过 EDWRITE 命令形成关键字文件而先不执行求解，再根据需要修改关键字文件，然后递交 LS-DYNA 计算程序求解。

第5章 ANSYS Workbench 前处理

本章介绍在 ANSYS Workbench 环境下 LS-DYNA 显式结构分析前处理的实现过程,以 Explicit Dynamics(LS-DYNA Export)系统的使用为主线,介绍 Workbench 中的相关组件 Engineering Data、DM 以及 Mechanical 的具体使用方法和操作要点。

5.1 Workbench 环境与 LS-DYNA 前处理系统概述

ANSYS Workbench 是 ANSYS 开发的协同仿真平台,此平台集成有各种与多学科仿真分析任务相关的工程数据库、建模工具、网格工具、求解器以及后处理器等程序组件,同时提供参数管理和设计优化功能。Workbench 还能够实现与 CAD 系统的参数共享及双向参数传递。启动 Workbench 后,其基本的界面布局如图 5-1 所示,此界面中最为重要的是左侧的 Toolbox(工具箱)及右侧的 Project Schematic(项目图解)这两个部分。

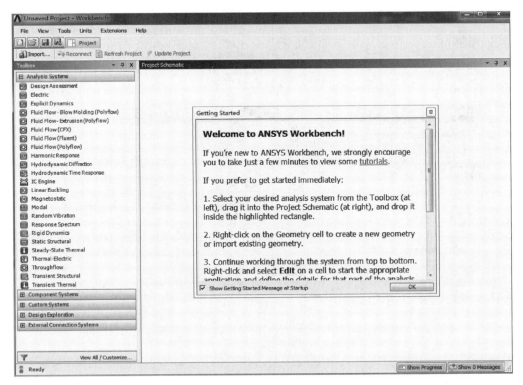

图 5-1 Workbench 的界面布局

Workbench 界面左侧的 Toolbox 中列出了可以添加至项目图解(Project Schematic)区域中的所有系统,这些系统包括 Analysis Systems(分析系统)、Component Systems(组件系统)、

Custom Systems(用户系统)等类型。分析系统是 Workbench 预先定义的一系列标准化的分析系统,如:基于 ANSYS 的 Static Structural 静力分析系统、Modal 模态分析系统,基于 Fluent 的 Fluid Flow(Fluent)通用流体力学分析系统等,分析系统通常包含了完整的分析流程;组件系统则是一系列 Workbench 所集成的为完成特定分析任务的组件,这些组件可以单独使用,也可以组合成用户定义的系统。Workbench 工具箱的组件系统中包含的 Explicit Dynamics(LS-DYNA Export)系统,就是集成于 Workbench 环境中的 LS-DYNA 前处理组件系统,如图 5-2 所示。

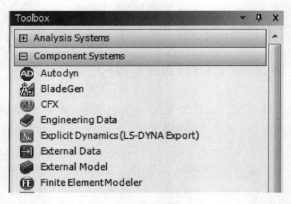

图 5-2　工具箱中的 Explicit Dynamics(LS-DYNA Export)系统

在使用 Explicit Dynamics(LS-DYNA Export)组件系统时,首先将其添加到项目图解(Project Schematic)区域,添加的方法可以是选择此系统然后双击鼠标左键,或选择此系统,按下鼠标左键拖放至项目图解区域的特定位置中,如图 5-3 所示。

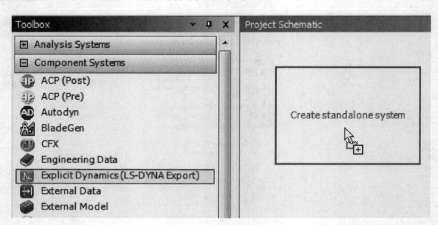

图 5-3　将 Explicit Dynamics(LS-DYNA Export)系统拖放至项目图解

添加到项目图解中的 Explicit Dynamics(LS-DYNA Export)组件系统如图 5-4 所示,此系统包含 A1 至 A5 等 5 个单元格。除 A1 单元格之外,Explicit Dynamics(LS-DYNA Export)组件系统的每一个单元格都与对应的组件程序相关联。A1 为标题栏,显示此系统的名称;A2 为 Engineering Data 单元格,对应 Engineering Data 组件,用于定义材料模型及参数;A3 为 Geometry 单元格,对应几何建模组件(通常为 ANSYS DesignModeler),用于创建几何模型;

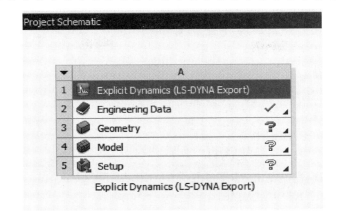

图 5-4　项目图解中的 Explicit Dynamics(LS-DYNA Export)系统

A4 为 Model 单元格,对应 Mechanical 前处理组件,用于创建分析模型(接触定义及网格划分等);A5 为 Setup 单元格,用于定义初始条件、荷载约束以及分析参数设置,这些操作也是在 Mechanical 组件中进行的。此外,组件系统最下方的名字区高亮显示缺省的组件系统名称 Explicit Dynamics(LS-DYNA Export),用户可以通过自定义修改显示的系统名称。

在任何一个 Explicit Dynamics(LS-DYNA Export)组件系统中,数据都是从上面的单元格传递至下面的单元格,ANSYS Workbench 在每个单元格右方给出了一个可视化的单元格状态图标,便于用户快速做出判断。单元格的常见状态图标列于表 5-1 中。

表 5-1　Workbench 单元格的状态图标及其含义

图　标	代表的含义
	无法执行,缺少上游数据
	需要刷新,上游数据发生改变
	无法执行,需要修改本单元或上游单元的数据
	需要更新,数据已改变、需要重新执行任务得到新的输出
	当前单元格数据更新已完成
	发生输入变动,单元局部是更新的,但上游数据发生改变导致其可能发生改变

Explicit Dynamics(LS-DYNA Export)组件系统的作用是为 LS-DYNA 求解进行前处理,完成建模并导出 LS-DYNA 输入文件(关键字文件)。通过 Explicit Dynamics(LS-DYNA Export)组件系统进行前处理时,可以充分利用 Workbench 环境各组件操作直观的优势,显著提高效率,通过此系统形成的关键字文件与 ANSYS 传统界面前处理后通过 EDWRITE 写出的关键字具有完全相同的格式。Explicit Dynamics(LS-DYNA Export)组件系统目前支持的关键字如下:

(1)基本关键字

* KEYWORD

* TITLE

* END

（2）材料关键字

* MAT_ELASTIC

* MAT_HYPERELASTIC_RUBBER

* MAT_JOHNSON_COOK

* MAT_OGDEN_RUBBER

* MAT_ORTHOTROPIC_ELASTIC

* MAT_MODIFIED_PIECEWISE_LINEAR_PLASTICITY

* MAT_PLASTIC_KINEMATIC

* MAT_RIGID

* EOS_GRUNEISEN

* EOS_LINEAR_POLYNOMIAL

（3）模型信息关键字

* NODE

* ELEMENT_BEAM

* ELEMENT_SHELL

* ELEMENT_SHELL_THICKNESS_OFFSET

* ELEMENT_SOLID

* SECTION_BEAM

* SECTION_SHELL

* SECTION_SOLID

* PART

（4）接触关键字

* CONTACT_AUTOMATIC_GENERAL

* CONTACT_AUTOMATIC_NODES_TO_SURFACE

* CONTACT_AUTOMATIC_SINGLE_SURFACE

* CONTACT_AUTOMATIC_SURFACE_TO_SURFACE

* CONTACT_AUTOMATIC_SURFACE_TO_SURFACE_TIEBREAK

* CONTACT_ONEWAY_AUTOMATIC_SURFACE_TO_SURFACE_TIEBREAK

* CONTACT_TIED_NODES_TO_SURFACE_OFFSET

* CONTACT_TIED_SURFACE_TO_SURFACE_OFFSET

（5）边界条件与约束关键字

* BOUNDARY_NON_REFLECTING

* BOUNDARY_PRESCRIBED_MOTION_NODE_ID

* BOUNDARY_PRESCRIBED_MOTION_RIGID_ID

* BOUNDARY_PRESCRIBED_MOTION_SET_ID

* BOUNDARY_SPC_SET

* CONSTRAINED_RIGID_BODIES

＊CONSTRAINED_SPOTWELD

(6)初始条件及载荷关键字

＊INITIAL_VELOCITY_GENERATION

＊INITIAL_VELOCITY_RIGID_BODY

＊LOAD_BODY_X

＊LOAD_BODY_Y

＊LOAD_BODY_Z

＊LOAD_NODE_POINT

＊LOAD_NODE_SET

＊LOAD_RIGID_BODY

＊LOAD_SEGMENT

(7)分析选项关键字

＊CONTROL_ACCURACY

＊CONTROL_BULK_VISCOSITY

＊CONTROL_CONTACT

＊CONTROL_ENERGY

＊CONTROL_HOURGLASS

＊CONTROL_SHELL

＊CONTROL_SOLID

＊CONTROL_TERMINATION

＊CONTROL_TIMESTEP

＊DAMPING_GLOBAL

＊DATABASE_BINARY_D3PLOT

＊DATABASE_BINARY_RUNRSF

＊DATABASE_ELOUT

＊DATABASE_FORMAT

＊DATABASE_GLSTAT

＊DATABASE_MATSUM

＊DATABASE_NODOUT

＊HOURGLASS

＊INTEGRATION_BEAM

(8)辅助关键字

＊DEFINE_COORDINATE_SYSTEM

＊DEFINE_CURVE

＊DEFINE_VECTOR

＊SET_NODE_LIST

＊SET_PART_LIST

＊SET_SEGMENT

对于上面未列出的关键字,可以在写成的关键字文件中可进行手工添加,也可以通过在 Mechanical 组件中使用 Commands objects 分支(或被称为 Keyword Snippet 分支)的方式添加。

5.2　Engineering Data 组件的使用

Engineering Data 组件的作用是定义材料数据,双击系统中的 A2 单元格,即可进入到 Engineering Data 界面,Engineering Data 材料数据界面由上方的菜单栏、工具栏以及如下的五个功能区组成,如图 5-5 所示。

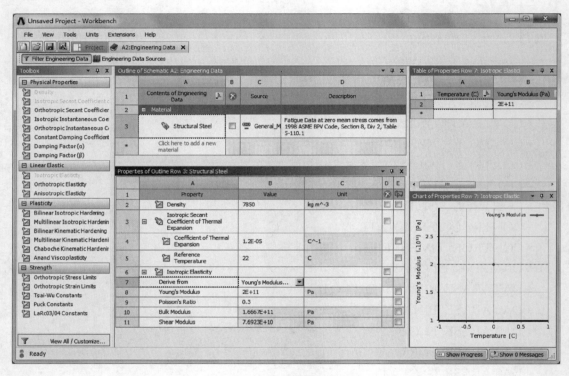

图 5-5　Engineering Data 界面

在工具栏中有两个很重要的功能按钮,一个是漏斗形状的过滤按钮 ,按下这个按钮可以过滤掉与当前系统不相干的材料模型类型;另一个则是书本形状的材料库按钮 ,按下这个按钮表示通过由软件带有的材料库中选择材料模型类型,而不是由用户来定义材料类型。

Engineering Data 的五个功能区分别为:

✓ Toolbox 区域

位于界面的左侧,提供了 Workbench 支持的材料本构模型及参数类型,如:物性参数类型、线弹性材料、塑性材料等。

✓ Engineering Data Outline 区域

此区域列出了当前分析系统中已经定义的材料名称,也可以在此区域最下方的"Click here to add a new material"区域创建新的材料名称。

　✓ Outline Properties 区域

此区域显示 Engineering Data Outline 区域中所选择的材料模型的各种参数,如:密度、各种材料模型的参数等。

　✓ Properties 表格区域

此区域通过表格显示 Engineering Data Outline 区域选择的材料在 Outline Properties 区域所选择的材料特性数据。

　✓ Properties 图示区域

此区域通过曲线图形显示 Engineering Data Outline 区域选择的材料在 Outline Properties 区域所选择的材料特性数据。

在使用 Engineering Data 界面定义 LS-DYNA 显式动力学分析的材料时,一般采用用户定义材料模型并指定材料参数的方式,具体的操作步骤如下:

（1）定义材料名称

确认没有按下材料库按钮▦,在 Outline of Schematic A2:Engineering Data 的"Click here to add a new material"提示区域定义新的材料名称并按回车确认。

（2）在 Toolbox 区域选择所需的材料数据类型,用鼠标左键拖至上述 Outline 区域用户新定义的材料名称上,这时在 Properties of Outline 区域就会出现添加的材料特性。这时需注意的是,有些材料模型需要首先定义一些物性参数,比如一些高温塑性模型需要比热参数,所有的显式分析材料模型都需要密度等。假如这些参数没有包含在材料的 Properties 中,用户直接添加材料类型时,Engineering Data 也会自动添加相关的材料物性参数到材料类型中。比如:用户直接选择添加 Toolbox＞Plasticity 下的 Johnson Cook Strength 材料模型到一个材料类型时,其 Density 和 Specific Heat 参数都被自动添加,如图 5-6 所示。

Properties of Outline Row 4: aaa			
	A	B	C
1	Property	Value	Unit
2	Density		kg m^-3
3	Specific Heat		J kg^-1 C^-1
4	Johnson Cook Strength		
5	Strain Rate Correction	First-Order	
6	Initial Yield Stress		Pa
7	Hardening Constant		Pa
8	Hardening Exponent		
9	Strain Rate Constant		
10	Thermal Softening Exponent		
11	Melting Temperature		C
12	Reference Strain Rate (/sec)	1	

图 5-6　添加 Johnson Cook 塑性材料模型

（3）在 Properties of Outline 区域中按照单位制的提示输入正确的材料参数完成材料定义,随后在 Table 以及 Chart 区域即通过表格或图形方式显示这些定义的材料 Properties 数据。完成材料的设置后,关闭 Engineering Data 界面,返回 Workbench。

对于 Explicit Dynamics（LS-DYNA Export）前处理系统的材料定义,下面作一些补充说明。

Engineering Data 仅支持如下所列出的材料模型：

✓ Linear Elastic

  ■ Linear Elastic Isotropic

  ■ Linear ElasticOrthotropic

✓ Plasticity

  ■ Bilinear Isotropic Hardening

  ■ Multilinear Isotropic Hardening

  ■ Bilinear Kinematic Hardening

  ■ Johnson Cook(包含 Failure)

  ■ Plastic StrainFailure

✓ Hyperelastic

  ■ Mooney-Rivlin

  ■ Polynomial

  ■ Yeoh

  ■ Ogden

对于前一节中提到的 * MAT_RIGID 关键字,不能在 Engineering Data 中指定,但是在后续 Mechanical 中当几何体被定义为 Rigid 时会自动输出。

状态方程关键字 * EOS 也无法在 Engineering Data 中指定,只能在 Mechanical 组件中通过 Command Object 的方式添加关键字片段以导出到 k 文件中。

对于线体(line bodies),可用的材料类型只有 Isotropic Linear Elastic、Bilinear KinematicHardening Plasticity 以及 Rigid bodies。其他 LS-DYNA 求解器所支持的梁单元材料类型可以通过在 Mechanical 组件中添加关键字片段的方式实现。

5.3 建立几何模型

5.3.1 DesignModeler 操作界面简介

几何模型可以通过任意的 3D 软件所创建并导入到 Workbench 中,也可采用 Workbench 中集成的几何建模工具 ANSYS DesignModeler(以下简称 DM)进行几何建模和模型编辑。本节向读者介绍 DM 的几何建模方法。

在 Workbench 的项目图解中,选择 Explicit Dynamics(LS-DYNA Export)系统的 A3: Geometry 单元格,右键菜单选择 New DesignModeler Geometry,即启动 DM,其界面如图 5-7 所示。

DM 的界面由菜单栏、工具栏、Tree Outline/Sketching Toolboxes、Details View、Graphics (图形显示区域)以及下方的状态提示栏等部分所组成。

1. 菜单栏

DM 菜单栏包括 File、Create、Concept、Tools、Unists、View 以及 Help 等项目,其中:File 菜单用于基本的文件操作;Create 菜单用于创建 3D 对象特征(如:拉伸、旋转、蒙皮、倒圆、倒

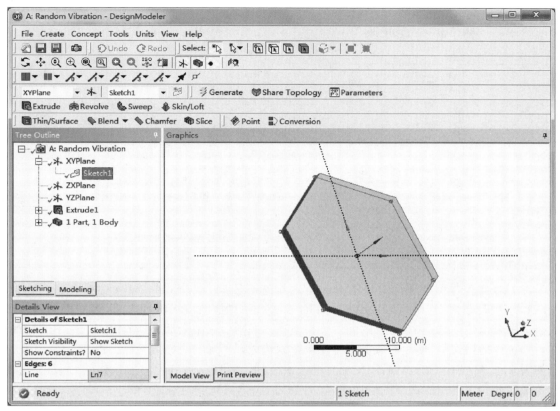

图 5-7　DesignModeler 界面

角、阵列)以及对象操作;Concept 菜单用于线体以及面体的
创建;Tools 菜单包含了高级建模工具、模型修复工具、用户
选项设置等工具;Units 菜单用于指定建模的长度单位(如:
Meter、Centimeter、Millimeter、Foot、Inch 等)和角度单位
(角度 Degree 或弧度 Radian),如图 5-8 所示;View 菜单用
于修改显示设置;Help 菜单用于获取帮助文件。

　　需要注意的一点是,菜单操作实现的建模功能有很大的
一部分可以通过工具栏快捷按钮实现。

　　2. 工具栏

　　DM 的工具栏众多,本节仅介绍三个最为常用的辅助工具
栏,即:对象选择工具栏、图形控制工具栏以及图形显示工具
栏。与建模操作相关的工具栏将在后面建模方法部分介绍。

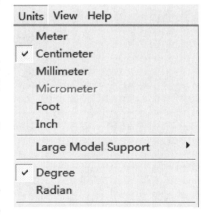

图 5-8　建模长度和角度单位

　　(1)选择工具栏

　　对象选择工具栏如图 5-9 所示,选择工具栏按钮的基本功能列于表 5-2 中。

图 5-9　选择工具栏

表 5-2　选择工具栏基本功能

按　钮	功能与作用
🔺	Single Select 点选模式
🔺	Box Select 框选模式
🔲	点选择过滤
🔲	边选择过滤
🔲	面选择过滤
🔲	体选择过滤
Extend to Adjacent	扩展选择与已选对象形成"光滑过渡"的相邻特征
Extend to Limits	与 Extended to Adjacent 机理类似,扩展选择至所有特征
Flood Blends	从当前选中的倒圆面扩展至所有相邻的倒圆面
Flood Area	从当前选中面扩展至所有与其有共用边的面
Extend to Instances	从已选特征扩展至所有相同实例特征

　　在 DM 操作过程中进行对象选择时有两种选择模式,即:Single Select 点选模式和 Box Select 框选模式。框选时可以采用从左往右或从右往左拖动鼠标两种方式,第一种拖动方式只会选中全部位于选框中的特征,而后一种拖动方式则会选中全部或部分位于选框中的特征。在对象选择的操作中,使用对象类型过滤按钮以选择到正确的对象类型(点、边、面、体)。点选时如需多选,则按住 Ctrl,然后用鼠标左键依次添加。要选择被其他对象挡住的对象时,可使用图像区域的左下角的选择方块功能,如图 5-10 所示,方块颜色对应于同色的对象,选择了颜色方块,就相当于选择到与之同色的对象。

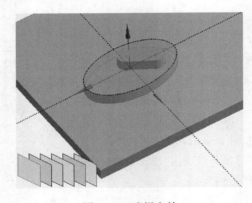

图 5-10　选择方块

　　(2)图形控制工具栏
　　DM 中的图形控制工具栏如图 5-11 所示,图形控制工具栏中各按钮的基本功能列于表 5-3 中。

图 5-11　图形控制工具栏

表 5-3　图形控制工具栏功能简介

按　钮	功　能	按　钮	功　能
⟳	旋转工具	🔍	后一个视图
✛	平移工具	ISO	等轴测显示
🔍	缩放工具	✳	显示坐标轴
🔍	框选放大工具	▣	显示 3D 模型
🔍	适应窗口缩放	●	显示点
🔍	放大镜	▮	正视面、平面及草图
🔍	前一个视图		

　　旋转工具主要用于模型的旋转操作,当鼠标位于图形显示窗口中的不同位置时,显示出的旋转图标会有所区别,如图 5-12 所示。

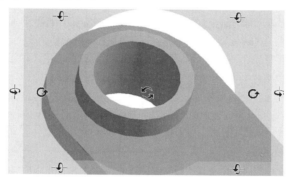

图 5-12　旋转图标

　　当鼠标位于窗口中心附近,⟳图标表示模型可以自由旋转;鼠标位于窗口拐角附近时,↻图标表示模型会绕垂直于屏幕的轴旋转;鼠标位于窗口左右两侧附近时,↔图标表示模型会绕竖直方向旋转;鼠标位于窗口上下两侧附近时,↺图标表示模型会绕水平方向旋转。

　　此外,在旋转、平移及缩放模式下,左键单击模型某处可设置模型的当前浏览或旋转中心(红点标记),单击空白区域则会将模型浏览或旋转中心置于当前模型的质心处,如图 5-13 所示。

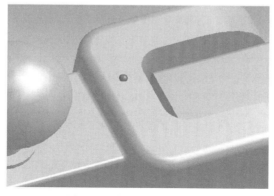

图 5-13　模型当前旋转中心

（3）图形显示控制工具栏

DM 中的图形显示控制工具栏如图 5-14 所示，图形显示工具栏关于面颜色显示（Face Coloring）控制按钮的基本功能简介列于表 5-4 中。

图 5-14　图形显示工具栏

表 5-4　Face Coloring 控制按钮功能简介

项　目	功　能
By Body Color	默认设置，面颜色与体颜色相同
By Thickness	一种厚度对应一种颜色
By Geometry Type	DesignModeler 格式显示为蓝色，Workbench 格式显示为栗色
By Named Selection	一个命名选择对应一种颜色

关于边颜色显示（Edge Coloring）的控制按钮基本功能简介列于表 5-5 中。

表 5-5　Edge Coloring 控制按钮功能简介

项　目	功　能
By Body Color	默认设置，边颜色与体颜色一致
By Connection	5 种连接关系分别采用 5 种颜色显示
Black	全部显示为黑色

在 DM 中，面面之间有 5 种边连接类型，分别为 Free、Single、Double、Triple、Multiple，其中 Free 代表这个边不属于任何面，Single 意味着这个边仅属于一个面，其他类型以此类推。为了便于区分不同的边连接类型，在 DM 中以不同的颜色来表示，其对应关系见表 5-6。

表 5-6　边连接类型与颜色

连接类型	颜　色
Free	蓝色
Single	红色
Double	黑色
Triple	粉红色
Multiple	黄色

此外，每种连接类型还有三个显示控制选项，分别为 Hide（不显示）、Show（正常显示）和 Thick（加粗显示），如图 5-15 所示为 Show Double，即显示所有属于两个面的边。

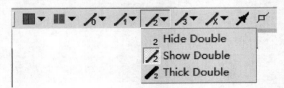

图 5-15　边显示控制选项

📌 按钮用于显示边的方向。利用该工具可以显示模型边的方向,方向箭头出现在边中点位置,箭头的大小与边的长度成正比,如图 5-16 所示。🔲 按钮用于显示顶点。激活该工具可以高亮显示出模型中的所有点,可用于确保边的完整性,检查模型边是否被意外分割成多段,如图 5-17 所示。

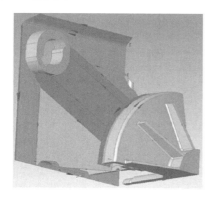

图 5-16　显示边方向

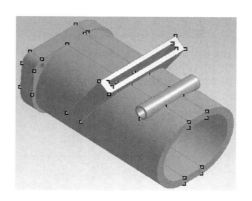

图 5-17　显示顶点

3. 建模树及草图工具箱

在 DM 中,3D 建模操作大部分通过草绘和 3D 特征结合的方式实现,这类操作通过界面左侧的 Tree Outline/Sketching Toolboxes 面板、Details View 面板并结合 Generate 按钮完成,建模操作结果在 Graphics(图形显示区域)中显示。

默认情况下 DM 中激活的是建模模式,此时显示出模型的建模历史树(Tree Outline)。结构树给出了模型的整个建模历史,用户可以从中获取建模信息,并利用右键快捷菜单对模型进行修改或其他操作(比如插入新特征、抑制或删除模型等),如图 5-18 所示。

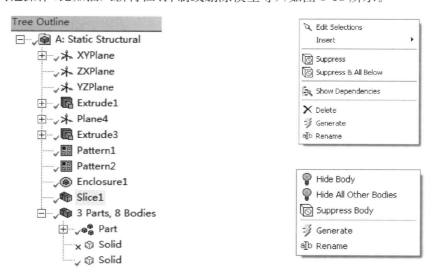

图 5-18　结构树及右键快捷菜单

要注意一点,在 DM 中,当建模历史树的某个对象名称分支前面出现一个黄色的闪电标志时,需要通过按下工具栏上的 Generate 按钮 ⚡Generate 以更新相应的特征分支。实际上,DM

中大部分的操作都需要通过按下这一按钮才能完成。

　　单击结构树面板下方的 Sketching/Modeling 标签,可由建模模式切换至草图模式进行草图绘制,草图工具箱(Sketching Toolboxes)中一共包含 5 个子工具箱,如图 5-19 所示,其名称及基本功能的描述列于表 5-7 中。

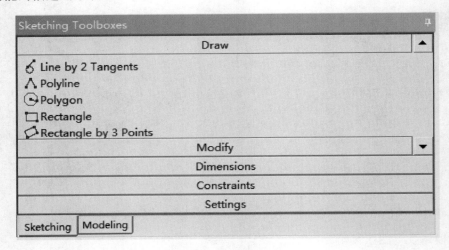

图 5-19　草图工具箱

表 5-7　草绘工具箱及其功能

工　具　箱	功　能　描　述
Draw Toolbox	用于草图绘制,比如线、多边形、圆、圆弧……
Modify Toolbox	用于草图修改,比如倒圆角、修剪、延伸、复制、移动……
Dimensions Toolbox	用于尺寸标注,比如智能标注、半径、角度、长度、距离……
Constraints Toolbox	用于草图约束,比如固定、水平、对称、相切、对称、等距离……
Settings Toolbox	用于草图绘制基本设置,比如显示网格、捕捉设置……

　　草绘都是存在于某一个特定平面上的,要创建草绘,首先要指定新草绘所在的平面。缺省的平面有三个,即 XYPlane、ZXPlane、YZPlane,可以根据需要通过工具栏上的新建平面按钮新建平面,新建平面可以是基于已有平面或已有对象,相关的属性在 Details View 中设置,相关方法请参考 DM 用户手册。通过新建平面按钮旁边的已有平面列表,可以选择当前平面。选择了平面后,切换至 sketch 模式即可创建草图。一个平面上可以有多个草图,通过工具栏上的新建草图按钮,可以在平面上创建新草图。在新建草图按钮旁边的列表中,可以选择当前平面上的草图。在 sketch 模式下,可以绘制各种 2D 形状,并进行尺寸标注。

　　4. Details 栏

Details 栏中列出了当前选择模型树特征或草图的具体信息和设置选项,用户可在此处输入所选特征或草图的数据完成建模操作或对已有几何进行编辑修改。此外,参数化建模也是通过在此区域选择变量并提升参数来实现的。

　　5. 状态栏

状态栏位于 DM 操作界面的最下方,其中显示了几何建模的状态或建模操作提示信息,有助于用户正确地完成建模操作,如:界面左下角显示了操作提示信息,界面的右下角则显示了选择对象的类型、数量、特征（如：长度、面积等）、单位制以及坐标（草绘模式下）。

5.3.2 在 DM 中创建几何模型

在 DM 中可以创建几何体类型包括线体、面体、实体三种，这些几何体可以在后续导入显式前处理组件中。本节首先介绍 DM 建模的一些基本概念，随后介绍在 DM 中创建各种几何体的操作方法和要点。

1. DM 的若干基本概念

在 DM 中包括三种不同类型的体，即：线体、面体、实体。

线体即 Line Body，这类体仅包含边，没有面和实体，可定义有截面信息，如图 5-20(a) 所示；面体即 Surface Body，这类体由表面所组成，不包含实体，需定义厚度信息，如图 5-20(b) 所示；实体即 Solid Body，这类体由表面和实体所组成，如图 5-20(c) 所示。

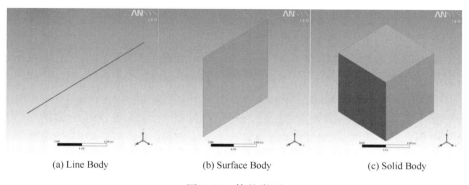

(a) Line Body   (b) Surface Body   (c) Solid Body

图 5-20　体的类型

DM 中的体均以两种状态之一存在，即：激活状态（Active）或冻结状态（Frozen）。激活体会和其他的体在有接触或交叠的部分自动合并，而冻结的体则会保持独立。引入冻结体的作用在于：一方面有助于网格划分，对多个拓扑简单的几何体进行划分比对一个大型的复杂的模型进行划分更加高效；另一方面也便于实施与求解相关的设置，比如施加边界条件、指定不同体的物料属性等。如图 5-21 所示，在大圆柱体表面拉伸形成小圆柱体，如果采用缺省设置时会添加材料，于是生成的小圆柱体与大圆柱体合并成一体；如果选择生成冻结的体，则生成的小圆柱体将不与大圆柱体合并，共有两个实体，如图 5-22 所示。

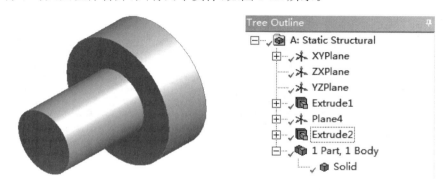

图 5-21　Add Material 生成激活体

图 5-22　Add Frozen 生成冻结体

要注意,在 DM 中的体仅当处于冻结状态才能进行切片操作(Create＞Slice 菜单)。要冻结模型,选择 Tools＞Freeze 菜单,然后点工具栏上的 Generate 按钮。要解冻模型,则选择 Tools＞Unfreeze 菜单,然后点 Generate 按钮。

区别于上面的激活和冻结状态,DM 中的几何体可以是可视的(Visible)、隐藏的(Hidden)以及被抑制的(Suppressed)。当一个体被抑制后,它将不能被传递至后续前处理组件中用于分析,也不能被导出为其他格式的文件。

默认情况下,DM 会将每一个体自动放入一个部件(Part)中,也就是所谓的单体部件。部件之间的网格划分是分别进行的,在体的交界面上网格不连续。用户也可以在图形窗口中选中需要共享拓扑的体,然后利用右键快捷菜单中或 Tool 菜单下的"Form New Part"来创建多体部件,即一个部件中包含多个体。当需要修改多体部件中体的组成时,可以在结构树中单击 Part,利用其右键菜单中的"Explode Part"解除多体部件,然后根据需要重新生成新的多体部件。需要注意的是,本节中的 Part 与 LS-DYNA 关键字中的 PART 是完全不同且无关的概念,本节的部件仅仅是几何体层次的一种组合。

下面以一个简单的例子来介绍单体部件与多体部件之间的区别。

情况一:1Part,1Body,一个部件中包含一个体,网格划分对象是一个实体,不存在体与体的交界面问题,如图 5-23 所示。

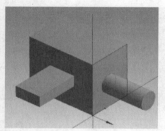
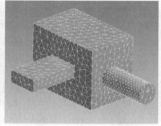

图 5-23　1Part,1Body 网格划分

情况二:3Parts,3Bodies,三个部件三个体,每个部件单独划分网格,相邻体交界面处不作处理,各体之间网格不连续,如图 5-24 所示。

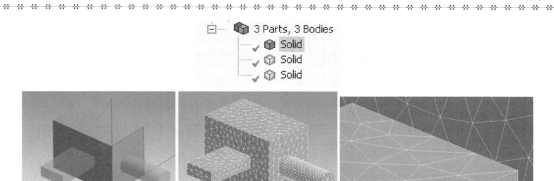

图 5-24　3Parts,3Bodies 网格划分

情况三:1Part,3Bodies,一个部件 3 个体,部件内体之间在交界面上网格连续,如图 5-25 所示。

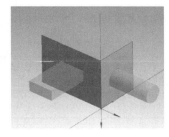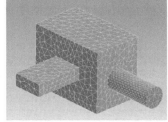

图 5-25　1Part,3Bodies 网格划分

在网格划分时,相邻体之间会根据"Shared Topology Method"(共享拓扑)的设定方式来处理交界面网格。当 DM 中的多个体构成多体部件时,体与体之间会发生共享拓扑行为,一般情况下,各个体在相互接触的区域会形成连续的网格,无需在导入 Mechanical 前处理组件后再通过建立接触对来构建各体之间的关联。图 5-26(a)中的两个面体分属于两个部件,网格分别划分,交界线上网格不连续,在 Mechanical 组件中需要通过创建接触对来建立两个面体之间的关联;而图 5-26(b)中的两个面体则同属于一个部件,在交界线上发生了共享拓扑行为,划分网格后交界线上共享节点,无需创建接触。

多体部件形成后,在 DM 中并不会立即共享拓扑,只有模型被导出 DM 或添加"Share Topology"工具条后部件内各体之间才会发生共享拓扑行为。常见的共享拓方法(Shared Topology Method)有以下几种:

(1)Edge Joints

Edge Joints 能够将 DM 检测到的成对边合并到一起。它可以在创建 Surfaces From Edges 和 Lines From Edges 特征时自动生成,也可以通过 Joint 特征生成。

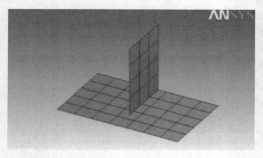 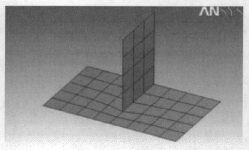

(a) 未发生拓扑共享　　　　　　(b) 发生拓扑共享

图 5-26　共享拓扑

（2）Automatic

Automatic 法利用通用布尔操作技术使多体部件内各体之间共享拓扑，当模型导出 DM 时各体之间的所有公用区域都会被共享处理。

（3）Imprints

严格地说，Imprints 法并没有使得部件内各体之间共享拓扑，而只是生成了印记面，经常被用于需要精确定义接触区域的情形。

（4）None

None 法没有实质上的共享拓扑，也没有印记面生成，仅仅起到了归类的作用。利用该法可以重新组织模型结构，比如可以将需要相同网格划分方法的所有体形成多体部件，以便于在 Mechanical 中施加网格划分控制。

共享拓扑方法会随着部件内体的类型以及分析类型而有所不同，部件类型与可用的共享拓扑方法列于表 5-8 中。

表 5-8　部件类型与共享拓扑方法

部件类型	共享拓扑方法
线体和线体	Edge Joints
线体和面体	Edge Joints
面体和面体	Edge Joints，Automatic，Imprints，None
实体和实体	Automatic，Imprints，None
面体和实体	Automatic，Imprints，None

多体部件的共享拓扑方法可以在多体部件的 Details 中进行更改，如图 5-27 所示，由于此多体部件全由面体所组成，因此可以看到其共享拓扑方法有 Edge Joints、Automatic、Imprints、None 四种。

2. DM 实体建模的方法

DM 的 3D 实体建模有两种方式，一种方式是快速创建基本几何体素，另一种方式是基于草绘和 3D 特征。基于草绘的建模方法更为常用。

基于 3D 基本体素建模时，通过 Create＞Primitives 菜单创建各种 3D 基本体素，如：球体、方块、平行六面体、圆柱体、圆锥体、棱柱体、金字塔、圆环体、矩形环体等 9 种基本形状，如图 5-28 所示和图 5-29 所示。

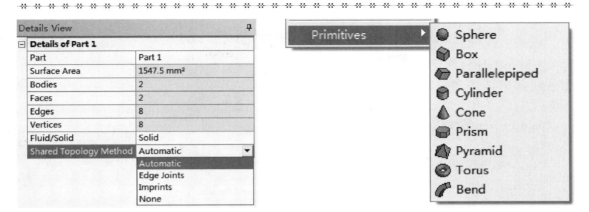

图 5-27　多体部件 Details　　　　　　　　　图 5-28　Primitives 菜单

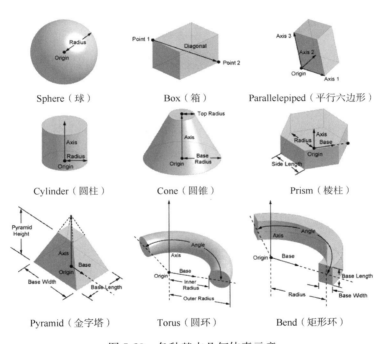

图 5-29　各种基本几何体素示意

　　上述几何体素在创建时通常需要在 Details 中定义相关的点和方向,设置完成后选择按下工具栏中的 Generate 按钮 ⚡Generate 实现体的创建。

　　基于 sketch(草绘)和 3D 特征建模时,首先绘制二维的 sketch,然后基于草绘添加 3D 特征,在 Details 中设置相关选项和参数,设置完成后选择按下工具栏中的 Generate 按钮 ⚡Generate 实现体的创建。下面介绍几种常用的 3D 特征。

　　(1)Extrude 拉伸

　　Extrude 是将草图或几何特征进行拉伸生成体的过程。在 ExtrudeDetails 中,用户需要指定拉伸的基准几何(Geometry)、模型处理方式(Operation)、拉伸向量(Direction Vector)、拉伸方向(Direction)、拉伸类型(Extend Type)、输入拉伸距离(Extrude Depth)、是否作为薄壁件/面体(As Thin/Surface?)、是否合并拓扑(Merge Topology)等,如图 5-30 所示。

下面将就其中部分选项进行介绍。

➢ Operation

Add material：创建新材料，如果与模型中激活的体接触或交叠，则会合并为一体；

Add Frozen：创建冻结体，不会与已有体合并；

Cut Material：从激活体上切除材料；

Imprint Faces：在激活体表面上形成印记面；

Slice Material：将冻结体分给成多块，如对激活体分割，则激活体会自动冻结。

Details View		
Details of Extrude2		
Extrude	Extrude2	
Geometry	Sketch2	
Operation	Add Material	
Direction Vector	None (Normal)	
Direction	Normal	
Extent Type	Fixed	
☐ FD1, Depth (>0)	30 mm	
As Thin/Surface?	No	
Merge Topology?	Yes	
Geometry Selection: 1		
Sketch	Sketch2	

图 5-30　ExtrudeDetails

采用不同 Operation 设置时的拉伸特征效果如图 5-31 所示。

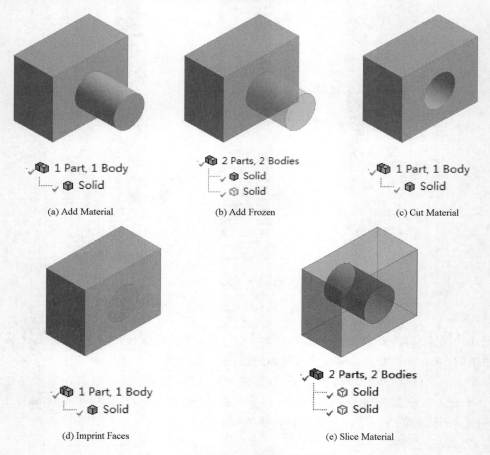

(a) Add Material　　(b) Add Frozen　　(c) Cut Material

(d) Imprint Faces　　(e) Slice Material

图 5-31　不同 Operation 设置的拉伸特征

➢ Direction

DM 中拉伸方向类型有以下几种：

Normal：垂直于拉伸平面；

Reverse：与 Normal 方向相反；

Both—Symmetry：两个方向同时对称拉伸，有相同的拉伸深度；

Both—Symmetry：两个方向同时拉伸，每个方向可单独定义拉伸特性。

➤ Extend Type

DM 中的延伸类型有以下几种，不同延伸类型的拉伸效果如图 5-32 所示：

Fixed：按指定的拉伸深度延伸一定距离；

Through All：拉伸特征会通过整个模型；

To Next：延伸至遇到的第一个表面；

To Faces：延伸至由一个或多个面形成的边界；

To Surface：延伸至一个表面（考虑表面延伸）。

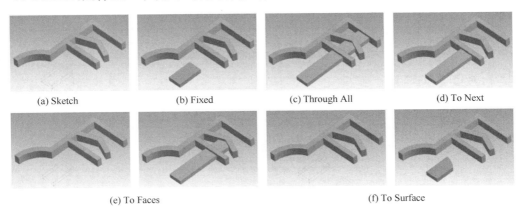

(a) Sketch　　　(b) Fixed　　　(c) Through All　　　(d) To Next

(e) To Faces　　　(f) To Surface

图 5-32　拉伸特征的不同延伸类型

➤ As Thin/Surface?

在 DM 中，通过修改拉伸特征中 As Thin/Surface? 的设置可以生成薄壁实体结构或面体，如图 5-33 所示。

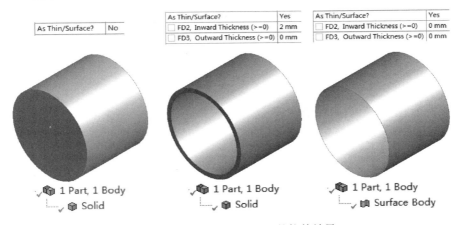

图 5-33　As Thin/Surface? 的拉伸效果

➤ Merge Topology?

在 DM 中,该选项会影响特征生成时的拓扑处理方式。选择 Yes 时,程序会自动优化特征拓扑,选择 No 时,不对特征拓扑作任何处理,如图 5-34 所示。

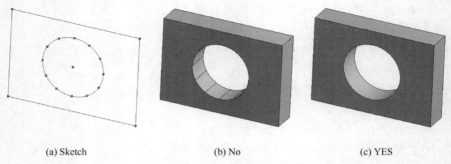

(a) Sketch　　　　　(b) No　　　　　(c) YES

图 5-34　Merge Topology? 的拉伸效果

(2)Revolove 旋转

Revolove 是将草图或几何特征沿着旋转轴进行旋转生成体的过程。在 RevoloveDetails 中,用户需要指定旋转的几何(Geometry)、模型处理方式(Operation)、旋转轴(Axis)、拉伸方向(Direction)、旋转角度(FD1,Angle)、是否作为薄壁件/面体(As Thin/Surface?)、是否合并拓扑(Merge Topology?)等,如图 5-35 所示。

Details View	
Details of Revolve1	
Revolve	Revolve1
Geometry	1 Edge
Axis	3D Edge
Operation	Add Material
Direction	Normal
☐ FD1, Angle (>0)	90 °
As Thin/Surface?	No
Merge Topology?	Yes
Geometry Selection: 1	
Edge	1

图 5-35　RevoloveDetails

在下面的旋转特征实例中,旋转几何为面体上的圆孔边线,旋转轴为面体某一矩形边,旋转角度为 90°,如图 5-36 所示。

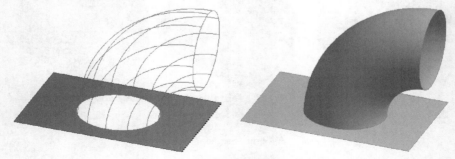

图 5-36　基于面体边线生成新的旋转特征

（3）Sweep 扫略

Sweep 是将草图或几何特征作为轮廓,然后沿着路径扫略生成体的过程。在 SweepDetails 中,用户需要指定扫略的轮廓（Profile）、扫略路径（Path）、模型处理方式（Operation）、对齐（Alignment）、定义缩放比例（FD4,Scale）、螺旋定义（Twist Specification）、是否作为薄壁件/面体（As Thin/Surface?）、是否合并拓扑（Merge Topology?）等,如图 5-37 所示。

Details View	
Details of Sweep3	
Sweep	Sweep3
Profile	Sketch5
Path	Sketch4
Operation	Add Material
Alignment	Path Tangent
☐ FD4, Scale (>0)	1
Twist Specification	No Twist
As Thin/Surface?	No
Merge Topology?	No
Profile: 1	
Sketch	Sketch5

图 5-37　SweepDetails

下面将就其中部分选项进行介绍:

➤ Alignment

默认情况下,Alignment 选项为 Path Tangent,扫略时程序会重新定义轮廓的朝向以保持其与路径一致;当 Alignment 选项改为 Global Axes 后,扫略执行过程中不会考虑路径的形状,轮廓朝向始终不变,如图 5-38 所示。

➤ FD4,Scale

若扫略时需要对轮廓进行缩放,可以通过修改 FD4,Scale 值（默认取值 1,表示不缩放）实现。当其值大于 1 时,扫略轮廓逐渐变大;当其值小于 1 时,扫略轮廓逐渐变小,如图 5-39 所示。

(a) Path Tangent　　　(b) Global Axes　　　　　　(a) FD4,Scale=1.5　　(b) FD4,Scale=0.5

图 5-38　Sweep Alignment　　　　　　　图 5-39　Sweep Scale

➢ Twist Specification

默认情况下，该选项为 No Twist，当该选项为 Turns 或 Pitch 时，用户可通过输入圈数或间距来定义螺旋扫略。在下面实例中，扫略轮廓为圆环，扫略路径为曲线，定义旋转参数为 6，生成的实体如图 5-40 所示。

（4）Skin/Loft 蒙皮/放样

Skin/Loft 是将不同平面上一系列的轮廓进行拟合生成三维实体的过程。在 Skin/Loft 工具的 Details 中，用户需指定轮廓旋转方法（Profile Selection Method）、轮廓（Profiles）、模型处理方式（Operation）、是否作为薄壁件/面体（As Thin/Surface?）、是否合并拓扑（Merge Topology?）等，如图 5-41 所示。

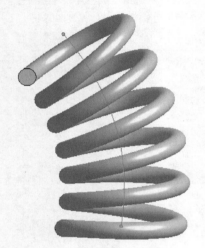

Details View	中
Details of Skin1	
Skin/Loft	Skin1
Profile Selection Method	Select All Profiles
Profiles	3 Sketches
Operation	Add Material
As Thin/Surface?	No
Merge Topology?	No
Profiles	
Profile 1	Sketch9
Profile 2	Sketch8
Profile 3	Sketch7

图 5-40　螺旋扫略实例　　　　　　　　图 5-41　Skin/LoftDetails

需要注意的是，在进行蒙皮/放样时，用户至少需要选择两个草图轮廓，且各轮廓要求具有相同数量的边。在下面的实例中，蒙皮/放样轮廓为 3 个六边形，剩余线为蒙皮/放样的导航线，如图 5-42 所示。

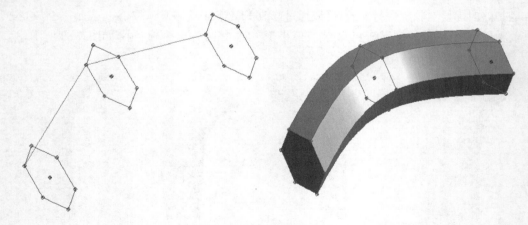

图 5-42　蒙皮/放样实例

（5）Thin/Surface 抽壳

利用 Thin/Surface 特征可将实体转化成薄壁实体或面体。在 Thin/SurfaceDetails 中，用户需要指定几何特征选择方式（Selection Type）、选择的几何（Geometry）、抽取方向（Direction）、抽取厚度（FD1，Thickness）等，如图 5-43 所示。

Details View	📌
Details of Thin1	
Thin/Surface	Thin1
Selection Type	Faces to Remove
Geometry	1 Face
Direction	Inward
☐ FD1, Thickness (>=0)	1 mm

图 5-43　Thin/SurfaceDetails

下面将就其中部分选项进行介绍：

➤ Selection Type

Selection Type 中包含三种方法，分别为：

Faces to Remove：去除实体上被选中的面；

Faces to Keep：保留实体上被选中的面，剩余面被去除；

Bodies Only：针对选中的体实行 Thin/Surface 操作，不会去除任何面。

对一个六棱柱体进行 Thin/Surface 操作，采用不同 Selection Type 抽取的实体如图 5-44 所示。其中采用 Bodies Only 方式的实体内部被抽空，成为一个薄壁空心实体。

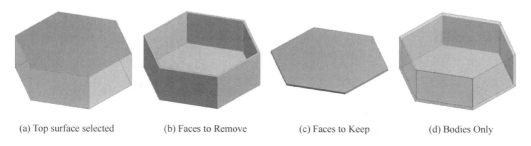

(a) Top surface selected　　　(b) Faces to Remove　　　(c) Faces to Keep　　　(d) Bodies Only

图 5-44　不同 Selection Type 的 Thin/Surface

➤ Direction

Direction 属性定义了 Thin/Surface 操作生成实体/面时的偏移方向，包括 Inward、Outward 和 Mid-plane 三种方式。图 5-45 给出了采用 Mid-plane 方式抽取的薄壁实体，从中可以看出所选面边线两边的实体厚度一致，但这并不意味着它等同于中面抽取，关于中面抽取的内容将在后续章节中介绍。

➤ FD1，Thickness

当 FD1，Thickness 大于 0 时，其值表示 Thin/Surface 操作后生成的薄壁实体的厚度；当其值为 0 时，表示最后生成的是面体，如图 5-46 所示。

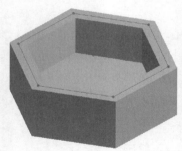

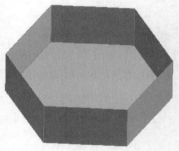

图 5-45   Mid-plane 方式   图 5-46   Thin/Surface 生成面体

(6)Fixed Radius Blend

🏷 **Fixed Radius Blend**

该工具用于创建固定半径的倒圆角,倒圆角的对象可以是 3D 边或面,如图 5-47 所示。

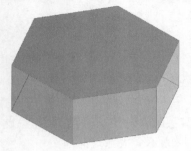

图 5-47   创建 Fixed Radius Blend

(7)🏷 **Variable Radius Blend**

该工具用于创建具有变化半径的倒圆角,倒圆角对象为 3D 边,此外还需要输入边线两端的圆角半径,圆角过渡方式有 Smooth 和 Liner 两种,如图 5-48 所示。

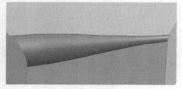

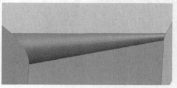

(a) Smooth   (b) Liner

图 5-48   创建 Variable Radius Blend

(8)Vertex Blend

该工具用于在实体、面体或线体的点处创建倒圆角,选中点后再指定倒圆角半径即可,如图 5-49 所示。

(9)Chamfer

该工具用于创建倒直角,倒直角对象为 3D 边或面,此外还有 Left-Right、Left-Angle、Right-Angle 三种方法用于倒直角,如图 5-50 所示。

(10)Pattern 阵列

该工具允许用户创建以下三种类型的面或体的阵列:

线性阵列(Linear):指定阵列方向、偏移距离及拷贝数量;

图 5-49　创建 Vertex Blend

Details of Chamfer	
Chamfer	Chamfer
Geometry	1 Edge
Type	Left-Right
☐ FD1, Left Length (>0)	5 mm
☐ FD2, Right Length (>0)	8 mm

Details of Chamfer	
Chamfer	Chamfer
Geometry	1 Edge
Type	Left-Angle
☐ FD1, Left Length (>0)	5 mm
☐ FD3, Angle	30 °

Details of Chamfer	
Chamfer	Chamfer
Geometry	1 Edge
Type	Right-Angle
☐ FD2, Right Length (>0)	8 mm
☐ FD3, Angle	60 °

图 5-50　创建 Chamfer

环形阵列(Circular)：指定阵列轴、角度及拷贝数量；

矩形阵列(Rectangular)：指定两个阵列方向、各个方向的偏移距离及拷贝数量。

阵列的一些典型应用实例如图 5-51 所示。

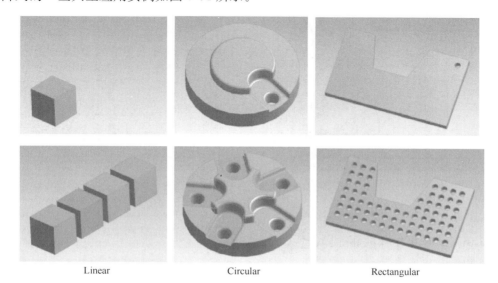

Linear　　　　　　　Circular　　　　　　　Rectangular

图 5-51　各种阵列类型

（11）Body Operation 体操作

该工具提供了 11 个选项用于对体的操作,这些选项包括:Mirror(镜像)、Move(移动)、Delete(删除)、Scale(缩放)、Simplify(简化)、Sew(缝合)、Cut Material(切除材料)、Imprint Faces(印记面)、Slice Material(切分材料)、Translate(平移)及 Rotate(旋转)。

➤ Mirror

选择一个平面作为镜像面,利用该工具即可创建所选体的镜像体,镜像过程中可以控制是否保留原体。需要注意的是,如果被所选体是激活体,且与镜像后的体有接触或交叠,两者会自动合并成一体。图 5-52 所示的镜像实例中就发生了体合并行为。

图 5-52　Mirror

➤ Move

利用该工具可以通过平面(By Plane)、点(By Vertices)及方向(By Direction)三种方式将体移动到合适的位置。

这里仅介绍 ByPlane 方式。利用该方式进行体移动时,需要选中待移动的体、源面、目标面,单击 Generate 后 DM 就会将所选体从源面移动至目标面,该方式非常适用于导入或探测进入 DM 的体的定向,如图 5-53 所示。

图 5-53　Move By Plane

➤ Delete

该工具用于模型中体的删除操作。

➤ Scale

该工具用于对模型进行缩放,缩放时需要指定缩放中心及缩放比例,其中缩放中心有 World Origin(世界原点)、Body Centroids(体的重心)及 Point(自定义点)三个选项。

➤ Simplify

该工具有几何简化和拓扑简化两个功能。利用几何简化可以尽可能简化模型的面和曲线以生成适于分析的几何,该功能默认是开启的;利用拓扑简化可以尽可能地去除模型上多余的面、边和点,其默认也是开启的。

➤ Sew

利用该工具可以将所选面体在其公共边(一定容差范围内)上缝合在一起,需要注意的是如果在其 Details 中将 Create Solids 设置为 Yes,缝合后 DM 会将封闭的面体转换成实体。

➤ Cut Material

利用该工具可以从模型激活体中切除所选体,所选体为切割工具,如图 5-54 所示。

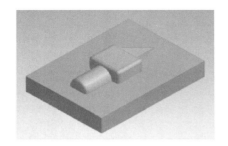
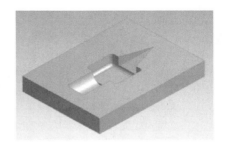

图 5-54　通过 Cut Material 生成模具

➤ Imprint Faces

利用该工具可以在模型激活体上生成所选体的印记面,如图 5-55 所示。

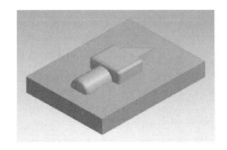

图 5-55　通过 Imprint Faces 生成印记面

➤ Slice Material

该工具将所选体作为切片工具并对其他体进行切片操作,如图 5-56 所示。

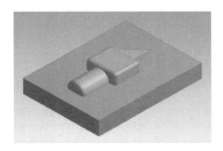
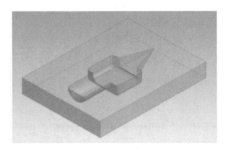

图 5-56　对长方体进行 Slice Material

➢ Translate

利用该工具可将所选体沿着指定方向进行平移。

➢ Rotate

利用该工具可将所选体绕着指定轴旋转一定的角度。

(12)Boolean 布尔运算

利用 Boolean 操作可以对体进行 Unite（相加）、Subtract（相减）、Intersect（相交）以及 Imprint Faces（印记面）操作，这些体可以是实体、面体或线体（仅能加操作）。不同的 Boolean 操作类型如图 5-57 所示。

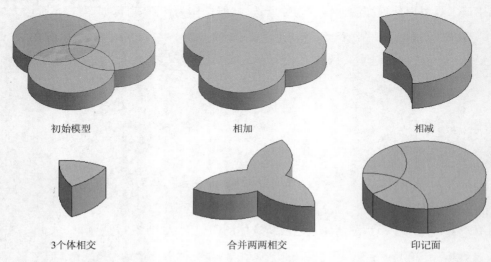

图 5-57　Boolean 的各种操作

(13)Slice 切片

利用 Slice 可以对体进行切割，从而构建出可划分高质量网格的体或对线体指定不同的截面属性。Slice 操作完成后激活体会自动变成冻结体。通过 Create＞Slice 菜单可向建模历史树添加 Slice 对象。在 Slice 对象的 Details 中可以看到有如下五个 Type 选项。

➢ Slice by Plane：模型被选中的平面分割；

➢ Slice Off Faces：选中的面被分割出来，并由这些面生成新的体；

➢ Slice by Surface：模型被选中的表面分割；

➢ Slice Off Edges：选中的边会被分割出来，并由这些边生成新的线体；

➢ Slice by Edge Loop：模型被由选中边形成的闭合回路分割。

(14)Face Delete

利用该工具可以删除模型中不需要的凸台、孔、倒角等特征，如图 5-58 所示。

在 Face DeleteDetails 中提供了如下的集中模型修复设置选项：

①Automatic：首选尝试 Natural Healing 修复方式，如果失败再采用 Patch Healing 修复方式；

②Natural Healing：自然延伸周围几何至遗留"伤口"被覆盖；

③Patch Healing：通过所选面周围的边生成一个面用于覆盖"伤口"区域；

④No Healing：用于面体修复的专用设置，直接从面体中删除所选面不进行任何修复。

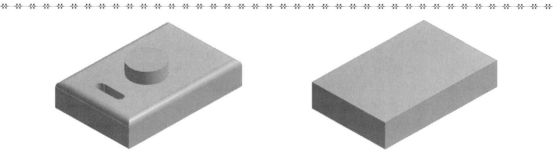

图 5-58　Face Delete 倒圆角、凸台及凹槽

（15）Edge Delete

利用该工具可以删除模型中不需要的边。它经常被用于去除面体上的倒角、开孔等，也可以用于处理实体和面体上的印记边，如图 5-59 所示。

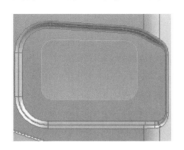
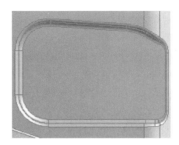

图 5-59　Edge Delete

3. DM 概念建模的方法

DM 提供的概念建模工具可以用于线体及面体的创建、3D 曲线的创建、分割边及定义横截面等，这些工具集中在 Concept 菜单中，下面将逐个对其进行简单的介绍。

（1）创建线体

Concept 菜单中有 Lines From Points、Lines From Sketches 和 Lines From Edges 三种方法用于线体的创建。

① Lines From Points

由点生成线体，这些点可以是 2D 草图点、3D 模型点或点特征生成的点。

② Lines From Sketches

由草图生成线体，该方法可以基于草图或表面平面生成线体。

③Lines From Edges

由边生成线体，该方法可基于已有 2D 或 3D 模型的边界创建线体。

（2）Split Edges

利用分割边工具可以将边（包括线体边）分割成多段，可选的分割方法有以下四种：

Fractional：比例分割；

Split by Delta：通过沿着边上给定的 Delta 确定每个分割点间的距离；

Split by N：按段数分割；

Split by Coordinate：通过坐标值分割。

（3）创建 3D Curve

3D 曲线工具允许用户基于已存在的点或坐标创建线体，这些点可以是任意 2D 草图点，3D 模型点或 Point 工具生成的点，坐标则可以从文本文件中读取。

坐标文件必须符合一定的格式才能被 DM 读取并正确识别，它由 5 部分内容组成，每部分通过空格或 Tab 键分隔开来，各部分基本内容如下：

a. Group number（整数）

b. Point number（整数）

c. X coordinate

d. Y coordinate

e. Z coordinate

下面给出一个封闭曲线（末行 Point number 为 0）的文件实例：

Group 1(closed curve)

1 1 100.0101 200.2021 15.1515

1 2 −12.3456 .8765 −.9876

1 3 11.1234 12.4321 13.5678

1 0

（4）创建面体

Concept 菜单中有 Surfaces From Edges、Surfaces From Sketches 和 Surfaces From Faces 三种方法用于线体的创建。

①Surfaces From Edges

由边生成面体。该方法可以利用已存在的体的边线（包括线体的边）作为边界生成面体，且边线必须组成一个非相交的封闭环，如图 5-60 所示。

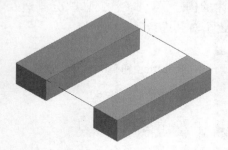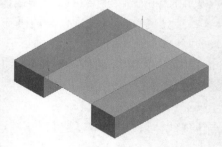

图 5-60　Surfaces From Edges

②Surfaces From Sketches

从草图创建面体。该方法利用草图（单个或多个）作为边界创建面体，草图必须闭合且不相交。

③Surfaces From Faces

从表面创建面体。该方法可以利用已存在实体或面体的面生成新的面体，如图 5-61 所示。

（5）横截面

横截面作为一种属性可被赋予线体，并在导入 Mechanical 组件后成为梁的截面属性。

图 5-61　Surfaces From Faces

DM 提供了一系列横截面类型，用户可以通过 Concept＞Cross Section 定义截面类型及相关尺寸，可选择的截面类型如图 5-62 所示。选择了特定的截面类型后，即进入截面编辑环境，用户可以输入各种预定义的截面尺寸定义梁的截面，如图 5-63 所示为一工字型截面的参数及截面坐标系示意图。

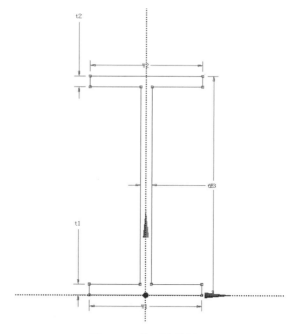

图 5-62　可选择的截面类型　　　　　图 5-63　截面编辑界面

各种预先定义的截面类型如图 5-64 所示。

如选择"User Integrated"截面类型，则用户需要直接在 Details View 中输入梁的截面参数；如选择"User Defined"截面类型，则需要切换至 sketch 视图下，直接通过创建草图的方式形成截面，这类截面的几何特性参数直接由程序自动计算得出。

当线体被赋予横截面后，用户需要定义横截面的方向，也就是定义 Y 的朝向。DM 中有两种方式可以对横截面进行对齐操作，分别为：

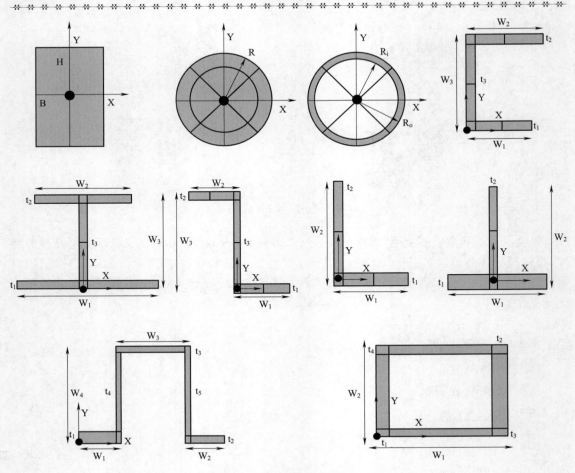

图 5-64　各种预定义横截面类型

　　(1)选择现有几何体(点、线、面等)作为对齐参照对象；

　　(2)通过矢量输入的方式定义对齐方向。

5.3.3　导入外部几何模型并进行编辑

　　除了直接基于 DM 创建几何模型外，还可以导入外部的几何模型并对其进行编辑。对于已经存在的其他格式的 CAD 模型，仅需将其导入至 DM，然后进行编辑、简化、修复即可用于建模。本节介绍外部模型导入的方法和 DM 高级几何编辑功能的使用。

　　1. 导入外部模型

　　(1)关联激活的 CAD 几何

　　利用 File＞Attach to Active CAD Geometry 操作，DM 程序会探测当前已打开 CAD 系统中的文件(已保存)并将其导入至 DM 中。进行关联时有以下属性设置：

　　①Source Property

　　DM 可以自动探测计算机中的当前激活 CAD 系统，用户可以通过修改 Details 中的 Source Property 项来选择可被探测的 CAD 程序。比如存在多种 CAD 程序时，该设置尤为重要。

②Model Units Property

当其他 CAD 模型没有单位时,DM 会提供一个 Model Units property 项供用户设定导入几何模型的单位,默认情况下该设置与 DM 单位一致。

③ Parameter Key Property

Details 中的 Parameter Key Property 项用于供用户设置几何模型参数的关联关键字,默认关键字为"DS",意味着只有名称中包含"DS"的参数才能被关联至 DM;如果该选项无输入,则表示所有参数都能被关联至 DM。此外,建议赋予每个 CAD 参数唯一的名称,且不以数字作为参数名的开头字符。

④Material Property

通过设置 Material Property 可以控制几何模型的材料属性的导入与否。目前支持材料属性传递的程序有 Autodesk Inventor、Creo Parameter 和 NX 等。

⑤Refresh Property

当几何被探测关联至 DM 中后,允许用户在其他 CAD 系统中继续对几何模型进行编辑。将 Refresh Property 设置为 Yes 后,即可通过刷新操作实现 CAD 系统与 DM 中几何的双向更新。

⑥Base Plane Property

该项用于进行 Attach to Active CAD Geometry 操作时指定用于几何模型定位的基准面。

⑦Operation Property

该项用于控制关联几何模型至 DM 后是否进行合并。

⑧Body Filtering Property

该项用于控制可导入至 DM 中几何体的类型,用户需要在项目图解窗口中进行设置,默认情况下允许导入实体和面体,不允许导入线体。进行 Attach to Active CAD Geometry 操作时,仅支持 Creo Parametric、Solid Edge 和 SolidWorks 中的线体的导入,NX 面体厚度的导入。

(2)导入外部几何文件

File>Import External Geometry File 专用于外部几何模型的导入,比如 ACIS(. sab 和 . sat),BladeGen (. bgd), GAMBIT (. dbs), Monte Carlo N-Particle (. mcnp), CATIA V5 (. CADPart 和 . CATProduct),IGES(. igs 或 . iges),Parasolid(. x_t 和 . xmt_txt;. x_b 和 . xmt_bin),Spaceclaim(. scdoc),STEP(. step 和 . stp)等。该操作可在 DM 建模的任意时刻进行,支持材料导入的 CAD 系统有 Autodesk Inventor、Creo Parameter 和 NX。

与关联几何文件的属性设置类似,导入外部几何文件时也有相关的属性设置,此处仅就 Body Filtering Property 进行介绍。

进行外部文件导入时,除了 Solid Bodies、Surface Bodies 和 Line Bodies 三个主过滤器外,还包括混合体的导入过滤器,即 Mixed Import Resolution。该过滤器主要用于控制多体部件(包含多种自由度)中体的导入,其设置包括 None,Solid,Surface,Line,Solid and Surface,Surface and Line 等六项。取默认设置 None 时,意味着多体部件(包含多种自由度)中的任何体都不会被传递至 Mechanical 中,其他设置以此类推。需要注意的是,该选项的优先级低于主过滤器。

2. DM 几何高级编辑功能的使用方法

在几何编辑方面,除了前面介绍的 Body Operation(体操作)系列功能外,DM 的 Tool 菜单中还提供了一些高级特征工具,利用这些工具用户可以完成模型操作、修改及修复等操作。下面将对其中部分高级特征工具进行简要介绍。

（1）Merge

该工具用于合并边或面,对于网格划分准备工作时的模型简化非常有用。图 5-65 即为边合并及面合并的实例。

(a) Merging Edges　　　　　　　　　　(b) Merging Faces

图 5-65　Merge

通过菜单 Tools＞Merge,可以对模型中的线段和面进行合并,以简化模型的几何特征。Merge 操作的选项如图 5-66 所示,可选择操作对象为 Edges 或 Faces。

Details View		卩
Details of Merge1		
Merge	Merge1	
Merge Type	Edges	▼
Selection Method	Edges	
	Faces	
Edges	0	
Minimum Angle [0, 180]	135 °	

图 5-66　Merge 操作选项

（2）Mid-Surface

对于壁很薄的实体模型,可以利用该工具抽取中面,后续可用板壳单元进行分析。图 5-67 所示结构通过中面抽取操作后生成了中面模型。

图 5-67　中面抽取

通过菜单 Tools＞Mid-Surface 可在建模历史树中添加抽取中面对象,其属性设置如图 5-68 所示。进行中面抽取时,用户可以手工选择面对,也可以在指定厚度范围后由程序自动选择。对于两个薄板垂直或斜交的情况,在抽取中面后,底板的中面和立板根部之间会形成一个缝隙,此缝隙的宽度为底板厚度的一半。通过菜单 Tools＞Surface Extension 在模型中插入表面延伸,可实现延伸填补缝隙,保证几何连续。

Details View	📌
Details of MidSurf1	
Mid-Surface	MidSurf1
Face Pairs	Apply　Cancel
Selection Method	Manual
☐ FD3, Selection Tolerance (>=0)	0 mm
☐ FD1, Thickness Tolerance (>=0)	0.01 mm
☐ FD2, Sewing Tolerance (>=0)	0.02 mm
Extra Trimming	Intersect Untrim...
Preserve Bodies?	No

图 5-68　Mid-Surface 选项

（3）Enclosure

利用该工具可以在体附近创建包围体生成外流场,包围体的形状可以是 Box、Sphere、Cylinder 或其他用户自定义形状。包围体实例如图 5-69 所示。

(a) Box　　　　　　　　　(b) Sphere　　　　　　　　　(c) Cylinder

图 5-69　包围体

（4）Fill

利用该工具可以创建体内的填充体作为内流场。抽取内流场的方法有以下两种:

By Cavity:通过孔洞填充,该法要求选中所有被"浸湿"的表面;

By Caps:覆盖填充,该法要求创建入口及出口封闭表面体并选中实体。

在图 5-70 的 Fill 实例中,(a)By Cavity 中需要选择内部 4 个侧面及 1 个底面,(b)By Caps 中则需要创建换热管的入口表面和出口表面,然后选择换热管实体。

（5）Surface Extension

该工具主要用于表面体的延伸操作。进行面延伸时,用户可以选择手动方式,也可以指定

(a) By Cavity   (b) By Caps

图 5-70 Fill 的使用

间隙值后由程序自动搜索符合条件的延伸区域并进行延伸。此外,DM 还提供了以下几种延伸长度(方式)供用户使用:

Fixed:面体会按照给定距离进行延伸;

To Faces:面体会延伸至面的边界;

To Surface:面体会延伸至一个面;

To Next:面体会延伸至第一个遇到的面;

Automatic:延伸所选面体上的边至面的边界面。

一些面延伸实例,如图 5-71 所示。

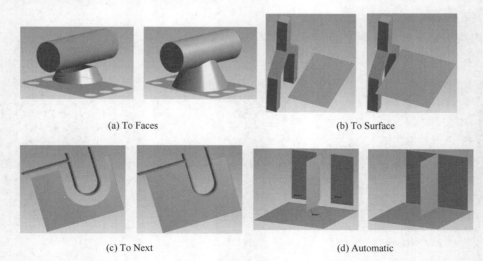

(a) To Faces   (b) To Surface

(c) To Next   (d) Automatic

图 5-71 Surface Extension

(6)Surface Patch

该工具用于填充面体上的孔洞或间隙。

通过菜单 Tools> Surface Patch,可在模型中插入表面修复选项,用于填充面体上的小孔等缺陷,其在 Details View 中的设置属性如图 5-72 所示,可以选择自然修复以及片修复两种修复方法。

(7)Surface Flip

该工具用于倒置面体的法向。

(8)Projection

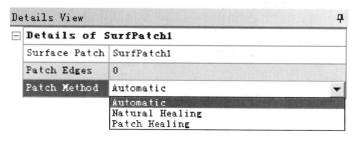

图 5-72　Surface Patch 选项

该工具可将点投影至边或面、边投影至面或体上。DM 中提供了 4 种投影类型,分别为:

Edges On Body Type:边投影至面体或实体;

Edges On Face Type:边投影至面;

Points On Face Type:点投影至面;

Points On Edge Type:点投影至 3D 边。

(9)Joint

通过菜单 Tools＞Joint,用于在模型中加入 Edge 结合选项,此选项用于对不同表面体的相邻边进行连接。可以通过 View＞Edge Joints 查看模型边的结合情况,蓝色表示 Edge 已经与其他相邻的 Edge 实现连接,红色则表示 Edge 的连接存在拓扑方面的错误。

DM 几何建模结束后,关闭 DM 界面,返回 Workbench 的 Project Schematic 界面下,这时发现 DM 所对应的 Geometry 单元格状态变为绿色的√,表示几何组件已经更新完成。

5.4　建立分析模型

在 Workbench 环境中,建立 LS-DYNA 显式分析模型是在 Mechanical 组件中进行的。为此,本节首先介绍 Mechanical 组件的界面和基本使用,然后介绍创建 LS-DYNA 显式动力学计算模型的方法。

在 Workbench 的 Project Schematic 页面,双击 Explicit Dynamics(LS-DYNA Export)组件系统的"Model"单元格,即可启动 Mechanical 组件的操作界面。Mechanical 的操作界面如图 5-73 所示。Mechanical 的界面由菜单栏、工具栏、Outline 面板、Details View 面板、图形显示区以及 Graph/Animation/Messages、Tabular Data 等功能区域组成,界面的最下方还有一个操作提示栏及状态信息栏。

Mechanical 界面操作的核心在于 Outline 区域的"Project"树,其基本操作逻辑为:在"Project"树中选择或插入不同的分支,在"Details View"区域设置各分支的属性,操作过程中可根据需要在 Tabular Data 中定义相关的表格参数,Graph 区域会以曲线形式显示表格或结果数据,执行相关操作后在图形显示区域显示操作结果。由此可见,只要完成了"Project"树的各分支的完整和正确的定义,就完成了 Mechanical 组件中相关的全部前处理操作。

Mechanical 项目树中的各分支左下角都有一个状态图标,这些状态图标有助于用户判断各分支的定义情况和存在的问题等,比如一个绿色的√表示此分支已经定义完成,一个? 表示此分支缺少参数等。常见状态图标列于表 5-9 中。

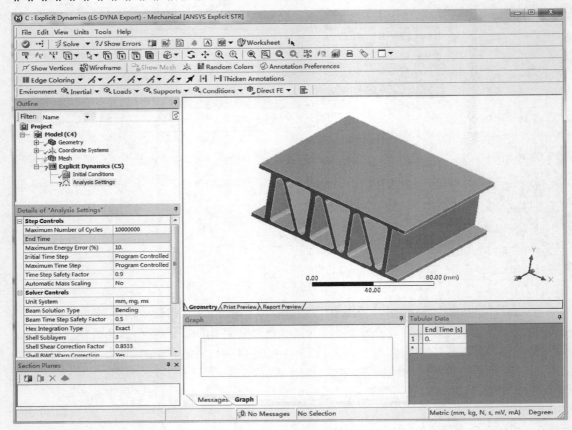

图 5-73   Mechanical 前处理组件操作界面

表 5-9   Mechanical 分支左侧状态图标及其意义

图　　标	表示的意义
	绿色的√,表示当前分支已经定义完成
	当前分支缺少参数
	当前分支待更新
	当前分支定义有错误
	当前分支被抑制
	当前分支被隐藏
	当前分支正在计算
	面映射划分失败
	当前体已经划分网格
	当前分支计算更新失败

在 Mechanical 操作过程中,很多场合需要借助于对象选择操作,在对象选择过程中经常用到选择类型过滤按钮、点选框选模式切换按钮等,以精确选择对象。在点选模式下按住 CTRL 键,依次用鼠标左键点选,可选择多个对象。在图形显示区域的颜色选择方块,用于选择当前视图方向被挡住的对象。这些操作风格都与 DM 是一致的。图形控制工具栏、Edge Coloring 图形显示控制工具栏的功能也与 DM 的一致,这里不再重复介绍。此外,用户可以选择统一类型的对象(如:选择一系列的面或选择一系列的节点)并加入到命名选择集合 Named Selection 中,具体方法是在 Model 分支右键菜单中选择 Insert＞Named Selection,如图 5-74 所示,在项目树中加入 Named Selection 分支,然后通过几何对象选择或逻辑选择方式完成 Named Selection 分支的 Details 参数定义,这些 Named Selection 在后续的加载等分支中可以被引用。

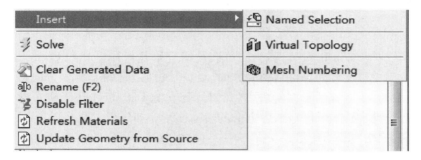

图 5-74　在项目树中加入 Named Selection

在 Mechanical 的"Project"树中,涉及分析模型前处理的分支主要是 Geometry、Connections、Mesh 三个分支,下面对这几个分支及其具体的操作进行介绍。

1. Geometry 分支

打开"Project"树的 Geometry 分支,Mechanical 组件中导入的所有的几何体都在 Geometry 分支下以一个分支的形式列出。选择每一个几何体分支,在 Details View 中可以为其指定显示颜色、透明度、刚柔特性、材料类型、坐标系、参考温度等,如图 5-75 所示。

Details of "Solid"		
⊞ **Graphics Properties**		
⊟ **Definition**		
☐ Suppressed	No	
Stiffness Behavior	Flexible	
Coordinate System	Default Coordinate System	
Reference Temperature	By Environment	
⊞ **Material**		
⊞ **Bounding Box**		
⊞ **Properties**		
⊞ **Statistics**		

图 5-75　Solid 几何体分支的 Details

对于刚柔特性选项,Mechanical 组件中仅支持 Solid Body(实体)和 Surface Body(面体)被指定为刚体行为,而变形体行为则可以被指定给包括 Line Body(线体)在内的任意三种体类型。刚柔特性通过 Details 中 Definition 部分的 Stiffness Behavior 选项来指定,如图 5-76 所示。运动刚体的运动取决于模型各部件对刚体的作用力的合力及合力矩,且后续施加约束时只能施加到整个体上。

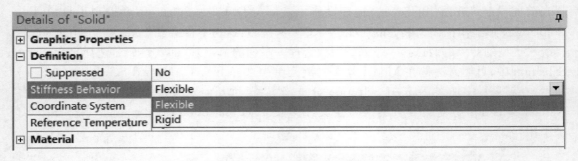

图 5-76 指定刚柔特性

局部坐标系选项(Coordinate System)可以被指定给几何体分支的 Coordinate System 属性,这一属性被用于定义各向异性材料的方向。材料属性定义的 1、2、3 方向将被设置为所指定局部坐标系的 x、y、z 方向。此外,各几何体分支的 Details 中还列出了此几何体的统计信息,如:体积、质量、质心坐标位置、各方向的转动惯量。如进行了网格划分,还能显示出单元数量、节点数量、网格质量指标等。

各个几何体的材料类型属性是在 Engineering Data 中定义的,如果需要指定新的材料类型,可在材料属性中选择"New Material",如图 5-77 所示,然后再次进入 Engineering Data 界面进行新材料及参数的定义。如果需要对现在的材料模型(图中为 Structural Steel)参数进行修改,可选择"Edit Structural Steel",即进入 Engineering Data 界面进行参数修改,修改完毕后返回 Workbench 界面。

Material		
Assignment	Structural Steel	
Nonlinear Effects	Yes	
Thermal Strain Effects	Yes	
Bounding Box		
Properties		

- New Material...
- Import...
- Edit Structural Steel...

图 5-77 选择新材料或编辑材料参数

除了上述通用属性之外,对于在 DM 中没有指定厚度的面体(Surface Body),还需要在 Mechanical 中指定其厚度参数。对于 Line Body 而言,DM 中指定的截面被自动导入 Mechanical 组件并最后导出至 LS-DYNA 关键字文件。

2. 连接关系指定分支

(1)相关基本概念

前面已经介绍过,LS-DYNA 的接触界面(interface)是由一系列三角形或四边形的片段(segment)构成,界面的一侧是从面(或 contact 面),另一侧为主面(或 target 面)。接触可以基于总体定义,也可基于特定的表面之间局部定义。

在 Mechanical 前处理组件中,通过 Connections 分支目录下的 Contacts 分支以及 Body Interactions 分支定义显式动力学分析的接触信息。在 Connections 分支的 Details 中可以看到，Auto Detection(自动探测选项)的缺省值被设置为 Yes，如图 5-78 所示。

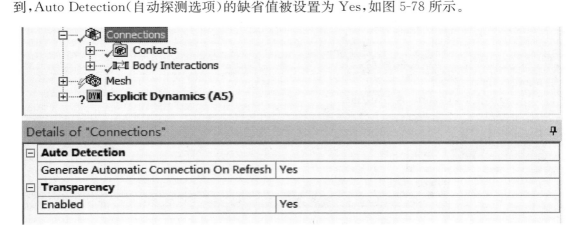

图 5-78　Connections 分支

在 Mechanical 组件中支持的 LS-DYNA 接触算法大致包含三类，即：单面接触(Single Surface Contact)、面-面接触(Surface-to-Surface Contact)以及节点-面接触。这三种类型的接触分别通过 Body Interactions 分支、Contact Regions 分支(对称接触)以及 Contact Regions 分支(不对称接触)的方式进行指定。

单面接触(Single Surface Contact)用于分析一个体的外表面与自身或其他体的外表面接触的行为。这种接触由于包含了所有的外表面，因此无需指定接触对的两侧表面(contact 面及 target 面)，单面接触是 ANSYS LS-DYNA 中最一般的接触类型，程序在每一个时间步会自动搜索模型中所有的外表面节点来探测是否发生了穿透行为。此算法特别适合于大变形和自接触问题，以及事前无法预知接触位置的问题。

面-面接触(Surface-to-Surface Contact)用于分析一个物体的表面与另一个物体表面发生接触的情况，这种接触是完全对称的，因此 contact 面及 target 面的选择是任意的。面-面接触的位置通常事先已知，适合于物体在接触表面上有相对大滑移的情况。

节点-面接触(Nodes-to-Surface Contact)用于分析接触节点穿透目标面的情况，这是一种非对称接触算法，在 Contact Regions 分支的 Details 中必须定义接触两侧表面信息。节点-面接触算法对于接触区域预先已知且接触区域相对较小的问题十分稳健，也适合于模拟节点与刚形体的接触问题。节点-表面接触定义时，平坦的面或凸面、网格较粗的面、刚性材料的表面通常被设置为 target 面，凹面、网格较细的面则通常被设置为 contact 面。节点-表面接触算法在 ASCII 文件 rcforc 中记录接触合力。

(2)使用 Body Interactions 分支定义总体接触

Body Interactions 分支用于定义总体接触行为。

当 Geometry 分支下包含多个体(部件)时，Body Interactions 分支将被自动添加到 Project 树中。在 Body Interactions 分支目录的右键菜单中选择 Insert＞Body Interaction，可以在 Body Interactions 分支目录下添加一个新的 Body Interaction 分支。对于每一个 Body Interaction 分支，Scope 部分 Geometry 选项缺省为作用于 All Bodies，Definition 部分 Type 选项缺省为 Frictionless 类型，如图 5-79 所示。Body Interaction 分支的所有被作用体的表面节点与所有被作用体的表面之间将进行完全自动的接触探测。为了提高接触分析的效率，实际操作过程中可以抑制掉缺省的 Body Interaction 分支,然后手工建立 Body Interaction 分支,在 Geometry 选项中仅选择部分体,这样接触的探测就被限制在了一个相对的聚焦范围。

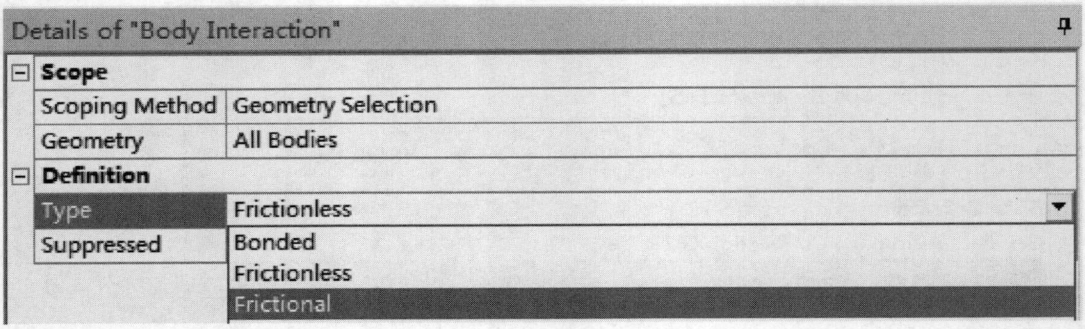

图 5-79　Body Interaction 分支的 Details 选项

对于每一个 Body Interaction 分支,Type 选项为接触类型,可选择的选项包括 Frictionless(光滑接触)、Frictional(摩擦接触),如图 5-79 所示,其他类型与 LS-DYNA 关键字导出无关。对于 Body Interaction 分支,Frictionless 为缺省类型。无论是哪一种分支,对于 Frictional 接触类型,均需要指定 friction coefficient、Dynamic Coefficient 以及 Decay Constant,如图 5-80 所示。

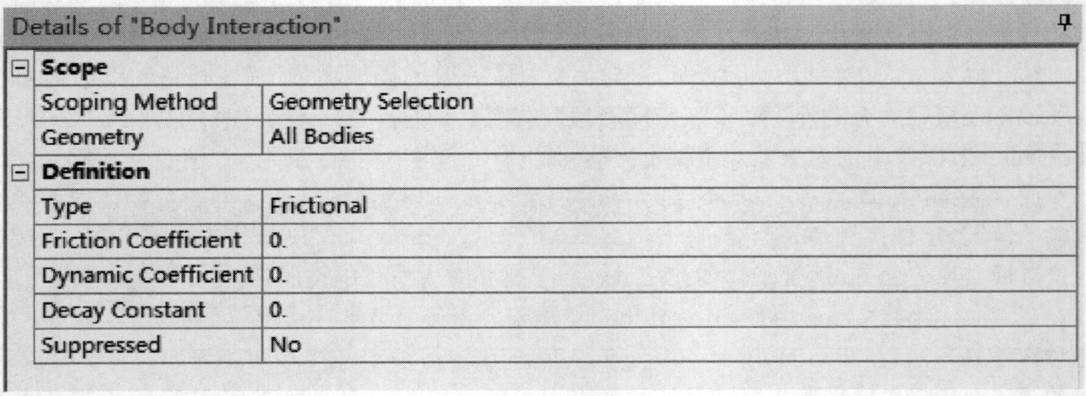

图 5-80　Frictional 接触的参数

Body Interaction 分支定义的接触在后续输出到 LS-DYNA 关键字文件对应的接触定义关键字有以下几种不同情况。

①第 1 种情况

如果在 Body Interaction 分支的 scoped bodies 中不包含线体(line body),则导出的关键字为 ∗CONTACT_AUTOMATIC_SINGLE_SURFACE。

②第 2 种情况

如果在 Body Interaction 分支的 scoped bodies 中仅仅包含线体(line body),则导出的关键字为 ∗CONTACT_AUTOMATIC_GENERAL。

③第 3 种情况

如果在 Body Interaction 分支的 scoped bodies 中同时包含线体(line body)以及实体

(solid body)或面体（surface body），则导出的关键字可能同时包含 ＊CONTACT_AUTOMATIC_SINGLE_SURFACE 以及 ＊CONTACT_AUTOMATIC_GENERAL。

（3）使用 Contact Regions 分支定义局部接触

Contact Regions 分支用于定义特定表面与表面之间的局部接触作用。缺省情况下，当模型中多于两个体存在时将自动探测面-面之间的 Contact Region，用户可以通过 Tools＞Options 菜单，在 Options 设置框中选择 Connections，在 Auto Detection 区域选择打开或关闭自动探测的类型（包括 Face/Face、Face/Edge、Edge/Edge）以及探测的优先级顺序（Priority），如图 5-81 所示。

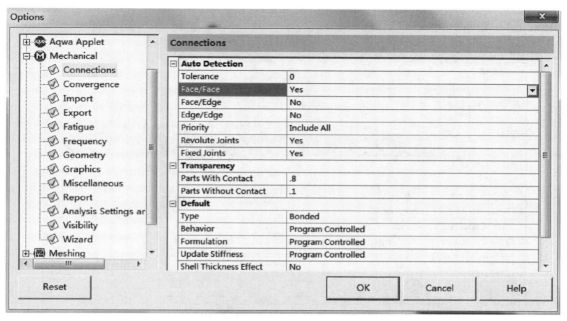

图 5-81　接触关系的自动探测选项

在 Connections 分支目录的右键菜单中选择 Insert＞Manual Contact Region，如图 5-82 所示，可以在 Connections 目录分支下添加一个新的 Contacts 分支目录，在此 Contacts 目录下包含一个新建的手工接触区域；在每一个 Contacts 分支目录右键菜单中选择 Insert＞Manual Contact Region，可以在此 Contacts 分支下添加一个新建的手工 Contact Region 分支。每一个 Contact Region 分支的 Details 中均包含 Scope 及 Definition 两部分信息，如图 5-83 所示。Scope 部分为接触对的 Contact 以及 Target 两个表面，即接触界面两侧的表面，这些表面在选择了接触对分支时会分别以红色和蓝色显示，而那些与所选择的接触对无关的体（部件）则采用半透明的方式显示，如图 5-84 所示。

在每一个 Contact Region 分支的 Details 选项中，Behavior 选项可选择 Asymmetric（非对称）、Symmetric（对称）以及 Auto Asymmetric（自动非对称）三种，如图 5-85 所示。Asymmetric 选项所对应的 LS-DYNA 接触算法为 Nodes-to-Surface Contact，Symmetric 选项所对应的 LS-DYNA 接触算法为 Surface-to-Surface Contact，Auto Asymmetric 选项在写入 LS-DYNA 关键字的时候作用等同于 Asymmetric 选项。对于刚体和变形体之间的接触，一般选择 Asymmetric 选项。

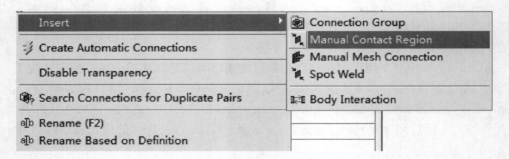

图 5-82　加入 Manual Contact Region

Details of "Contact Region"		年
Scope		
Scoping Method	Geometry Selection	
Contact	1 Face	
Target	1 Face	
Contact Bodies	Solid	
Target Bodies	Solid	
Definition		
Type	Bonded	
Scope Mode	Automatic	
Behavior	Program Controlled	
Trim Contact	Program Controlled	
Trim Tolerance	7.5252 mm	
Maximum Offset	1.e-004 mm	
Breakable	No	
Suppressed	No	

图 5-83　接触分支 Details 中的接触两侧

Bonded - Solid To Solid

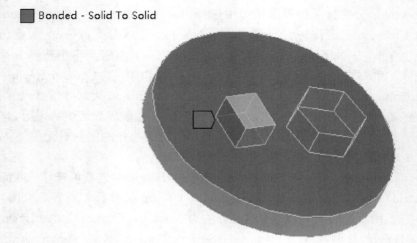

图 5-84　接触对显示

图 5-85　接触分支的 Behavior 选项

对于每一个 Contact Region 分支，Type 选项为接触类型，LS-DYNA 前处理系统可选择的选项包括 Bonded（绑定）、Frictionless（光滑接触）、Frictional（摩擦接触），如图 5-86 所示，其他类型与 LS-DYNA 关键字导出无关。对于 Contact Region 分支，Bonded 为缺省类型；对于 Body Interaction 分支，Frictionless 为缺省类型。对于 Frictional 接触类型，还需要指定 friction coefficient、Dynamic Coefficient 以及 Decay Constant，如图 5-87 所示。

图 5-86　接触类型选项

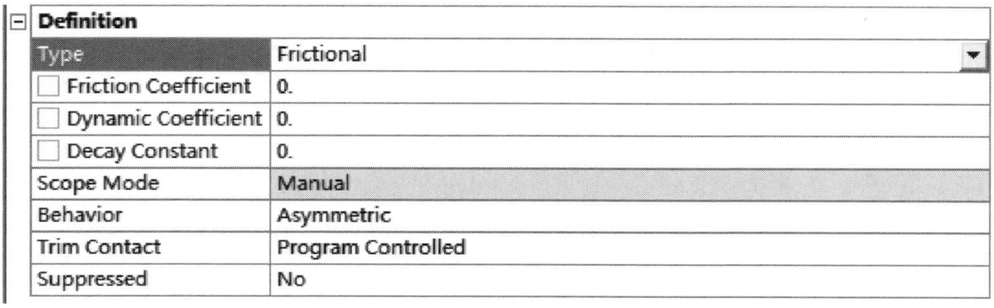

图 5-87　摩擦 Contact Region 的选项

对于 Bonded 类型接触，Maximum Offset 参数用于定义绑定接触的探测范围容差，在 Maximum Offset 定义的距离以内的 Contact Bodies 和 Target Bodies 表面的节点被绑定在一起受力。Breakable 参数用于定义绑定接触的失效选项，缺省为 No，可设为基于应力的失效准则选项，即 Stress Criteria，并指定法向应力极限 Normal Stress Limit 与剪切应力极限 Shear Stress Limit，如图 5-88 所示。

对于 Contact Region 分支所指定的接触，在导出为 LS-DYNA 关键字文件时，不同选项对应的关键字不同，一般有如下的几种情况。

①第 1 种情况

对于 Behavior 选项为 Symmetric 的 Frictionless/Frictional 接触类型，导出的关键字为

Definition	
Type	Bonded
Scope Mode	Manual
Behavior	Program Controlled
Trim Contact	Program Controlled
Maximum Offset	1.e-004 mm
Breakable	Stress Criteria
Normal Stress Limit	0. MPa
Shear Stress Limit	0. MPa
Suppressed	No

图 5-88　Breakable 选项及参数

＊CONTACT_AUTOMATIC_SURFACE_TO_SURFACE。

②第 2 种情况

对于 Behavior 选项为 Asymmetric 的 Frictionless/Frictional 接触类型,导出的关键字为 ＊CONTACT_AUTOMATIC_NODES_TO_SURFACE。

③第 3 种情况

对于 Behavior 选项为 Symmetric 的 Bonded 的接触类型,Breakabl 选项为 No 时,导出的关键字为 ＊CONTACT_TIED_SURFACE_TO_SURFACE_OFFSET。

④第 4 种情况

对于 Behavior 选项为 Asymmetric 的 Bonded 的接触类型,Breakabl 选项为 No 时,导出的关键字为 ＊CONTACT_TIED_NODES_TO_SURFACE_OFFSET。

⑤第 5 种情况

对于 Behavior 选项为 Symmetric 的 Bonded 的接触类型,Breakabl 选项为 Stress Criteria 时,导出的关键字为 ＊CONTACT_AUTOMATIC_SURFACE_TO_SURFACE_TIEBREAK。

⑥第 6 种情况

对于 Behavior 选项为 Asymmetric 的 Bonded 的接触类型,当 Breakabl 选项为 Stress Criteria 时,导出的关键字为 ＊CONTACT_AUTOMATIC_ONE_WAY_SURFACE_TO_SURFACE_TIEBREAK。

3. 网格划分分支

网格划分是通过 Mesh 分支完成的,下面介绍网格划分分支 Mesh 的总体控制、局部控制选项以及网格生成方法。

(1)Mesh 总体控制选项

Mesh 分支提供了全面的网格控制及网格划分方法选项,包括整体控制以及局部控制。整体控制参数主要通过 Mesh 分支的 Details 的参数设置,如图 5-89 所示。对于显式结构分析网格划分而言,主要的控制包括 Defaults、Sizing、Advanced、Defeaturing 等。

Defaults 部分提供两个选项。其中 Physics Preference 为学科选项,对于 LS-DYNA 显式前处理系统而言,Explicit 为缺省选项,将自动设置缺省的网格划分控制选项;Relevance 为整体的网格尺寸控制参数,变化范围由－100 到 100,可以直接输入数值,或通过滑键拖动改变数值,越大网格越密。

Details of "Mesh"	
Defaults	
Physics Preference	Explicit
☐ Relevance	0
Sizing	
Use Advanced Size Fun...	Off
Relevance Center	Medium
☐ Element Size	Default
Initial Size Seed	Active Assembly
Smoothing	High
Transition	Slow
Span Angle Center	Coarse
Minimum Edge Length	25.0 mm
⊞ **Inflation**	
⊞ **Patch Conforming Options**	
⊞ **Patch Independent Options**	
⊟ **Advanced**	
Number of CPUs for Pa...	Program Controlled
Shape Checking	Explicit
Element Midside Nodes	Dropped
Straight Sided Elements	
Number of Retries	Default (4)
Extra Retries For Assem...	Yes
Rigid Body Behavior	Full Mesh
Mesh Morphing	Disabled
⊟ **Defeaturing**	
Pinch Tolerance	Please Define
Generate Pinch on Refr...	No
Automatic Mesh Based...	On
☐ Defeaturing Toleran...	Default
⊞ **Statistics**	

图 5-89　Mesh 分支的 Details

Sizing 部分提供一系列网格整体尺寸控制选项。其中 Use Advanced Size Function 用于提供了更多关于 Proximity 和 Curvature 等局部几何细节的网格尺寸控制方法，缺省为 Off；Relevance Center 控制 Relevance 的中心，可选择 Coarse、Medium、Fine，对 Relevance 值相同的情况，这三个选项对应的网格数依次加密，对于 Explicit 分析，Relevance Center 学习的 Default 为 Medium；Element Size 选项用于指定整体模型的网格尺寸，当使用 Use Advanced Size Function 时 Element Size 不显示；Smoothing 选项用于对网格进行光顺处理，选项 Low、Medium 和 High 控制 Smoothing 的迭代次数，对于 Explicit 分析，Smoothing 选项的 Default 为 High；Transition 选项用于控制相邻单元的生长率，Slow 产生更平滑的过渡，而 Fast 选项则产生更剧烈的过渡，对于 Explicit 分析，Transition 选项的 Default 为 Slow；Span Angle Center 选项控制整体基于曲率的加密程度，在有曲率的区域网格会加密到一个单元跨过一定的角度，Coarse 选项一个单元最大跨过角度 90°，Medium 选项一个单元最大跨过角度 75°，Fine 选项一个单元跨过最大角度为 36°。

Advanced 部分提供了一些高级划分选项。其中 Shape Checking 为指定形状检查方法选项，对静力分析选择 Standard Mechanical 即可，对大变形分析则选择 Aggressive Mechanical；Element Midside Nodes 为单元边中间节点选项，对显式结构分析缺省为 Dropped（不保留中间节点)。对于 Explicit Dynamics(LS-DYNA Export)系统,LS-DYNA 的单元算法仅支持低阶 Beam 单元(线性单元)、低阶的 Shell 单元(线性单元、四边形及三角形形状)、低阶的 Solid 单元(线性单元、六面体形状、五面体金字塔形状以及三棱柱形状);例外的情况是对不规则体的实体网格划分,这时建议采用高阶的 Solid 单元(10 节点四面体单元),即保留中间节点。

　　Defeaturing 部分提供了一些细节消除选项,其中 Pinch Tolerance 选项用于指定 pinch 控制的容差,当点点之间或边边之间距离小于此值时会创建 pinch 控制。Generate Pinch on Refresh 选项设置为 Yes 且几何模型有变化的情况下,执行 refresh 操作会重新生成 pinch 控制。Automatic Mesh Based Defeaturing 为细节消除选项开关,此开关打开时(on),所有尺寸小于 Defeaturing Tolerance 的细节特征会被自动消除。在显式分析中由于小尺寸单元会严重影响计算步长和效率,为了避免不必要的小尺寸单元,通常在 DM 中对几何模型中存在的小特征细节进行预先处理。

　　Statistics 部分则给出了网格的一些统计信息,如:单元总数、节点总数、网格质量统计信息等。

　　(2)Mesh 网格划分方法与局部控制选项

　　除了上述的整体控制外,可在 Mesh 分支上打开其右键菜单加入局部控制项目。

　　当鼠标停放在 Mesh 分支的右键菜单 Insert 上时会弹出下一级的子菜单,如图 5-90 所示。通过这些右键菜单及其子菜单,可在 Mesh 分支下加入各种划分方法和控制选项,对于每一个方法或选项,在其 Details 视图中分别进行属性的指定。

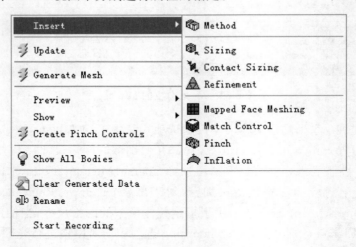

图 5-90　Mesh 分支右键菜单

　　网格划分方法通过在 Mesh 分支右键菜单中选择 Insert＞Method 来指定,这时在 Mesh 分支下出现一个网格划分方法的分支,此分支的名称缺省为网格划分方法,划分缺省的方法是"Automatic",即:自动网格划分。在网格划分方法分支的属性中,首先选择要指定网格划分方法的几何对象,然后在 Method 一栏下拉列表中选择网格划分方法,如图 5-91 所示。在 Mechanical 中提供了五种体网格划分方法以及三种表面网格划分方法,对于体的表面或面体还可以指定所谓的面映射网格(Mapped Face Meshing)。Mechanical 组件中这些网格划分方法均可用于 Explicit Dynamics(LS-DYNA Export)系统。

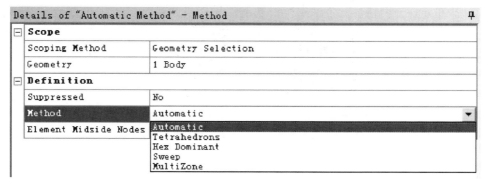

图 5-91　网格划分的方法选项

下面简单介绍各种网格划分方法的特点以及主要的选项。

①Automatic 方法

如果采用缺省的网格划分，或在图 5-91 中 Method 的下拉列表选择了 Automatic 选项，则 Mechanical 将会采用自动网格划分方法对模型进行网格划分。此方法划分时，对可以扫略划分的体进行扫略划分，对不能扫略划分的部件采用 Patch Conforming 四面体划分，这种方式可能造成尺寸分布严重不均匀的网格，在显式分析中是需要避免的，这种情况下，建议手工选择下面的 Patch Independent 四面体划分方法。

②Tetrahedrons 方法

此方法为四面体网格划分，包括 Patch Conforming（碎片相关方法，会考虑表面的细节或印记）或 Patch Independent（碎片无关方法）两种划分方法。对于 Patch Independent 方法，提供了一系列高级网格划分选项，其意义与整体选项类似，这里不再详细展开。

在 Explicit Dynamics(LS-DYNA Export)系统中，对于四面体划分，建议总是选择 Patch Independent 方法，避免使用 Patch Conforming 方法，以免形成明显的小尺寸单元对计算效率造成负面影响。

③Hex Dominant 方法

此方法即六面体为主的网格划分，此方法的 Details 中包含一个"Free Face Mesh Type"选项，可以选"All Quad"（全四边形）或"Quad/Tri"（四边形及三角形）。此方法形成的单元大部分为六面体，因此单元个数一般较少。

④Sweep 方法

此方法即扫略网格划分，选择此方法时，Src/Trg Selection 方法用于选择源面以及目标面，提供的选项有：Automatic（自动选择）、Manual Source（手工选择源面）、Manual Source and Target（手工选择源面以及目标面）、Automatic Thin（自动薄壁扫略）、Manual Thin（手工薄壁扫略）。这些方法中凡是涉及手工操作的，必须手动选择有关的面。对于薄壁扫略，提供一个面网格类型选项，可选择 Quad/Tri 或 All Quad；此外可选择薄壁扫略的单元类型 Element Option 是 Solid 还是 Solid Shell。对于各种扫略方法，均可设置扫略方向的单元等分数 Sweep Num Divs。

⑤MultiZone 方法

此方法为多区域网格划分。这种划分方法会自动切分复杂几何体成为较简单的几个部分,然后对各部分划分网格。此方法提供对映射区域以及自由区域的网格划分方法选项。其中,映射部分的划分方法 Mapped Mesh Type 可选择 Hexa、Hexa/Prism、Prism 三种;自由部分划分方法 Free Mesh Type 可选择 Not allowed、Tetra、Hexa Dominant、Hexa Core 四种。此外,还可以指定 Src/Trg Selection 方法为 Manual Source,然后手动选择映射划分的源面。

⑥Mapped Face Meshing

此方法即表面映射网格划分方法,可通过 Mesh 分支的右键菜单 Insert＞Mapped Face Meshing 加入,用于形成表面上的映射网格。通过此方法可以改善表面网格的质量,得到更加均匀的表面网格,这在显式动力学分析中是很有帮助的。图 5-92 为一个不规则形状实体采用 Hex Dominant 方法划分网格,(a)为各侧立面及圆柱体侧面采用表面映射网格,(b)为表面未加任何控制。

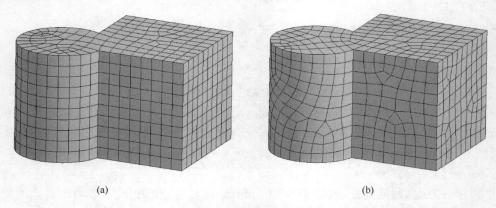

(a)   (b)

图 5-92　表面映射网格与自由网格的对比

⑦面网格划分方法

对于面体,可选择的网格划分方法有 Quad Dominant、Triangle、MultiZone,可在 Mesh 分支下加入 Method 分支,在 Method 选项中指定,如图 5-93 所示。对于显式动力学分析,建议优先采用四边形网格进行划分。

Details of "Automatic Method" - Method	⏻
⊟ **Scope**	
Scoping Method	Geometry Selection
Geometry	1 Body
⊟ **Definition**	
Suppressed	No
Method	Quadrilateral Dominant ▾
Element Midside Nodes	Quadrilateral Dominant
Free Face Mesh Type	Triangles
	MultiZone Quad/Tri

图 5-93　面网格划分方法

除了网格总体控制及划分方法控制外,Mechanical 还提供了功能完善的局部网格尺寸控制选项,这些选项可通过 Mesh 分支邮件菜单 Insert＞Sizing 加入。在加入的 Sizing 分支的 Details 中选择不同的几何对象类型,Sizing 分支可改变名称,如:Vertex Sizing、Edge Sizing、

Face Sizing、Body Sizing，对各种 Sizing 控制，可直接指定 Element Size；也可以指定一个 Sphere of Influence(影响球)及其半径，再指定 Element Size，这时尺寸控制仅作用于影响球范围内。如图 5-94 所示为一个设置了 Body Sizing 为 0.25 的边长为 10 的立方体的网格，图 5-95 为仅仅在其一个顶点为中心的影响球范围设置了 Body Sizing 为 0.25 情况下的网格，划分方法均为 Tetra。

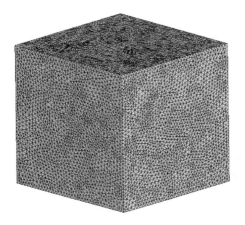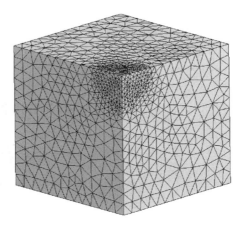

　　图 5-94　设置了总体 Body Sizing 的网格　　　　图 5-95　影响球范围内设置 Sizing 的网格

（3）网格生成

网格划分设置完成后，在 Mesh 分支右键菜单中选择"Update"或"Generate Mesh"，即可根据用户的设定形成网格。

5.5　初边值条件、加载与关键字导出

初边值条件、加载、分析设置与关键字的导出也是在 Mechanical 组件中进行的，相关的分支位于 Explicit Dynamics 分支下，如图 5-96 所示。

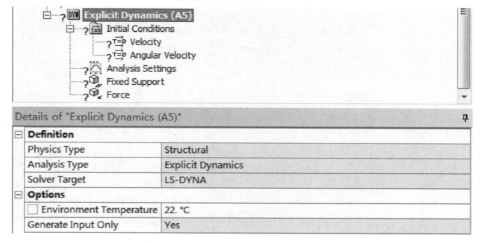

图 5-96　Explicit Dynamics 分支及其子分支

1. 通过 Initial Conditions 分支定义初始条件

Explicit Dynamics 分支目录下的 Initial Conditions 分支用于定义运动初始条件。

初始条件可以定义在一个或多个体上,初速度的方向通过坐标系选项来指定。

如果初始转动和初始平动都施加到一个体上,这个体的初始速度将是这两种初始条件的叠加。

缺省条件下,所有体的初始状态是静止、无约束以及无应力的状态。在 Explicit Dynamics (LS-DYNA Export)系统中,至少一种初始条件、约束条件或荷载必须指定。否则所有体都会一直处于静止状态,也就没有必要进行计算了。

(1)初始平动速度

在 Initial Condition 分支右键菜单中选择 Insert＞Velocity,加入 Velocity 分支,如图 5-97 所示,其 Details 如图 5-98(a)、(b)所示,其中(a)为向量形式,(b)为分量形式。

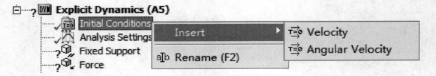

图 5-97　加入 Velocity 分支

Details of "Velocity"	
Scope	
Scoping Method	Geometry Selection
Geometry	No Selection
Definition	
Input Type	Velocity
Define By	Vector
☐ Total	0. mm/s
Direction	Click to Define
Suppressed	No

(a) 向量形式

Details of "Velocity"	
Scope	
Scoping Method	Geometry Selection
Geometry	No Selection
Definition	
Input Type	Velocity
Define By	Components
Coordinate System	Global Coordinate System
☐ X Component	0. mm/s
☐ Y Component	0. mm/s
☐ Z Component	0. mm/s
Suppressed	No

(b) 分量形式

图 5-98　Velocity 分支的 Details 选项

（2）初始转动速度

在 Initial Condition 分支右键菜单中选择 Insert＞Velocity，加入 Angular Velocity 分支，如图 5-97 所示，其 Details 如图 5-99（a）、（b）所示，其中（a）为向量形式，（b）为分量形式。

Details of "Angular Velocity"		中
Scope		
Scoping Method	Geometry Selection	
Geometry	No Selection	
Definition		
Input Type	Angular Velocity	
Define By	Vector	▼
☐ Total	0. rad/s	
Direction	Click to Define	
Suppressed	No	

(a) 向量形式

Details of "Angular Velocity"		中
Scope		
Scoping Method	Geometry Selection	
Geometry	No Selection	
Definition		
Input Type	Angular Velocity	
Define By	Components	▼
Coordinate System	Global Coordinate System	
☐ X Component	0. rad/s	
☐ Y Component	0. rad/s	
☐ Z Component	0. rad/s	
Suppressed	No	

(b) 分量形式

图 5-99　Angular Velocity 分支的 Details 选项

2. 施加约束与荷载

通过 Explicit Dynamics 分支右键菜单中选择 Insert＞弹出二级右键菜单，如图 5-100 所示，选择其中的菜单项即可在 Explicit Dynamics 分支下添加显式分析的约束及荷载分支。下面介绍菜单中涉及的各类约束及荷载类型。

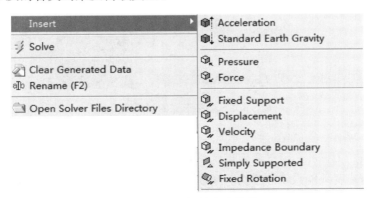

图 5-100　施加约束及荷载

（1）Acceleration

Acceleration 用于向模型的全部体上施加加速度，可以通过向量（Vector）以及分量（Components）两种方式施加，其 Details 选项如图 5-101（a）、（b）所示。模型中任意施加的约束都会覆盖已经定义的加速度。

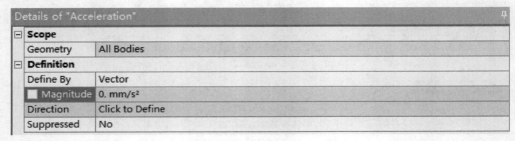

(a) 向量形式

(b) 分量形式

图 5-101　加速度荷载的选项

加速度的幅值可以是常数，也可以通过右下角的表格定义为关于时间的 Tabular Data，如图 5-102 所示。

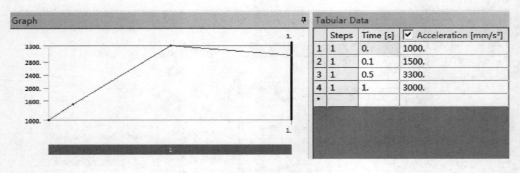

图 5-102　表格形式的加速度荷载

（2）Standard Earth Gravity

Standard Earth Gravity 用于向模型的全部体上施加重力加速度，与上述的加速度荷载的区别在于，重力加速度只能设定一个方向，而不能改变幅值。重力加速度的 Details 选项如图 5-103 所示。模型中施加任意一个约束都会覆盖已经定义的重力加速度。

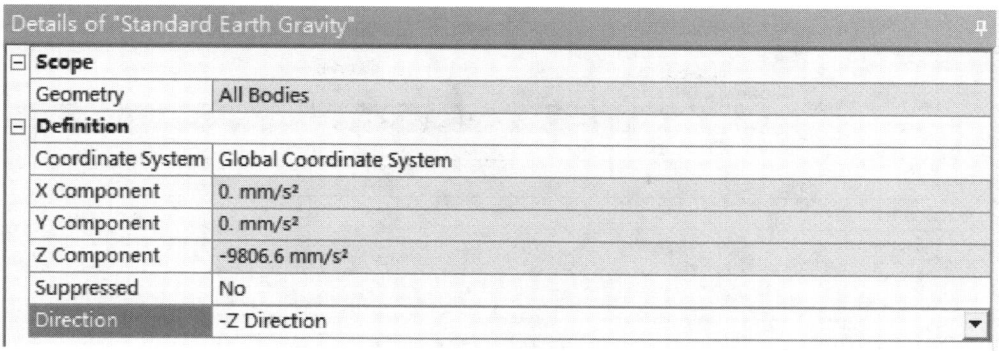

Details of "Standard Earth Gravity"		📌
Scope		
Geometry	All Bodies	
Definition		
Coordinate System	Global Coordinate System	
X Component	0. mm/s²	
Y Component	0. mm/s²	
Z Component	-9806.6 mm/s²	
Suppressed	No	
Direction	-Z Direction	▼

图 5-103　重力加速度荷载的选项

（3）Pressure

Pressure 用于向模型的表面施加随时间变化的荷载，Pressure 荷载的 Details 如图 5-104 所示，Scope 部分为作用位置选择，作用对象可以是选择的几何表面或 Named Selecttion 集合表面；Pressure 作用方向为垂直于施加表面，Magnitude 可以是常数，也可以是表格荷载形式。在计算过程中，Pressure 的实际作用方向会随着所施加表面的变形而变化。

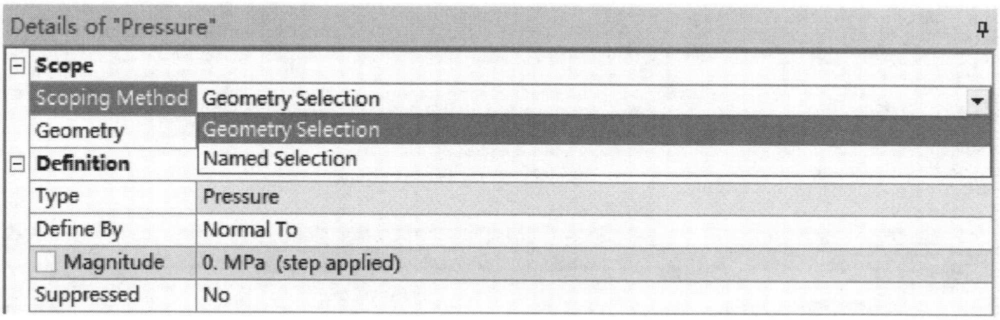

Details of "Pressure"		📌
Scope		
Scoping Method	Geometry Selection	▼
Geometry	Geometry Selection	
Definition	Named Selection	
Type	Pressure	
Define By	Normal To	
☐ Magnitude	0. MPa (step applied)	
Suppressed	No	

图 5-104　Pressure 的 Details 选项

（4）Force

Force 用于向模型施加常量或表格形式的力。Force 荷载可以施加于刚体或变形体上，对于刚形体，Force 只能施加于体上；对于变形体，Force 则可以施加于点、线或者面上。在选择作用对象时，可通过 Scoping Method 选择 Geometry Selection 或 Named Selection 方式。Force 可以通过向量形式（Vector）或分量形式（Components）定义，其 Details 选项如图 5-105（a）、（b）所示。Force 的 Magnitude 可以是常数也可通过 Tabular Data 方式定义，采用 Tabular Data 方式定义 Force 时，首先要指定 Analysis Settings 分支的 analysis end time 选项。对于分量定义方式，Coordinate System 用于定义作用方向的坐标系。

（5）Fixed Support

Fixed Support 用于向模型施加固定约束，可以施加到刚体或变形体上以约束全部的自由度。当施加于刚体时，只能施加到体上；施加于变形体时，则可以选择施加到点、线或者面上。Fixed Support 作用对象可选择 Geometry Selection 或 Named Selection 方式，其 Details 选项如图 5-106 所示。

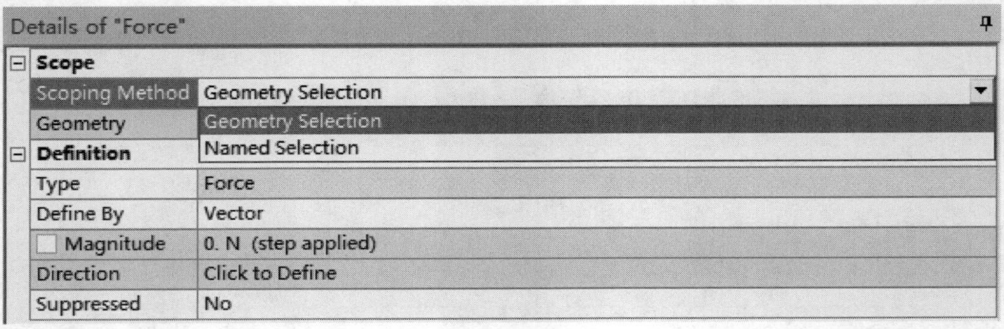

Details of "Force"   ₽

Scope	
Scope	
Scoping Method	Geometry Selection ▼
Geometry	Geometry Selection
Definition	Named Selection
Type	Force
Define By	Vector
☐ Magnitude	0. N (step applied)
Direction	Click to Define
Suppressed	No

(a) 向量形式

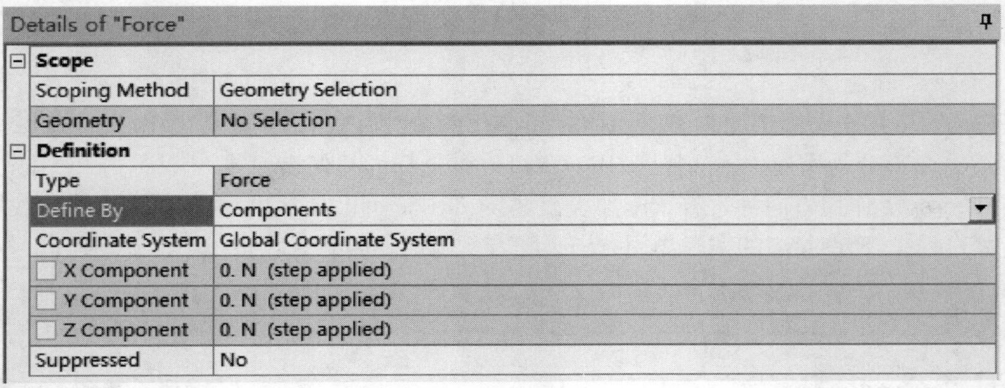

Details of "Force"   ₽

Scope	
Scope	
Scoping Method	Geometry Selection
Geometry	No Selection
Definition	
Type	Force
Define By	Components ▼
Coordinate System	Global Coordinate System
☐ X Component	0. N (step applied)
☐ Y Component	0. N (step applied)
☐ Z Component	0. N (step applied)
Suppressed	No

(b) 分量形式

图 5-105   Force 的 Details 选项

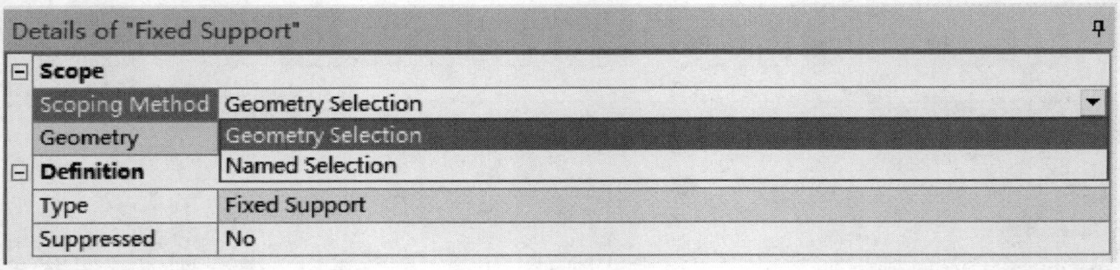

Details of "Fixed Support"   ₽

Scope	
Scope	
Scoping Method	Geometry Selection ▼
Geometry	Geometry Selection
Definition	Named Selection
Type	Fixed Support
Suppressed	No

图 5-106   Fixed Support 的 Details 选项

（6）Displacement

Displacement 用于向模型施加常量或表格形式的位移约束，可以施加到变形体以及刚体上。当施加到变形体上时，可以施加到点、线或者面上；当施加到刚体上时，仅可以被施加到体上。对于表格形式施加的位移约束，初始值必须为 0。对刚体而言，施加了线位移约束后转动自由度会被自动约束。Displacement 作用对象可以通过 Geometry Selection 或 Named Selection 方式定义，其 Details 如图 5-107 所示。

对于表格形式的约束，可选择 Details 中各分量单元格右边的三角箭头，在弹出的右键菜单中选择 Tabular，如图 5-108 所示。

（7）Velocity

Velocity 用于向模型施加常量或表格形式的速度约束，可以被施加于变形体或刚体上。

Details of "Displacement"		中
□ **Scope**		
Scoping Method	Geometry Selection	▼
Geometry	Geometry Selection	
□ **Definition**	Named Selection	
Type	Displacement	
Define By	Components	
Coordinate System	Global Coordinate System	
X Component	Tabular Data	
Y Component	Free	
Z Component	Free	
Suppressed	No	
□ **Tabular Data**		
Independent Variable	Time	

图 5-107　Displacement 的 Details 选项

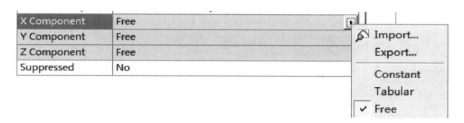

图 5-108　选择 Tabular 形式的约束

当施加于变形体上时,可以选择施加到点、线或者面上;当施加到刚体上时,仅能施加于体上。当施加到刚体上时,刚体转动自由度将被自动约束。通过 Tabular 形式定义速度幅值时,首先定义 Analysis Settings 分支的 End Time 选项。Velocity 的施加位置可以通过 Geometry Selection 或 Named Selection 方式定义,其 Details 如图 5-109 所示,速度分量所在的坐标方向通过 Coordinate System 选项定义。

Details of "Velocity"		中
□ **Scope**		
Scoping Method	Geometry Selection	▼
Geometry	Geometry Selection	
□ **Definition**	Named Selection	
Type	Velocity	
Define By	Components	
Coordinate System	Global Coordinate System	
X Component	Free	
Y Component	Free	
Z Component	Free	
Suppressed	No	

图 5-109　Velocity 的 Details 选项

(8)Impedance Boundary

Impedance Boundary 用于定义无反射的吸收边界,仅用于消除波动的法向速度分量,施加的位置远离感兴趣的区域。吸收边界作用位置选择可通过 Geometry Selection 或 Named Selection，其 Details 选项如图 5-110 所示。

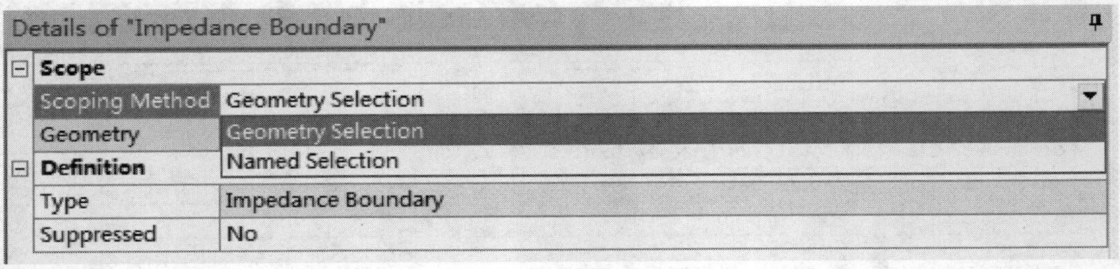

图 5-110　Impedance Boundary 的 Details 选项

（9）Simply Supported

Simply Supported 用于向模型的节点或边上施加线位移约束，作用位置选择可通过 Geometry Selection 或 Named Selection 方式，其 Details 选项如图 5-111 所示。

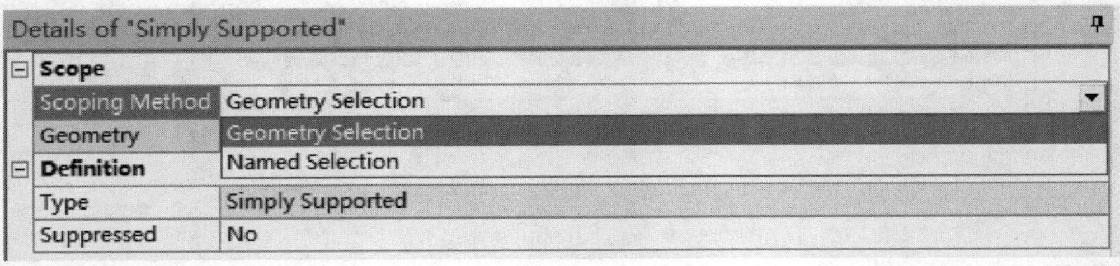

图 5-111　Simply Supported 的 Details 选项

（10）Fixed Rotation

Fixed Rotation 用于向模型的节点或边上施加转动位移约束，作用位置选择可通过 Geometry Selection 或 Named Selection 方式，其 Details 选项如图 5-112 所示。

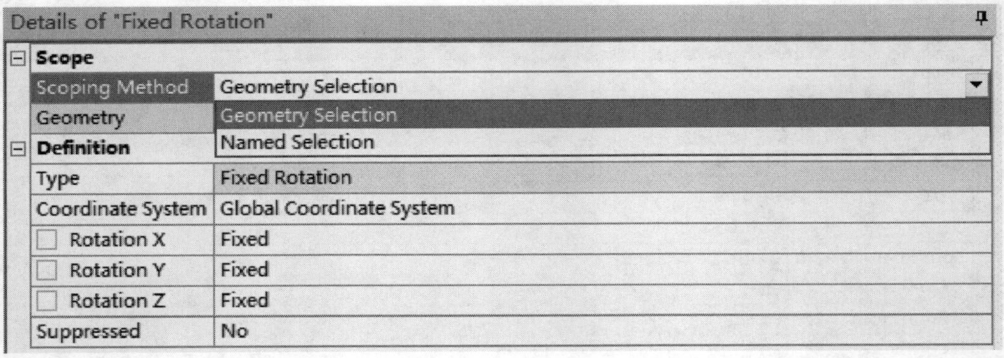

图 5-112　Fixed Rotation 的 Details 选项

在后续导出关键字文件时，上述 Velocity 或 Displacement 类型的边界条件所对应的关键字为 * BOUNDARY_PRESCRIBED_MOTION，将会覆盖 Fixed Support、SimpleSupport 以及 Fixed Rotation 边界条件所对应的关键字 * BOUNDARY_SPC。

3. 分析设置与关键字导出

(1)分析选项设置

Project 树的 Analysis 分支用于设置 LS-DYNA 的分析选项，其 Details 选项如图 5-113 所示。

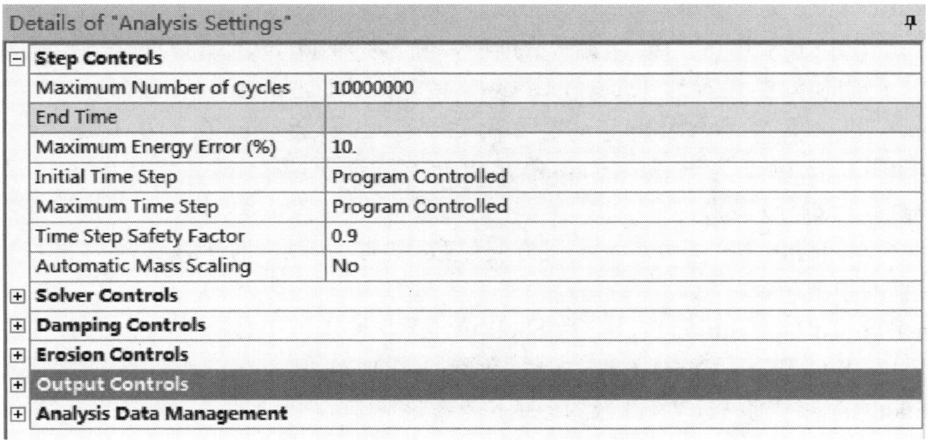

Details of "Analysis Settings"	
Step Controls	
Maximum Number of Cycles	10000000
End Time	
Maximum Energy Error (%)	10.
Initial Time Step	Program Controlled
Maximum Time Step	Program Controlled
Time Step Safety Factor	0.9
Automatic Mass Scaling	No
Solver Controls	
Damping Controls	
Erosion Controls	
Output Controls	
Analysis Data Management	

图 5-113　Analysis Settings 分支的 Details 设置

在 Analysis Settings 分支的 Details 中，包含 Step Controls、Solver Controls、Damping Controls、Erosion Controls、Output Controls 等选项，下面分别进行介绍。

①Step Controls

Step Controls 包含了用于控制显式动力分析时间步相关的选项，如图 5-114 所示。End Time 是求解的结束时间，除了此参数没有缺省值以外，其他选项均有缺省值。Maximum Number of Cycles 为最大求解增量步数，求解步数超过此数值后会终止求解，通常是指定一个较大的数，缺省为 10000000。Maximum Energy Error 参数为最大能量误差百分比，当能量误差超过此参数时计算将停止。Maximum Energy Error 设为 0 时相当于关闭了能量误差检查。Initial Time Step、Maximum Time Step 为初始时间步长、最大计算稳定步长，建议采用缺省控制，Time Step Safety Factor 为计算稳定时间步长安全系数，缺省值 0.9 在大多数情况下适用。Automatic Mass Scaling 为自动质量缩放选项，此选项设置为 Yes 时，出现两个额外的参数，一个是 Minimum CFL Time Step，时间步长低于此参数时将采用质量缩放，另一个是 Maximum Part Scaling，即最大的质量缩放百分比，缺省为 0.1，此数值不能过大，否则会引起模型质量的显著变化，造成计算失真。

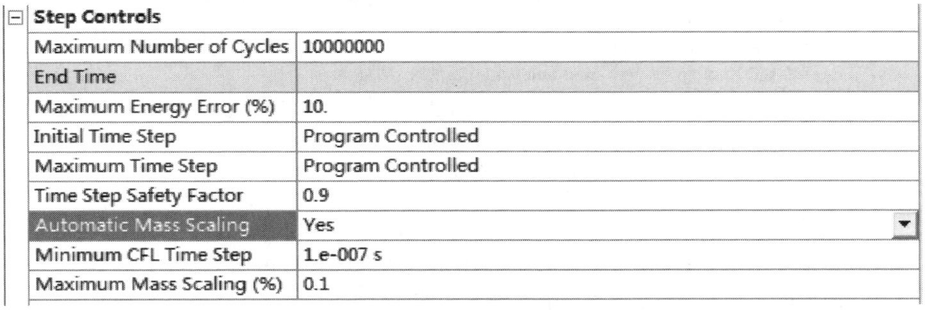

Step Controls	
Maximum Number of Cycles	10000000
End Time	
Maximum Energy Error (%)	10.
Initial Time Step	Program Controlled
Maximum Time Step	Program Controlled
Time Step Safety Factor	0.9
Automatic Mass Scaling	Yes
Minimum CFL Time Step	1.e-007 s
Maximum Mass Scaling (%)	0.1

图 5-114　时间步相关的选项

②Solver Controls

Solver Controls 用于设置求解单位、各种单元的算法（Beam、Solid、Shell）等，如图 5-115 所示，相关的选项介绍如下：

a. Unit System 为求解单位系统选项。

b. Beam Solution Type 为梁单元算法选项，缺省为 Bending（ELFORM＝1），是最为精确的算法；对于轴向单元，设置为 Truss（ELFORM＝3）。

c. Beam Time Step Safety Factor 为梁单元积分步长安全因子，缺省为 0.5。

d. Hex Integration Type 为六面体单元积分类型选项，对于显式动力学分析使用 1 pt Gauss（单点高斯积分）算法。

e. Shell Sublayers 为 Shell 单元厚度方向层数，缺省为 3 层，对于计算内力及力矩通常可以提供足够的精度。

f. Shell Shear Correction Factor 为 Shell 单元剪切修正因子，缺省为 0.8333。

g. Shell BWC Warp Correction 为 Shell 翘曲变形修正选项，缺省为 Yes，Belytschko-Wong-Chiang 翘曲刚度被计算，设为 No 时不计算此刚度。

h. Full Shell Integration 为 Shell 单元全积分算法选项，缺省为 Yes，使用全积分算法，（ELFORM＝16）；设为 No 时采用缩减积分算法（ELFORM＝2）。

i. Tet Pressure Integration 为四面体单元压力积分选项，缺省为 Average Nodal，ELFORM＝13，设为 Constant 时对应算法为 ELFORM＝10。

Solver Controls	
Unit System	mm, mg, ms
Beam Solution Type	Bending
Beam Time Step Safety Fact...	0.5
Hex Integration Type	Exact
Shell Sublayers	3
Shell Shear Correction Factor	0.8333
Shell BWC Warp Correction	Yes
Full Shell Integration	Yes
Tet Pressure Integration	Average Nodal

图 5-115　求解器控制选项

③Damping Controls

Damping Controls 用于设置阻尼选项，如图 5-116 所示。

Damping Controls	
Linear Artificial Viscosity	6.e-002
Quadratic Artificial Viscosity	1.5
Hourglass Damping	Standard
Viscous Coefficient	0.1
Static Damping	0.

图 5-116　阻尼控制选项

阻尼选项包括人工黏性（Artificial Viscosity）、沙漏阻尼（Hourglass Damping）、静态阻尼（Static Damping）三类。人工黏性用于防止冲击波形成及传播过程中的不稳定现象。沙漏阻尼用于防止六面体实体单元及四边形 shell 单元的沙漏变形模式。静态阻尼用于通过显式动力分析方法来求解静态平衡问题。具体的阻尼选项包括：

a. Linear Artificial Viscosity 为人工黏性阻尼线性项系数，缺省为 0.06。

b. Quadratic Artificial Viscosity 为人工黏性阻尼二次项系数，缺省为 1.5。

c. Hourglass Damping 为沙漏阻尼算法选项，缺省为 Standard 算法，也是最有效的算法；还可以选择 Flanagan Belytschko 算法，如图 5-117 所示。

Damping Controls	
Linear Artificial Viscosity	6.e-002
Quadratic Artificial Viscosity	1.5
Hourglass Damping	Flanagan Belytschko
Viscous Coefficient	0.
Stiffness Coefficient	0.1
Static Damping	0.

图 5-117　Hourglass Damping 控制

d. Viscous Coefficient 为沙漏黏性系数，在 0.05 到 0.15 之间，缺省为 0.1。

e. Stiffness Coefficient 为刚度阻尼系数，仅当 Hourglass Damping 选择 Flanagan Belytschko 算法时出现，对于此种算法，Stiffness Coefficient 和 Viscous Coefficient 只需要指定其中之一即可，如果两个都指定为非零值，则采用 Stiffness Coefficient 而忽略 Viscous Coefficient。与相关的 LS-DYNA 关键字为 ∗CONTROL_HOURGLASS。

f. Static Damping 为静态阻尼，引入与节点速度成比例的阻尼力，使得静态系统达到最低模态振荡的临界阻尼。

④Erosion Controls

Erosion Controls	
On Minimum Element Timestep	Yes
Minimum Element Timestep	1.e+020 s
Retain Inertia of Eroded Material	Yes

图 5-118　侵蚀控制选项

Erosion Controls 选项用于自动移除模型中高度变形的单元，缺省为 No，选择 Yes 时打开此选项，如图 5-118 所示。当单元的积分时间步长乘以时间步安全因子低于 Minimum Element Time Step 时，单元将出现侵蚀。可用于模拟材料断裂、切割与渗透行为。

⑤Output Controls

Output Controls 为输出控制选项，主要是用于控制结果文件以及重启动文件的输出间隔或频率，其 Details 选项如图 5-119(a)、(b)所示。

a. 结果文件输出选项

Save Results on 为输出控制方法选项，可选择 Time 或 Equally Spaced Points。如果选择 Time 方法控制，则通过 Time 参数来指定输出时间间隔。如果选择 Equally Spaced Time Points 方法控制，则通过 Number of points 参数来指定输出点的个数（缺省为 10）。与此相关的 LS-DYNA 关键字为 ∗DATABASE_BINARY_D3PLOT。

b. 重启动文件输出选项

Save Restart Files on 为输出控制方法选项，可通过 Cycles 或 Equally Spaced Points 选项来指定重启动文件的输出间隔或频率。如果选择 Cycles 选项，则需要指定重启动文件点的间隔步数 Cycles，重启动文件保存频率的缺省值为 5 000 次。如果选择 Equally Spaced Points

Output Controls	
Save Results on	Time
Time	5.e-003 s
Save Restart Files on	Cycles
Cycles	5000

(a)

Output Controls	
Save Results on	Equally Spaced Points
Number of points	10
Save Restart Files on	Equally Spaced Points
Number of points	5

(b)

图 5-119   输出控制选项

选项,则需要指定重启动文件点的个数 Number of points。注意重启动文件不要写入太多,否则将占用过大的硬盘空间。

(2)添加 Mechanical 界面目前不支持的关键字

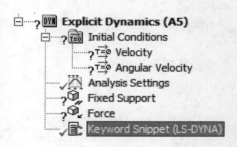

对于一些 Mechanical 界面不直接支持的求解选项,在导出关键字文件之前可通过关键字片段分支的方式插入。在 Explicit Dynamics 分支的右键菜单中选择 Insert>Commands,即可在 Explicit Dynamics 目录中添加 Keyword Snippet(LS-DYNA)分支,如图 5-120 所示。在项目树中选择添加的 Keyword Snippet(LS-DYNA)分支后,Graphics 视图自动切换至 Commands 视图,如图 5-121 所示。可在其中直接输入 LS-DYNA 关键字,这些关键字在导出关键字文件时会包含其中。

图 5-120   添加 Keyword Snippet (LS-DYNA)分支

注意添加的关键字不能有多余的空行,除非是按照关键字的格式有意预留的。

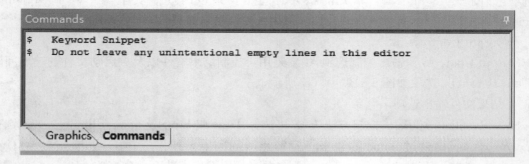

图 5-121   Commands 视图

(3)LS-DYNA 关键字导出

在工具栏上按下 Solve 按钮,程序将开始导出 LS-DYNA 的关键字文件,导出完成后,在 Messages 区域中显示"LS-DYNA keyword file has been created."信息。导出的关键字文件,可根据分析需要进行必要的修改,然后再递交 LS-DYNA 求解器进行计算。

第 6 章　ANSYS LS-DYNA 的求解及重启动

　　前面两章介绍了在传统 ANSYS 环境及 Workbench 环境中导出 LS-DYNA 关键字文件的方法,本章在此基础上介绍基于 ANSYS LS-DYNA 环境的一般求解以及三类重启动分析的具体操作方法。

6.1　一般求解的操作方法

　　在第 2 章中已经介绍了通过系统命令行的方式提交 LS-DYNA 程序求解的命令语法。在 ANSYS LS-DYNA 环境中,除直接调用 ANSYS 安装目录下的 LS-DYNA 可执行程序外,还可以通过 Mechanical APDL 以及 Product Launcher 界面实现求解作业的提交。

　　1. 在 Mechanical APDL 界面中直接求解

　　如果待分析的问题能够通过 Mechanical APDL 提供的 LS-DYNA 前处理功能完全定义,则可以在 Mechanical APDL 界面中直接通过 Main Menu>Solution>Solve 菜单进行求解,或在求解器中通过发出对应的命令 SOLVE 进行求解。执行 SOLVE 命令时,ANSYS LS-DYNA 首先将所有的模型输入信息,如节点、单元、荷载、约束、分析选项等写到关键字文件 Jobname.k 中,相当于执行了 EDWRITE 命令;然后程序的控制权由 ANSYS 转移到 LS-DYNA,LS-DYNA 求解器开始计算,并将计算结果写入结果文件。计算过程中,用户可以通过 SW 系列选择开关对求解进行监控。

　　在 Mechanical APDL 界面选择 Main Menu>Solution>Output Controls>Output File Types 菜单,打开如图 6-1 所示对话框,在其中选择输出结果文件的类型。选择 LS-DYNA 或 BOTH 选项时,将输出 LS-DYNA 结果文件(即输出 D3PLOT、D3THDT 等文件),这样就能够使用 LS-PREPOST 后处理器对计算结果进行全方位的分析。选择 LS-DYNA 结果文件类型也可以通过命令 EDOPT(选择 LS-DYNA 选项),其具体格式为:

EDOPT,ADD,,LSDYNA

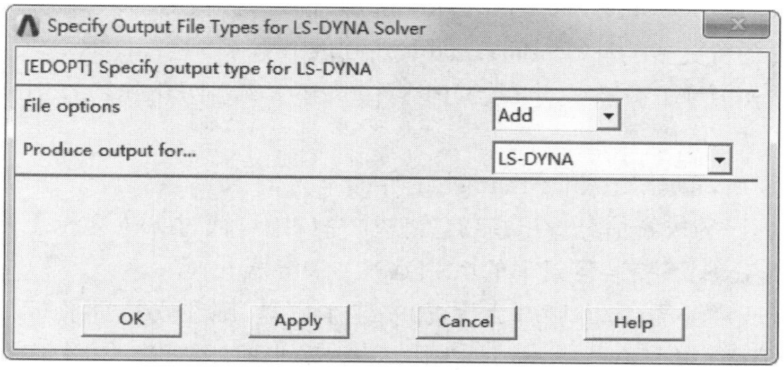

图 6-1　输出 LS-DYNA 格式的计算结果文件

计算完成后,可直接退出 ANSYS LS-DYNA,启动 LS-PREPOST 进行计算结果的后处理。

2. 在 Product Launcher 界面中提交求解作业

如果在 ANSYS 前处理器写出关键字文件后需要对其进行修改,则可在修改关键字文件后,通过 Product Launcher 界面实现作业提交,具体操作方法如下。

首先启动 Mechanical APDL Product Launcher 界面,在左上方的 Simulation Environment 中选择 LS-DYNA Solver,指定 License 选项为相应的授权(如:ANSYS LS-DYNA),对一般分析,在右上方的 Analysis Type 中选择 Typical LS-DYNA Analysis,如图 6-2 所示。

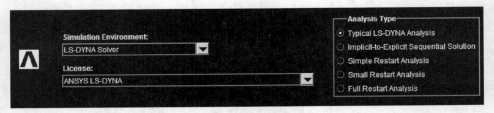

图 6-2　选择分析环境及分析类型

设置了分析环境和分析类型后,在 Product Launcher 界面中间的 File Management 标签中,设定计算项目的路径并指定关键字输入文件,如图 6-3 所示。在 Keyword Input File 一行的最右侧有一个 Edit 按钮,点此按钮可打开关键字文件并进行编辑。

图 6-3　设置工作目录以及递交关键字文件

设置了计算路径和关键字文件后,转到 Customization Preferences 标签,设置计算内存、文件大小以及 CPU 核数。内存的单位是字(word),要注意不同的系统字长不相同,如字长为 32 位,则 1word＝4Bytes;如果软件授权支持并行计算,可通过选择 CPU 数进行 SMP 并行,如 CPU 核数大于 1,Enable consistency checking 选项可以选择被激活,勾选这个选项会进行一致性检查,这将会耗费更多的计算时间;Enable double precision analysis 选项用于打开双精度求解,如图 6-4 所示。对于分布式并行(MPP)计算,还需转到 High Performance Computing Setup 标签下进行相关的设置。

上述设置完成后,单击 Product Launcher 界面下方的 Run 按钮即开始求解,这时会弹出一个 LS-DYNA 程序的求解信息输出窗口,在这个窗口中可通过 SW 选择开关进行求解监控。

3. 直接调用 ANSYS 安装目录下的 LS-DYNA 求解器

以 ANSYS LS-DYNA 15.0 版本为例,如安装在 C 盘,则在安装目录 C:\Program Files\ANSYS Inc\v150\ansys\bin\winx64 中复制 LSDYNA150.exe 到工作目录,同时将计算模型关键字文件也复制到此目录中。可以按照如下两个方式之一进行求解。

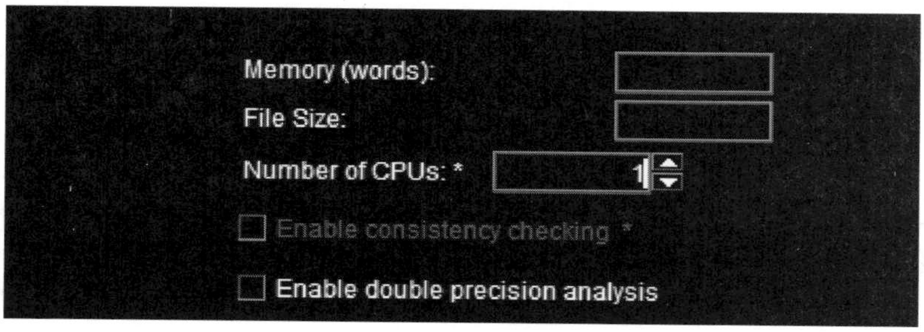

图 6-4　设置分析内存

方式 1：打开系统命令提示符，在提示行中按第 2 章介绍的格式输入命令启动求解，命令中注意使用正确的可执行求解程序名称。

方式 2：在工作目录下，双击安装目录中复制来的求解器可执行程序，打开程序执行窗口，其中有如下的操作提示行：

Please define input file names or change defaults:>

在此提示行右侧输入 i=jobname. k↙，即可开始求解。

求解过程中同样可使用 CTRL+C 中断求解过程，通过 SW 选择开关进行监控。由于程序最初预估的剩余 CPU 时间不一定准确，在计算过程中可以使用 CTRL+C，然后通过 SW2 选择开关得到剩余计算时间较准确的实时估计信息，如图 6-5 所示为一个分析中的 SW2 实时估计信息。

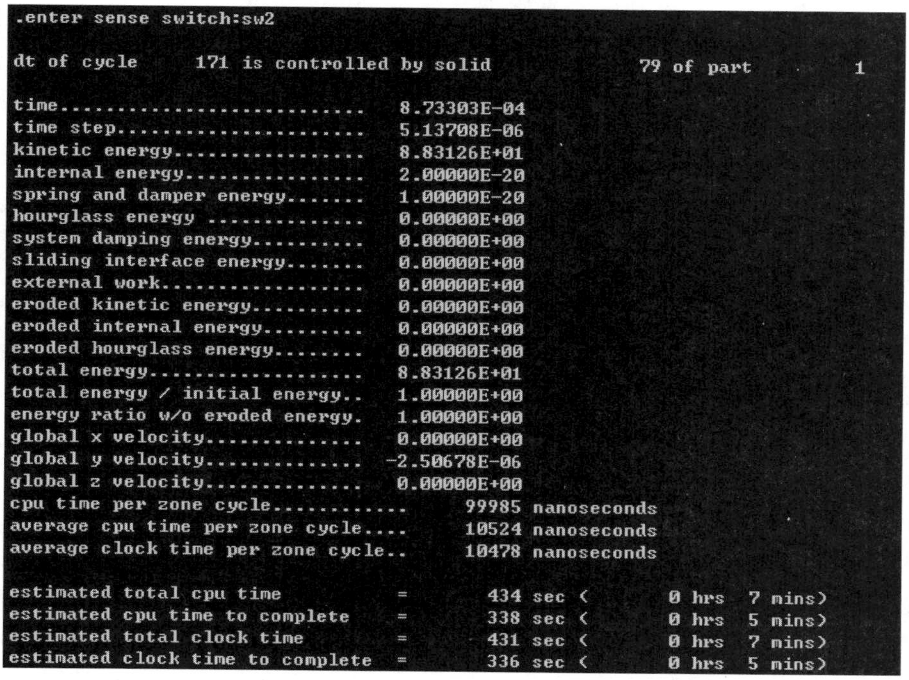

```
.enter sense switch:sw2

dt of cycle     171 is controlled by solid              79 of part          1

time.........................    8.73303E-04
time step....................    5.13708E-06
kinetic energy...............    8.83126E+01
internal energy..............    2.00000E-20
spring and damper energy.....    1.00000E-20
hourglass energy ............    0.00000E+00
system damping energy........    0.00000E+00
sliding interface energy.....    0.00000E+00
external work................    0.00000E+00
eroded kinetic energy........    0.00000E+00
eroded internal energy.......    0.00000E+00
eroded hourglass energy......    0.00000E+00
total energy.................    8.83126E+01
total energy / initial energy..  1.00000E+00
energy ratio w/o eroded energy.  1.00000E+00
global x velocity............    0.00000E+00
global y velocity............   -2.50678E-06
global z velocity............    0.00000E+00
cpu time per zone cycle..........      99985 nanoseconds
average cpu time per zone cycle....    10524 nanoseconds
average clock time per zone cycle..    10478 nanoseconds

estimated total cpu time          =       434 sec (       0 hrs  7 mins)
estimated cpu time to complete    =       338 sec (       0 hrs  5 mins)
estimated total clock time        =       431 sec (       0 hrs  7 mins)
estimated clock time to complete  =       336 sec (       0 hrs  5 mins)
```

图 6-5　SW2 提供的作业实时估计

求解过程中所有的计算输出信息（如：内存使用、时间步、错误、警告、失效单元、接触问题等信息）都会被写入工作目录下的 messag 文件以及 d3hsp 文件中。如果计算过程出现问题，可根据这些文件中的信息进行故障分析和排除。

6.2 重启动分析操作方法

重启动分析是基于前次分析所输出的重启动点继续进行后续的分析。在非线性的瞬态问题模拟中,重启动分析是经常用到的一项技术。ANSYS LS-DYNA 可进行三种类型的重启动分析,即:简单重启动、小型重启动以及完全重启动。可以通过系统命令行、Mechanical APDL 图形界面(使用 EDSTART 命令选择重启动类型)或 Mechanical APDL Product Launcher 三种方式之一进行重启动分析。本节介绍基于 Product Launcher 的重启动提交操作方法。

1. 简单重启动

简单重启动用于之前的分析被 SW1 所终止或分析没有运行足够的时间的情况。在简单重启动分析中,用户只需指定重启动文件(d3dump),无需修改任何其他设置,即可继续求解,计算结果将附加到原有的结果文件。

通过 Product Launcher 界面,选择分析环境为 LS-DYNA Solver,选择分析类型为 Simple Restart Analysis,在 File Management 标签下选择工作路径,指定重启动文件,如图 6-6 所示,随后点 RUN 按钮即开始简单重启动。

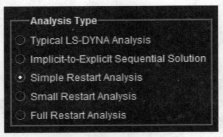

(a) 选择重启动类型

(b) 指定重启动文件

图 6-6 简单重启动

2. 小型重启动

小型重启动适用于需要延长计算时间或对模型进行细微修改的情况。小型重启动分析中允许的模型修改项目包括:刚体-变形体之间的转换、修改分析结束时间,修改重启动文件输出频率,修改计算的终止标准、修改接触设置或删除接触、修改初速度、改变 ASCII 输出设置、改变加载曲线、删除单元等。改变了模型之后,需要构建一个新的输入文件 jobname.r,该文件中包含有模型中所有改变的 LS-DYNA 关键字。

通过 Product Launcher 界面,选择分析类型为 Small Restart Analysis,在 File Management 标签中选择重启动的工作路径,指定重启动输入文件 jobname.r 以及重启动文件(d3dumpnn),如图 6-7 所示,点 Run 按钮即开始小型重启动分析。

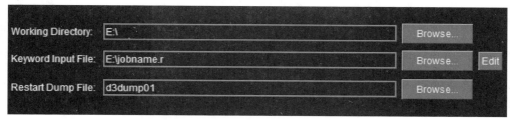

(a) 选择重启动类型

(b) 指定重启动文件选项

图 6-7　小型重启动

3. 完全重启动

完全重启动适合于需要对模型进行大量显著修改的重启动问题，比如：增加或删除模型的部件。完全重启动需要形成全新的关键字文件 jobname.k。完全重启动分析中，LS-DYNA 将形成新的结果文件，这个结果文件与修改后的模型相匹配。

通过 Product Launcher 界面，选择分析类型为 Full Restart Analysis，在 File Management 标签中选择工作路径、重启动输入文件 jobname.k 以及重启动文件（d3dumpnn），如图 6-8 所示，点 Run 按钮即开始完全重启动分析。

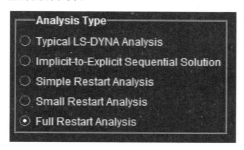

(a) 选择重启动类型

(b) 指定重启动文件选项

图 6-8　完全重启动

第7章 LS-PREPOST 的使用方法

LS-PREPOST 是 LSTC 针对 LS-DYNA 求解器专门开发的前后处理器,起初仅包含后处理功能,后增加部分前处理功能。本章介绍 LS-PREPOST 前后处理器的使用方法,包括功能及界面、后处理操作、前处理操作三部分内容。

7.1 LS-PREPOST 功能及操作界面简介

7.1.1 LS-PREPOST 的主要功能

目前,很多商用的前后处理器可以为 LS-DYNA 程序提供前后处理,比如:TRUEGRID、PATRAN、eta/VPG、HYPERMESH、ANSYS、FEMAP 等。LS-PREPOST 则是一个由 LSTC 公司为 LS-DYNA 专门开发的前后处理器,支持全部 LS-DYNA 关键字,随 LS-DYNA 免费提供。LS-PREPOST 的用户界面高效且直观,是技术先进的前后处理器,可运行于 Windows、Linux 及 Unix 等各种系统中,其主要功能包括:

1. 对 LS-DYNA 关键字的完整支持

LS-PREPOST 支持全部的 LS-DYNA 关键字,能进行识别和编辑。

2. LS-DYNA 模型可视化

LS-PREPOST 能够对 LS-DYNA 的模型进行可视化,并进行各种模型操纵,如平移、旋转、缩放、投影、偏移、反射等。

3. 高级后处理功能

LS-PrePost 的后处理功能主要包括观察状态结果动画、绘制变量等值线图、XY 历史曲线绘图及数据分析等三个方面。

4. 前处理功能

LS-DYNA 模型创建及编辑,可创建坐标系、对象集合、部件、质量、点焊、约束、刚性墙、铆接、初速度、加速度计、横截面、气囊折叠、假人定位、安全带安装、初始渗透检查以及生成简单网格等。

5. 数据的导入与导出

LS-PrePost 还具备一系列不同格式数据的导入和导出功能。目前支持的数据类型列于表 7-1 中。

表 7-1 LS-PREPOST 支持的数据类型

类　　别	数据类型	具体数据格式
导入	CAD 数据	IGES、VDA
	焊接数据	自定义 MWF、XML
	FEA 输入数据	LS-DYNA、NASTRAN、I-DEAS

续上表

类　　别	数据类型	具体数据格式
导入	ASCII 数据	glstat、matsum、nodout 等
	二进制数据	d3plot、d3thdt、d3eigv 等
导出	图像文件	bmp、gif、jpeg、png、ps
	动画文件	avi、mpeg、ppm
	XY 数据	csv、xml、xy pairs
	其他	LS-DYNA 关键字、Post. db、Project 文件、Nastran、STL(bin/ascii)

7.1.2　LS-PREPOST 的操作界面简介

对于 ANSYS LS-DYNA 用户，LS-PREPOST 使用之前首先需要安装。以 64 位 Windows 系统 ANSYS LS-DYNA 15.0 版本为例，安装文件 LS-PrePost-4.0-X64_setup. exe 位于 ANSYS 的安装目录 C:\Program Files\ANSYS Inc\v150\ansys\bin\winx64 下，其余版本可类推。安装后，在 Windows 开始菜单中选择 LS-PrePost-4.0-X64 程序组中的 LS-PrePost-4.0-X64 菜单项，即可启动 LS-PREPOST 4.0，其默认的操作界面如图 7-1 所示。LS-PrePost 界面包含菜单栏、右侧工具栏、底部工具栏、图形显示区、底部命令栏（底部左侧为输入，底部右侧为输出）等五个部分。

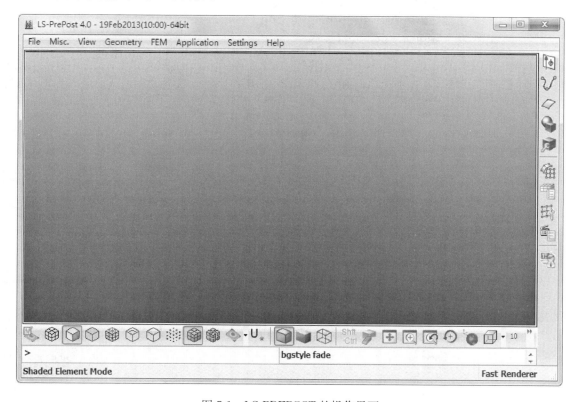

图 7-1　LS-PREPOST 的操作界面

通过如图 7-2 所示的 View->Toolbar 菜单可以选择是否
显示右侧工具栏和底部工具栏，勾选 Right Toolbar 或 Bottom
Toolbar 项则表示显示右侧工具条或底部工具条；通过选择
Text(Right)、Icon(Right)或 Text and Icon(Right)选项可设置
右侧工具条的显示方式为只显示文字、只显示图标或同时显示
文字和图标；通过选择 Text(Bottom)、Icon(Bottom)或 Text
and Icon(Bottom)选项可设置底部工具条的显示方式为只显示
文字、只显示图标或同时显示文字和图标。如图 7-3 所示为同
时显示文字和图标的工具栏界面。

图 7-2　View->Toolbar 菜单

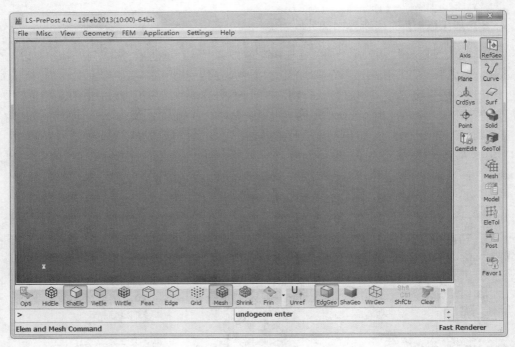

图 7-3　同时显示文字和图标的工具条

按 F11 键，可由上述界面切换至如图 7-4 所示的传统 LS-PREPOST 界面，大多数用户可
能更多偏好使用传统界面。在传统界面中右侧工具栏按钮分成多个页面列出。页面 1 为后处
理功能，页面 2 包含部分后处理（上半部分）及部分前处理功能（下半部分），页面 3、4 为关键字
编辑页面，页面 5、6、7 为前处理页面，页面 D 显示当前关键字中的信息。传统界面的底部工
具栏被显示为两行仅包含文字的按钮，主要用于图形显示控制，使用这些按钮可实现模型的平
移、旋转、缩放、背景色改变、图形渲染、改变视图形式等操作。

对于熟悉传统界面的用户，如果在使用新界面时对按钮功能不清楚，可通过如图 7-5(a)所
示的 Help>Old to New 菜单，打开如图 7-5(b)所示的 Guide to New UI 提示面板，此提示面
板与 LS-PREPOST 传统界面的右侧按钮面板的布置完全一致，熟悉传统界面的用户可在提
示面板中选择一个功能按钮，提示面板的底部即显示传统界面功能按钮所对应的新界面中的
工具栏按钮图标，这项功能有助于熟悉传统界面的用户尽快熟悉新界面。

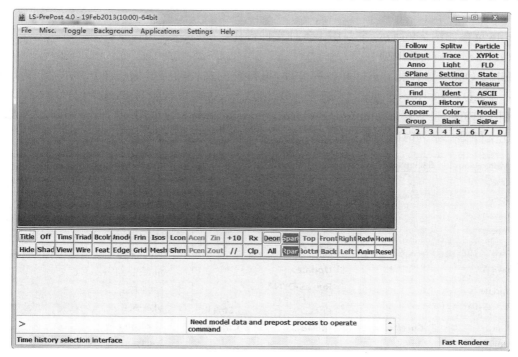

图 7-4　传统界面

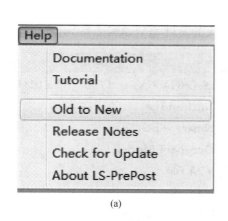

(a)

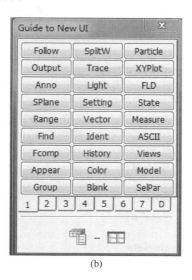

(b)

图 7-5　Old to New 菜单及提示面板

　　本章在介绍具体操作时将以传统界面为主进行讲解,用户在此基础上结合 Guide to New UI 提示面板很容易过渡到新界面的操作方法。

7.1.3　LS-PREPOST 的下拉菜单及常用快捷键

　　本节介绍 LS-PREPOST 的部分菜单及常用快捷键的使用。菜单操作介绍主要针对 File 菜单及 Misc 菜单。

1. File 菜单

File 菜单如图 7-6 所示，主要用于各种文件操作。

（1）File＞Open 菜单项

File＞Open 菜单项用于打开各种文件，可打开的文件的类型如图 7-7 所示，其中 File＞Open＞LS-DYNA Keyword File 用于打开 LS-DYNA 关键字，File＞Open＞LS-DYNA Binary Plot 用于打开结果文件 d3plot，File＞Open＞Time History Files 用于打开 d3thdt、XY 数据、ASCII 文件等一系列时间历程文件。

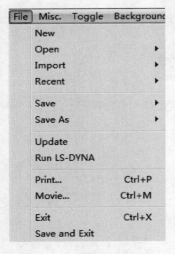

图 7-6   File 菜单

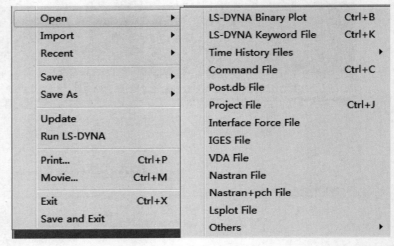

图 7-7   File＞Open 菜单

（2）File＞Import 菜单

File＞Import 菜单用于导入各种文件，可导入的文件类型如图 7-8 所示。

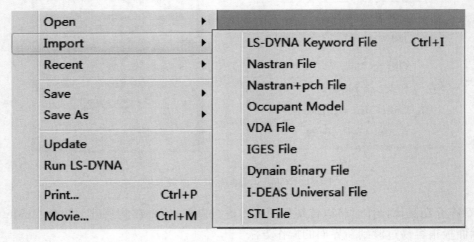

图 7-8   File＞Import

（3）File＞Save 及 File＞Save As 菜单

File＞Save 以及 File＞Save As 菜单可用于保存项目文件或关键字文件。

（4）File＞Print 菜单

File＞Print 菜单用于打印图片，其 To File 选项可用于保存图像到文件，如图 7-9 所示。

（5）File＞Movie 菜单

File＞Movie 菜单可以形成各种格式的动画文件，如图 7-10 所示。

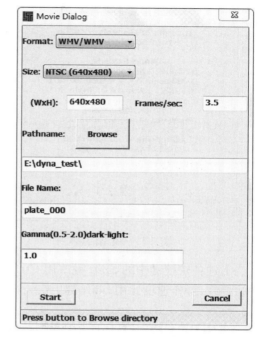

图 7-9　打印图像到文件　　　　　　　　图 7-10　Movie 输出设置框

2. Misc 菜单

（1）Misc＞Reflect

Misc＞Reflect 菜单用于对模型关于坐标面对称镜像。对于采用半个模型的对称性分析，显示结果时可以通过此菜单镜像对称，这样就能够观察整个模型的结果分布情况。

（2）Misc＞View Model Info 菜单

Misc＞View Model Info 菜单用于显示模型的各种基本信息，选择此菜单后会弹出如图 7-11 所示的 Model Information 信息框，其中列出了模型的节点、单元、坐标范围等统计信息。

（3）Misc＞View LS-DYNA Keyword Info 菜单

Misc＞View LS-DYNA Keyword Info 菜单用于显示模型包含的关键字信息字段数量，选择此菜单会弹出如图 7-12 所示的 Keyword Info 信息框，列出此模型中包含的关键字，选择其中的 ExpandAll 按钮，可显示模型中包含的所有关键字选项及其包含的关键字数量。

3. 图形操作快捷键

LS-PREPOST 界面支持下面的几个图形操作常用快捷键。

（1）Shift＋鼠标左键：对显示的图形进行旋转操作。

（2）Shift＋鼠标右键：对显示的图形进行缩放操作。

（3）Shift＋鼠标中键：对显示的图形进行平移操作。

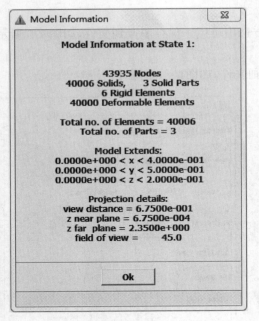

图 7-11　模型信息　　　　　　　　　　　　图 7-12　关键字信息

当上述各快捷键中的 Shift 键改用 Ctrl 键时,也可实现相应的动态图形操作且只显示图形的边框线,操作速度比用 Shift 键更快。

7.2　LS-PREPOST 的后处理操作

本节介绍最常用的三种 LS-PREPOST 后处理操作:结果动画观察、绘制变量等值线图以及绘制变量曲线。

1. 动画观察结果

LS-DYNA 是非线性动态求解器,其计算结果包含动态数据。在 LS-PREPOST 中打开 d3plot 结果文件后,在界面的底部工具栏下方出现一个动画播放控制面板,如图 7-13 所示,此控制面板用于对计算结果进行动画观察。

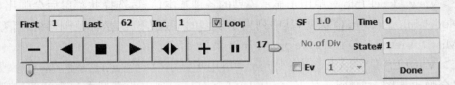

图 7-13　动画播放控制面板

动画观察控制面板中包含一系列的功能按钮或文本框,下面对其进行简单说明。

(1)First/ Last 文本框

First/ Last 文本框表示用于动画显示的初始帧以及结束帧的编号。

(2)Inc 文本框

Inc 文本框表示初始帧以及结束帧之间的增量。

（3）Time 文本框

Time 文本框表示当前显示视频帧所对应的时间。

（4）State♯文本框

State♯文本框表示当前显示的帧所对应的结果步。

（5） − / + 按钮

这两个按钮的作用分别为静态显示上一步、下一步的结果。

（6） ◀ / ▶ / ● 按钮

这 3 个按钮的作用分别为向前、向后、暂停播放动画。

（7） ❚❚ / ▶❙ 按钮

这个按钮表示移动动画进度条时,图像是否跟随变化。

（8） ▯▭▭▭▭▭▭▭▭▭▭▭▭▭▭▭▭▭

此控件为动画播放进度条,可拖动。

（9）图中显示 17 的竖向控件

此控件的作用是调节动画播放的速度,对应的数值越大播放速度也越快。

（10） ◆▶ 按钮

此按钮的作用是按照时间次序双向播放动画。

2. 绘制变量等值线图

绘制变量的等值线图时,选择工具栏第 1 页的 Fcomp 按钮,然后在 Fringe Component 面板中选择要显示的变量,如图 7-14 所示,可显示的常用变量类型包括应力（Stress）、变形（Ndv）、应变（Strain）等。Misc 选项包含了一些重要的后处理变量（如图 7-15 所示）,比如:压力（pressure）、温度（temperature）、内能（Internal Energy）、shell 厚度、厚度的减少百分比、沙漏变形能（Hourglass Energy）以及历史变量 history var♯1（密度）,history var♯2（第 1 种 ALE 材料物质在网格中的体积百分比）,history var♯3（第 2 种 ALE 材料物质在网格中的体积百分比）,等。这些历史变量的等值线显示用于观察多相流动分析的物质界面情况。

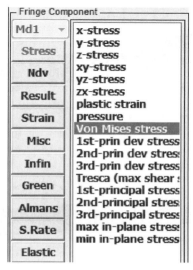

图 7-14　绘制变量图

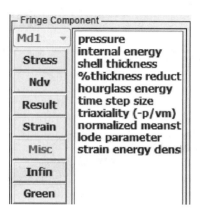

图 7-15　Misc 选项及包含变量

如图 7-16 所示为圆形金属环冲击平台过程某时刻的等效应力分布等值线图。在一个标准的 LS-PREPOST 等值线图中所包含的要素有：结果变形显示，标题，时间，显示结果数据类型，最小、最大值及其所在位置信息，坐标系，颜色及数值对比条等。

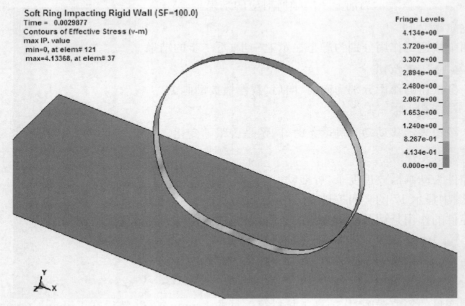

图 7-16   Mises 等效应力云图（示例）

此外，工具栏按钮第 1 页的 Splitw 按钮可用于实现多窗口的图形显示，比如选择 2×2 显示。通过 Split Window 面板的 Draw to Subwindow 选项选择绘图窗口，如图 7-17 所示为提供 2×2 窗口显示一系列不同时刻的结构变形结果。

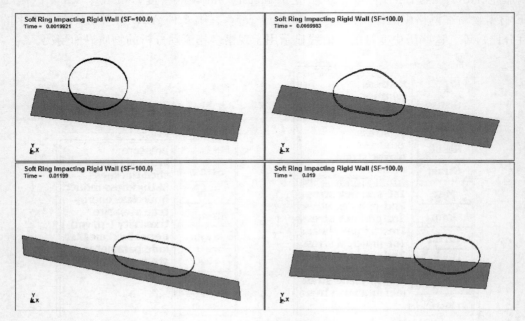

图 7-17   2×2 窗口图形显示

3. 绘制变量曲线

绘制动态的时间变量曲线时，选择第 1 个工具页面的 History 按钮。在如图 7-18 所示的 Time History Results 面板中选择要绘制的变量类型，单击左下方的 Plot 按钮，打开 PlotWindow-1 窗口并在其中绘制要求的曲线。

如图 7-19 所示的 PlotWindows-1 窗口显示的是某节点的速度-时间历程曲线。

图 7-18　Time History
Results 面板

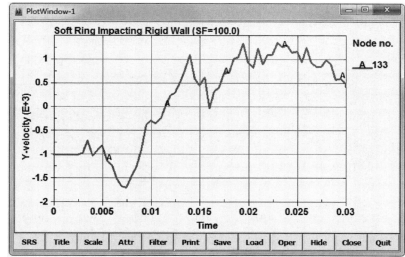

图 7-19　节点 Y 向速度-时间历程曲线

PlotWindow-1 窗口底部有一排按钮，可以用于曲线绘图控制以及数据的分析，下面简单加以介绍。

（1）Title 按钮用于指定曲线标题。

（2）Scale 按钮设置坐标轴的缩放比例和显示范围。

（3）Attr 按钮用于设置数据曲线的显示方式和特征，如线条的颜色、粗细、线型等。

（4）Filter 按钮用于曲线的滤波操作。

（5）Print 按钮用于打印曲线图形，"to File"选项可用于保存图片。

（6）Save 按钮用于保存曲线数据到文件。

（7）Oper 按钮用于对显示的曲线进行各种数值分析运算，如：计算导数、积分、快速傅里叶变换（FFT），此按钮的工作面板如图 7-20 所示。

图 7-21 所示为对上面的速度曲线进行积分后得到的位移曲线。

图 7-22 所示为前面的速度曲线的频谱（通过 FFT）。

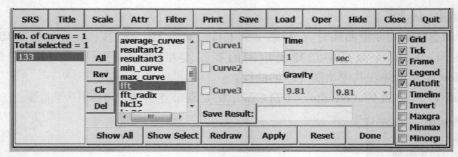

图 7-20 对曲线进行数学操作

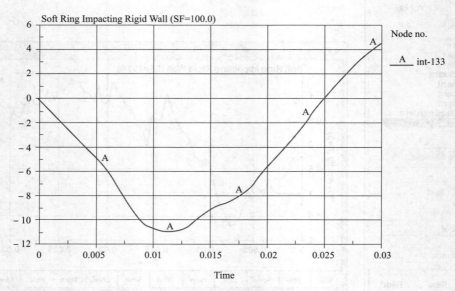

图 7-21 速度曲线的积分

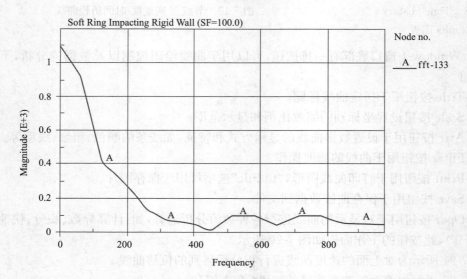

图 7-22 速度曲线的 FFT 谱

（8）Hide 按钮用于隐藏底部的按钮工具栏。

（9）Close 或 Quit 用于关闭 PlotWindow-1 窗口。

7.3　LS-PREPOST 前处理操作简介

LS-PREPOST 包含一些简单的前处理功能，可用于创建简单的分析模型。下面介绍几种实用前处理操作。

1. 创建实体对象网格

在 LS-PREPOST 界面右侧工具栏中切换至第 7 页，选择 Mesh 按钮，出现如图 7-23 所示的 Mesh 面板。在 Entity 下拉列表中选择创建的实体对象网格的类型，可选类型包括 Box_Solid、Box_Shell、4N-Shell、Sphere_Solid、Sphere_Shell、Cylinder_Solid、Cylinder_Shell 以及 Circle_Shell。

下面以一个实心球冲击平板的模型为例介绍相关的操作方法，具体操作步骤如下：

（1）创建平板单元

如图 7-24 所示，在 Entity 下拉列表中选择 Entity 对象类型为 4N-Shell，输入 P1 ~ P4 点坐标为 ±100，输入 xy 方向单元数 NxNo 和 NyNo 为 10，单击 Creat 按钮，再单击 Accept 按钮完成平板单元的创建。

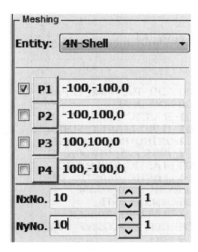

图 7-23　Mesh 面板　　　　　　　　图 7-24　创建平板单元

（2）创建实心球体单元

如图 7-25 所示，在 Entity 下拉列表中选择 Entity 对象类型为 Sphere_Solid，输入球的半径为 25、网格划分密度为 5，球心位置坐标 Z＝26，单击 Creat 按钮，再单击 Accept 按钮完成实心球体单元的创建。单击 Done 按钮，退出 Mesh 面板。创建的模型如图 7-26 所示。

2. 定义及分配单元属性

在 LS-PREPOST 中，通过右侧工具栏第 3 页的 ＊MAT 按钮和 ＊SECTION 按钮，在关键字编辑面板中可指定材料及 SECTION 属性，如图 7-27 及图 7-28 所示。通过右侧工具栏第 5 页的 PartD 按钮，可以为部件分配单元属性。

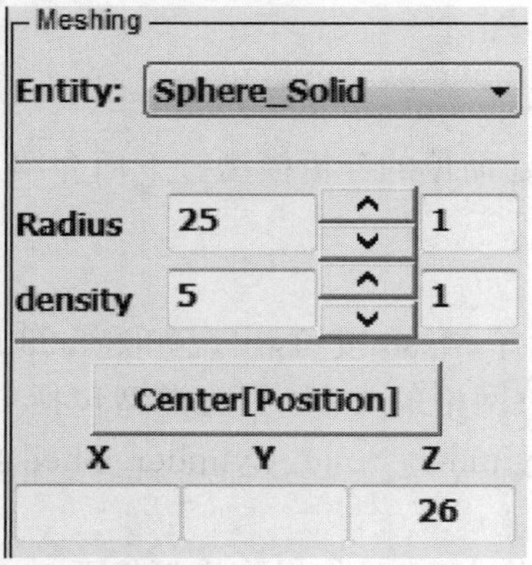

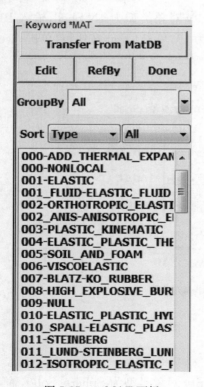

图 7-25　创建实心球体单元

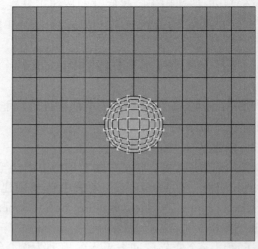

图 7-26　实心球冲击平板的模型

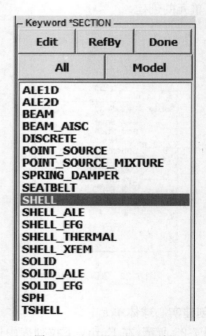

图 7-27　﹡MAT 面板

图 7-28　﹡SECTION 面板

　　以上面的实心球冲击平板问题为例,下面为此问题指定材料、SECTION 并分配这些属性给各部件。假设球为刚体材料,板为弹塑性材料。具体操作步骤如下:

　　(1)指定刚性材料

　　在第 3 页的 ﹡MAT 面板中选择 GroupBy:All,Sort:Type,在材料列表中选择 020-RIGID,单击 Edit,在打开的 Keyword Input Form 界面中单击 NewID,输入 TITLE 为 rigid material,输入 RO=7.85e−6,E=200,PR=0.3,单击 Accept 按钮,再单击 Done 按钮,如图 7-29 所示。

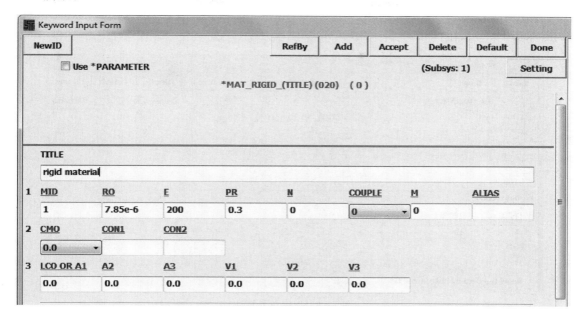

图 7-29　指定刚体材料

(2)指定弹塑性材料

在 ∗MAT 面板中选择 GroupBy:All,Sort:Type,选择 003-PLASTIC_KINEMATIC,单击 Edit,在打开的 Keyword Input Form 界面中单击 NewID,输入 TITLE 为 plastic material,输入 RO=7.85e−6,E=200,PR=0.3,SIGY=0.21,ETAN=2.0,BETA=0.0,单击 Accept 按钮,再单击 Done 按钮,如图 7-30 所示。

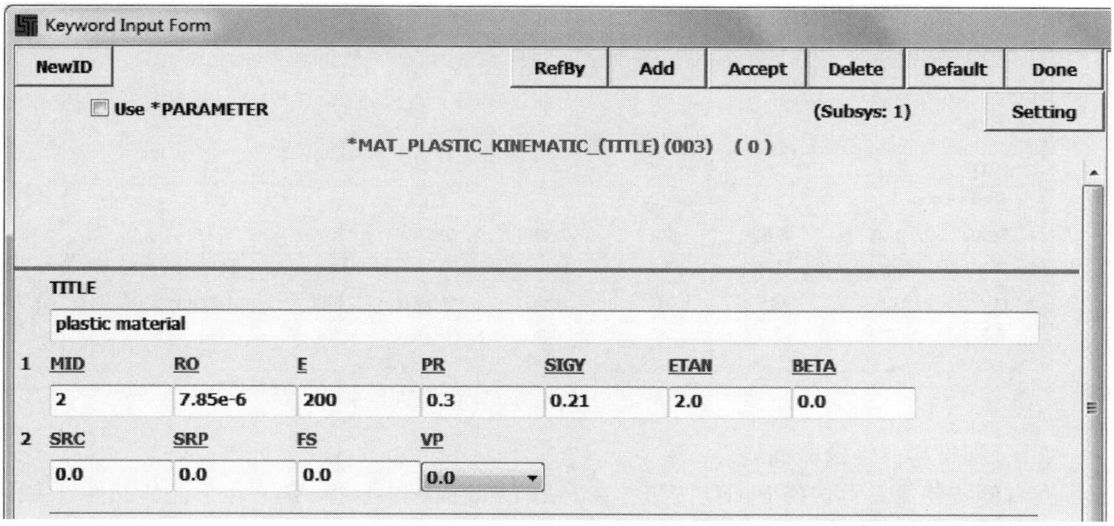

图 7-30　指定塑性材料

(3)定义 SOLID 单元 Section

在右侧按钮第 3 页选择 * SECTION 按钮,在 Keyword * section 面板中选择 solid,单击
Edit 按钮,在打开的 Keyword Input Form 中单击 NewID,输入标题:ball section,单击 Accept
按钮,单击 Done 按钮,如图 7-31 所示。

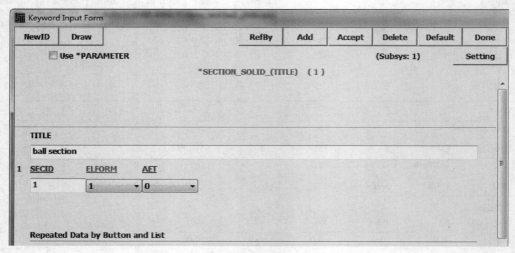

图 7-31　指定单元算法

(4)定义 SHELL 单元 Section

在 Keyword * section 面板中选择 Shell,单击 Edit 按钮,在打开的 Keyword Input Form
中单击 NewID,输入 Title 为 shell section,输入 NID=5,T1=2.5,按回车以指定 T2、T3、T4
与 T1 相等,单击 Accept 按钮,单击 Done 按钮,如图 7-32 所示。

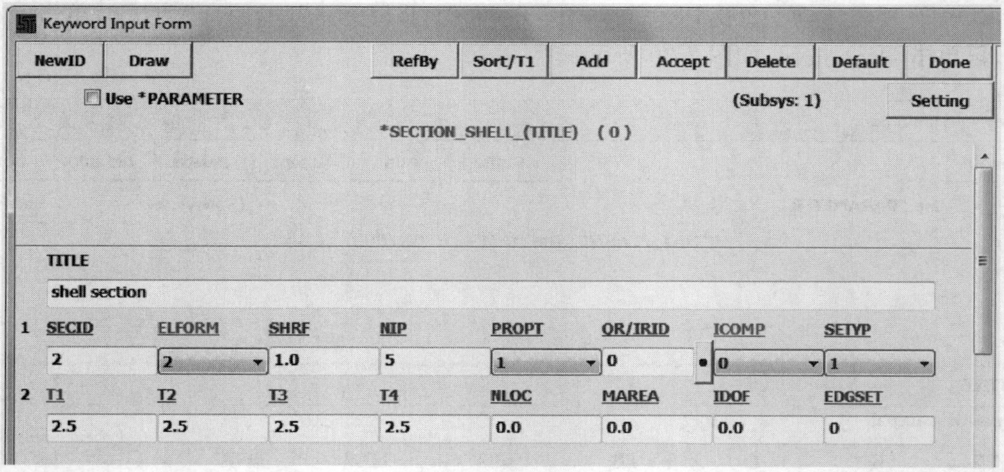

图 7-32　指定 SHELL 单元的 SECTION

(5)分配材料属性及截面属性

在右侧按钮第 5 页选择 PartD 按钮。在 Part Data 面板中选择 Assi,在下面的部件列表中
选择 S 1 shell_4p,如图 7-33 所示。在界面最下侧的部件参数区域中点 SECID,打开 Link
SECTION Dialog 对话框,选择 2 shell section,如图 7-34 所示,单击 Done 按钮;在界面最下侧

部件参数区域中点 MID,打开 Link MAT Dialog 对话框,选择 2 plastic material,如图 7-35 所示,单击 Done 按钮;在界面最下侧部件参数区域中单击 Apply 按钮,如图 7-36 所示。

  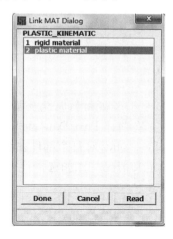

图 7-33　指定部件属性　　　　图 7-34　选择 SHELL 的 SECTION　　　　图 7-35　选择 SHELL 的材料

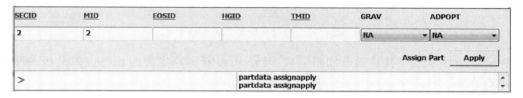

图 7-36　确认 SHELL 属性

按照同样的操作,在 Part Data 面板中选择 Assi,在下面的部件列表中选择 H 2 spheresolid,点击 SECID 选择 2,点击 MID 选择 2,在界面最下侧的部件参数区域中点 SECID,打开 Link SECTION Dialog 对话框,选择 1 ball section,如图 7-37 所示,单击 Done 按钮;在界面最下侧部件参数区域中点 MID,打开 Link MAT Dialog 对话框,选择 1 rigid material,如图 7-38 所示,单击 Done 按钮;在界面最下侧部件参数区域中单击 Apply 按钮,如图 7-39 所示。

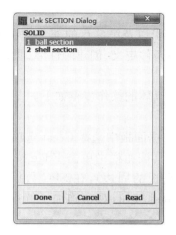 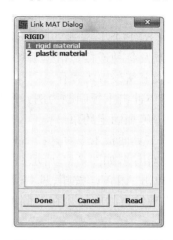

图 7-37　选择 SOLID 的 SECTION　　　　　　　图 7-38　选择 SOLID 的材料

SECID	MID	EOSID	HGID	TMID	GRAV	ADPOPT
1	1				NA	NA

Assign Part   Apply

> partdata assignapply
partdata assignapply

图 7-39　确认 SOLID 属性

（6）验证材料属性及截面属性正确性

在前述 Part Data 面板中选择 Prop 选项，在部件列表中分别选择 S 1 shell_4p 以及 H 2 spheresolid，对每个部件在界面最下方的关键字核对区域分别检查其 Section 以及 Mat 关键字的定义情况。比如选择检查平板的 Section 选项，如图 7-40 所示。

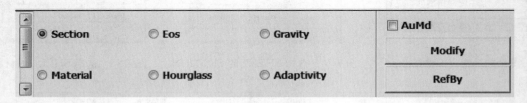

○ Section　　○ Eos　　○ Gravity　　□ AuMd

○ Material　　○ Hourglass　　○ Adaptivity　　Modify　　RefBy

图 7-40　检查平板的 SECTION

平板 section 关键字信息显示如图 7-41 所示，可以看到厚度方向积分点以及板的厚度等信息定义无误。

```
*SECTION_SHELL_TITLE
shell section
$#    secid    elform      shrf       nip     propt   qr/irid     icomp     setyp
          2         2  1.000000         5         1         0         0         1
$#       t1        t2        t3        t4      nloc     marea      idof   edgset
   2.500000  2.500000  2.500000  2.500000     0.000     0.000     0.000         0
```

图 7-41　平板的 SECTION 参数

3. 通过关键字编辑进行加载和分析设置

通过 LS-PREPOST 右侧工具栏第 3 页的关键字编辑以及第 5 页的部分按钮可以完成约束定义、接触以及各种连接（焊接、铆接等）的定义、初始条件定义、创建刚性墙、假人定位、气囊定义、加载以及分析设置等操作。

下面以球体冲击平板问题为例介绍相关操作方法，具体的操作步骤如下。

（1）板周边施加固定约束

在右侧的工具面板第 5 页选择 Spc 按钮，在 SPC 数据面板中选择 Creat 选项和 Set 选项，勾选 X、Y、Z 自由度，如图 7-42 所示。在界面的下侧工具按钮栏中单击 Edge 按钮，在底部的 Edge 面板中单击 All Vis 按钮，选择所有可见边（即平板的周边），在 SPC 数据面板中单击 Apply 按钮实现约束的施加。在下侧工具栏中单击 Shad 按钮，观察施加了约束的模型如图 7-43 所示。

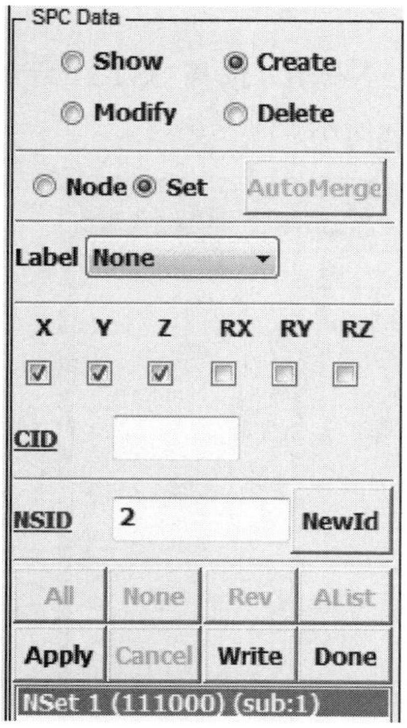

图 7-42　SPC 面板 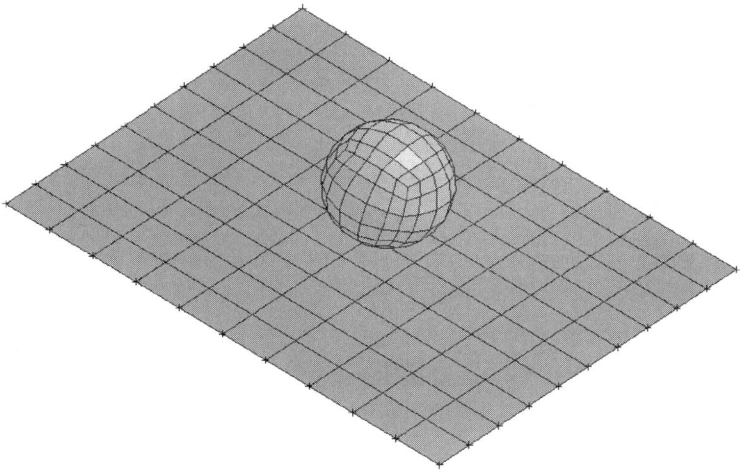　　　　　　　　　　图 7-43　施加了约束的模型

（2）指定球的初速度

在右侧的工具面板第 5 页选择 IniVel 按钮，在 Initial Velocity Data 面板中选择 Create，指定 Vz＝－5（单位为 mm/ms），如图 7-44 所示；在界面的下侧选择面板中选择 ByPart 选项，如图 7-44（a）所示，选择球体部件（图 7-44（c）），单击 Initial Velocity Data 面板的 Apply 按钮定义初速度，如图 7-44（b）所示。

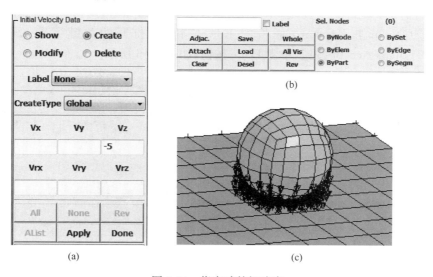

(a)　　　　　　　　　　(c)

图 7-44　指定球的初速度

（3）定义接触关系

首先创建部件集。进入右侧工具栏的第 5 页，选择 SetD 按钮，在 Set Data 面板中选择 Creat 和 ＊SET_PART，在图形窗口里选择球体以及平板，单击 Apply。选择 Show，单击

None 按钮。

　　选择 AUTOMATIC_SINGLE_SURFACE,点击 Edit。点击 NewID,选择 SSTYP＝2,
SSID＝1,MSID＝0。单击 Accept 按钮,单击 Done 按钮,如图 7-45 所示。

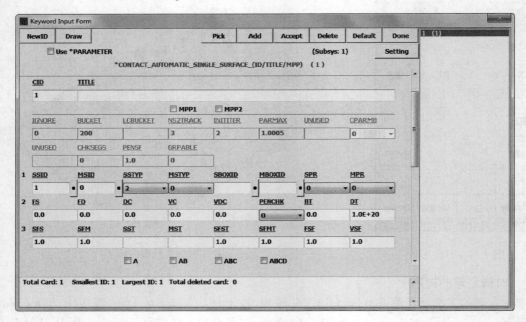

图 7-45　接触关系定义

（4）设置计算时间

　　进入在右侧工具栏的第 3 页,选择 ∗CONTROL,在 Keyword ∗CONTROL 面板中选择
TERMINATION,单击 Keyword 面板的 Edit 按钮,在打开的关键字输入模板中指定
ENDTIM＝20,单击 Accept 按钮,单击 Done 按钮,如图 7-46 所示。

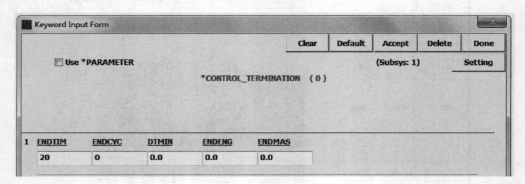

图 7-46　指定计算时间

（5）输出选项设置

　　在右侧工具栏的第 3 页选择 ∗ Dbase 按钮,在 Keyword ∗DATABASE 面板中选择
BINARY_D3PLOT 选项,单击 Edit 按钮,在打开的关键字输入模板中输入 DT＝1,单击
Accept 按钮,单击 Done 按钮,如图 7-47 所示。

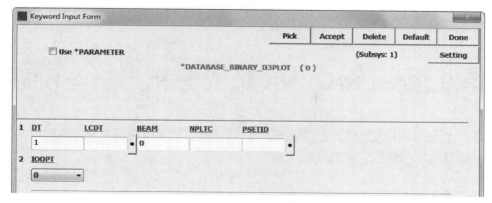

图 7-47　设置结果文件输出选项

在 Keyword ＊DATABASE 面板中选择 ASCII_option 选项，单击 Edit，在打开的关键字输入模板中设置其 Default interval 为 0.1，Default Binary 为 1；激活 GLSTAT（总体统计）、MATSUM（材料能量摘要）、SLEOUT（滑动界面能量）等 3 个选项，单击 Accept 按钮，单击 Done 按钮，如图 7-48 所示。

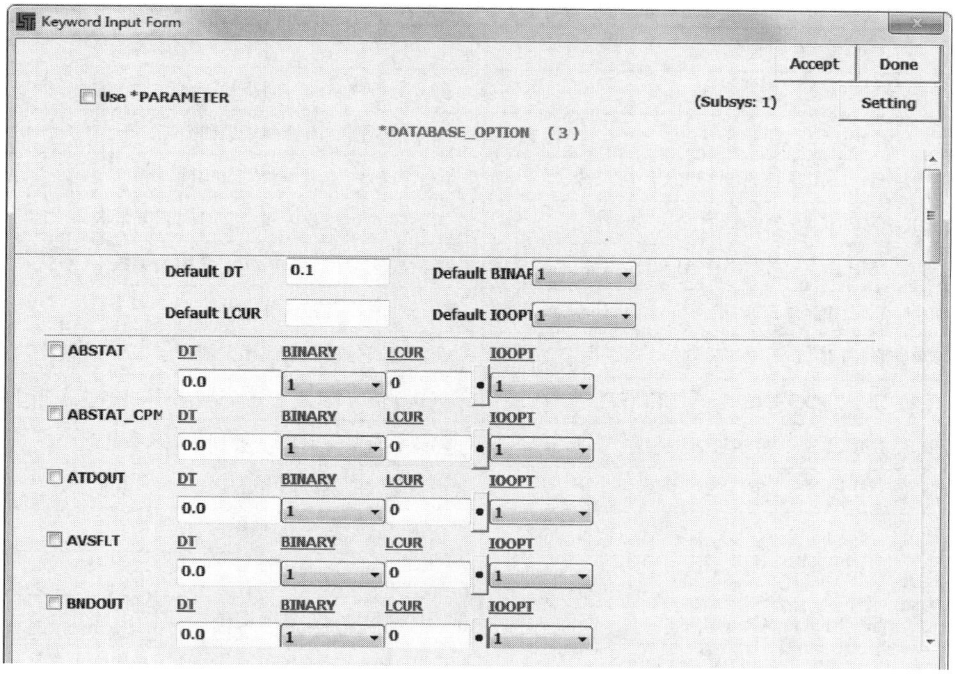

图 7-48　设置文本输出文件选项

除了上述前处理操作之外，LS-PREPOST 还可实现假人、安全带、气囊等一系列专用建模功能，具体操作方法可参考 LS-PREPOST 的产品手册。

通过菜单 Applications＞Model Checking 可进行模型关键字检查，执行检查后可显示出所有的 Error 和 Warning 信息。当所有的前处理操作完成后，可以通过菜单 File＞Save＞Save Keyword 保存关键字文件。

第 8 章　LS-DYNA 隐式分析方法与例题

本章介绍 LS-DYNA 求解器的隐式分析技术,重点介绍了结构模态分析的实现方法,并结合一个球面网壳结构模态计算例题进行讲解。

8.1　LS-DYNA 隐式分析技术简介

LS-DYNA 是一个以显式分析为主的结构非线性分析程序,其隐式分析功能是显式分析的补充,能用于处理显式程序不方便处理的静力问题、特征值问题等。

基于 LS-DYNA 的隐式分析通过 * CONTROL_IMPLICIT 关键字进行控制,常用关键字选项列于表 8-1 中。

表 8-1　LS-DYNA 隐式分析关键字

关　键　字	作　用
* CONTROL_IMPLICIT_AUTO	隐式分析中自动时间步长控制
* CONTROL_IMPLICIT_BUCKLE	在终止时间时激活隐式屈曲分析
* CONTROL_IMPLICIT_CONSISTENT_MASS	隐式分析中使用一致质量矩阵
* CONTROL_IMPLICIT_DYNAMICS	激活隐式动态分析和定义时间积分常数
* CONTROL_IMPLICIT_EIGENVALUE	激活隐式特征值分析并定义相关参数
* CONTROL_IMPLICIT_FORMING	执行金属成形隐式静态分析
* CONTROL_IMPLICIT_GENERAL	激活隐式分析并定义相关控制参数
* CONTROL_IMPLICIT_INERTIA_RELIEF	惯性解除分析,用于分析具有刚体模态的静态问题
* CONTROL_IMPLICIT_JOINTS	隐式分析中的 JOINT 罚因子或约束处理
* CONTROL_IMPLICIT_MODES	激活隐式的模态动力分析
* CONTROL_IMPLICIT_ROTATIONAL_DYNAMICS	使用隐式时间积分计算旋转动力学
* CONTROL_IMPLICIT_SOLUTION	指定隐式分析求解选项
* CONTROL_IMPLICIT_SOLVER	线性方程求解器选项设置
* CONTROL_IMPLICIT_STABILIZATION	隐式回弹分析中多步卸载的人工稳定性设置
* CONTROL_IMPLICIT_STATIC_CONDENSATION	静力凝聚以简化分析,后续结合关键字 * ELEMENT_DIRECT_MATRIX_INPUT 使用
* CONTROL_IMPLICIT_TERMINATION	设置隐式瞬态模拟的终止准则

在上述各关键字中, * CONTROL_IMPLICIT_GENERAL 为隐式分析所必须,可根据问题特点选择设置其他的关键字。

8.2　隐式分析例题：网壳结构的模态分析

本节以一个球面网壳结构为例，介绍基于 LS-DYNA 的隐式模态分析实现过程。

1. 问题描述

球面网壳结构球面半径为 20.0 m，跨度约 35 m，矢跨比 1∶3.5，如图 8-1 所示。结构所有杆件均采用 φ114.0×4.0 的 Q235 圆形钢管。球面网壳结构的质量应按重力荷载代表值计算，除了结构自重由程序自动计算外，还需要包括其他永久荷载及可变荷载组合值，本例中这部分质量按水平投影面积 100 kg/m² 计算，平均分配到网壳的全部内部节点（共计 91 个），每个内部节点大约分配附加质量 1 000 kg。约束情况为约束底部周边节点的线位移自由度。

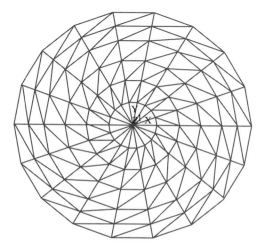

图 8-1　球面网壳的俯视图

2. 前处理及关键字导出

在 Mechanical APDL 中采用直接法创建有限元模型，建模以及关键字导出的 Mechanical APDL 命令流如下：

```
/PREP7
ET,1,BEAM161                    ! 定义显式梁单元
ET,2,MASS166                    ! 定义显式质点单元
KEYOPT,1,1,5                    ! 指定 BEAM 单元选项
KEYOPT,1,2,2
KEYOPT,1,4,0,
KEYOPT,1,5,1
MP,DENS,1,7.85e−9               ! 定义材料参数,单位制 ton-mm-s
MP,EX,1,2.06e5
MP,NUXY,1,0.3
R,1                            ! 通过实常数定义钢管截面参数
RMODIF,1,1,0,114,114,106,106,
```

```
RMODIF,1,6,0,0
R,2,1.000,                                   ! 通过实常数定义集中质点的质量
LOCAL,11,2,0,0,0                             ! 定义局部球坐标系
CSCIR,11,1
! 以下一系列命令用于创建模型节点
N,1,20000,0,30
N,10,20000,180,30
N,18,20000,340,30
FILL,1,10
FILL,10,18
NGEN,6,18,1,18,1,0,0,10
N,109,20000,0,90
N,200,0,0,0
! 以下一系列命令用于创建模型的梁单元,其中用到多次 DO 循环
*DO,I,1,91,18
*do,j,i,i+16,1
E,j,j+1,200
*ENDDO
E,I+17,I,200
*ENDDO
*DO,I,1,73,18
*do,j,i,i+17,1
E,j,j+18,200
*enddo
*enddo
*DO,I,91,108,1
E,I,109,200
*ENDDO
*Do,I,1,73,18
*do,j,i,i+16
E,j,j+19,200
*ENDDO
e,i+17,i+18,200
*enddo
! 以下一系列命令用于创建模型的质点单元
TYPE,2                                       ! 指定单元类型为质量
Real,2                                       ! 指定质量单元实参数编号
*do,i,19,109,1
e,i
```

```
* enddo
FINISH                          ! 建模完成退出前处理器
! 进入求解器
/SOL
! 设置当前坐标系为总体直角坐标系,根据位置选择底边全部节点
CSYS,0
NSEL,S,LOC,Z,9900,10100
! 对底边节点施加约束后,恢复选择全部节点
D,ALL,,,,,,ux,uy,uz,,
NSEL,ALL
! 改变视角方位
/VIEW,1,,-1
/REP,FAST
EDPART,CREATE                   ! 创建 PART 表
time,0.05                       !
EDWRITE,LSDYNA,'modal_DYNA','k'
```

执行上述命令流完成模型创建后,显示的计算模型如图 8-2 所示,包含此模型信息的关键字被写入关键字文件 modal_DYNA.k 中。

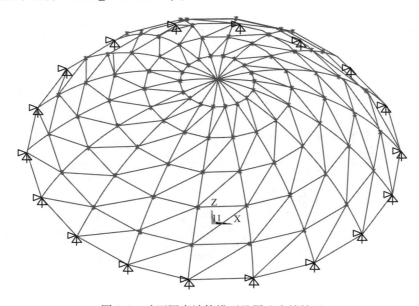

图 8-2 球面网壳计算模型及周边支撑情况

3. 递交求解及后处理

按如下步骤进行求解并查看计算结果。

(1)修改关键字文件

打开 Modal_DYNA.k 关键字文件,对照附在本节最后的关键字文件,在其中添加隐式分析与特征值分析相关的如下关键字:

* CONTROL_TERMINATION
* CONTROL_IMPLICIT_GENERAL
* CONTROL_IMPLICIT_EIGENVALUE

（2）递交求解

关键字文件修改完成后，按如下步骤递交求解。

①打开 ANSYS Mechanical APDL Product Launcher。

②在 Product Launcher 左上角的 Simulation Environment 中选择 LS-DYNA Solver，License 中选择相应的授权，如图 8-3 所示。

图 8-3 选择 ANSYS LS-DYNA 授权

③在 File Management 标签下的 Working Directory 中设置工作路径，在 Keyword Input File 中通过 Browse 按钮浏览指向本次分析的关键字文件 Modal_DYNA.k，如图 8-4 所示。

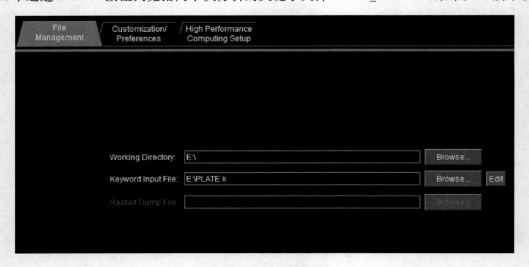

图 8-4 选择计算路径和关键字文件

（3）计算结果后处理

①查看频率计算结果

打开计算输出的 eigout 文件，特征值计算结果（CYCLES 列为频率）如图 8-5 所示，此文件中还列出了各阶模态在各方向上的模态参与系数和振型有效质量。

②观察振型结果

打开 LS-Prepost，按下 Ctrl＋B 快捷键，指向 d3eigv 文件并打开，按"＋"号即可观察各阶

```
                    |------ frequency -----|
MODE    EIGENVALUE        RADIANS            CYCLES            PERIOD
  1    5.671215E+02    2.381431E+01      3.790166E+00      2.638407E-01
  2    5.671217E+02    2.381432E+01      3.790166E+00      2.638406E-01
  3    9.116846E+02    3.019411E+01      4.805542E+00      2.080930E-01
  4    9.116849E+02    3.019412E+01      4.805543E+00      2.080930E-01
  5    1.001338E+03    3.164392E+01      5.036286E+00      1.985590E-01
  6    1.001338E+03    3.164393E+01      5.036287E+00      1.985590E-01
```

图 8-5　特征值计算结果

振型，每一节振型可通过向前动画播放按钮动画显示和观察。各阶振型的前视图如图 8-6
所示。

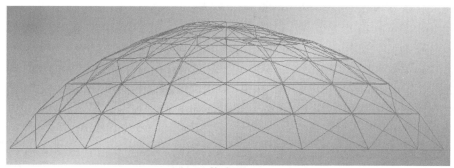

(a) 第1振型

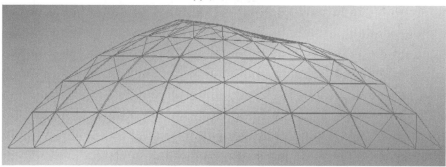

(b) 第2振型

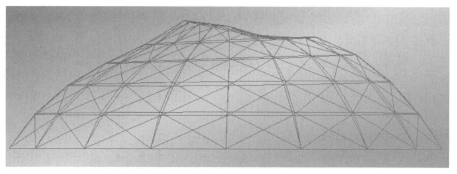

(c) 第3振型

图　8-6

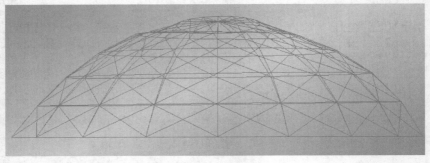

(d) 第4振型

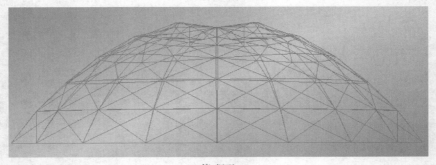

(e) 第5振型

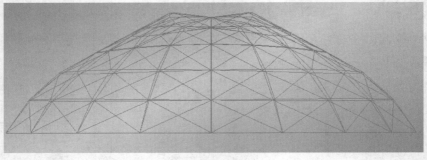

(f) 第6振型

图 8-6　网壳结构振型图

③与 ANSYS 计算结果的比较

如果采用 ANSYS 隐式分析，其频率计算结果列表如图 8-7 所示，与 LS-DYNA 隐式分析得到的频率数值基本一致。

```
*****  INDEX OF DATA SETS ON RESULTS FILE  *****

  SET    TIME/FREQ    LOAD STEP    SUBSTEP    CUMULATIVE
   1     3.8625          1            1           1
   2     3.8625          1            2           2
   3     4.9399          1            3           3
   4     4.9399          1            4           4
   5     5.3334          1            5           5
   6     5.3334          1            6           6
```

图 8-7　基于 ANSYS 的模态分析结果

附：本节模态分析的关键字文件 Modal_DYNA. k（单元、节点信息有删减）

```
* KEYWORD
* TITLE

$
* DATABASE_FORMAT
        0
$
$
$$$$$$$$$$$$$$$$$$$$$$$$$$$$$$$$$$$$$$$$$$$$$$$$$$$$$$$$$$$$$$$$$$$$$$$$$$$$$$$$$$$$
$                          NODE DEFINITIONS                             $
$$$$$$$$$$$$$$$$$$$$$$$$$$$$$$$$$$$$$$$$$$$$$$$$$$$$$$$$$$$$$$$$$$$$$$$$$$$$$$$$$$$$
$
* NODE
       1 1.732050808E+04 0.000000000E+00 1.000000000E+04          0          0
       2 1.627595363E+04 5.923962655E+03 1.000000000E+04          0          0
       3 1.326827896E+04 1.113340798E+04 1.000000000E+04          0          0
       ......
$$$$$$$$$$$$$$$$$$$$$$$$$$$$$$$$$$$$$$$$$$$$$$$$$$$$$$$$$$$$$$$$$$$$$$$$$$$$$$$$$$$$
$                         SECTION DEFINITIONS                           $
$$$$$$$$$$$$$$$$$$$$$$$$$$$$$$$$$$$$$$$$$$$$$$$$$$$$$$$$$$$$$$$$$$$$$$$$$$$$$$$$$$$$
$
* SECTION_BEAM
         1         5    1.0000      2.0       1.0
   114.      114.      106.      106.       0.00       0.00
$
$$$$$$$$$$$$$$$$$$$$$$$$$$$$$$$$$$$$$$$$$$$$$$$$$$$$$$$$$$$$$$$$$$$$$$$$$$$$$$$$$$$$
$                         MATERIAL DEFINITIONS                          $
$$$$$$$$$$$$$$$$$$$$$$$$$$$$$$$$$$$$$$$$$$$$$$$$$$$$$$$$$$$$$$$$$$$$$$$$$$$$$$$$$$$$
* MAT_ELASTIC
         1 0.785E-08 0.206E+06   0.300000       0.0        0.0        0.0
$$$$$$$$$$$$$$$$$$$$$$$$$$$$$$$$$$$$$$$$$$$$$$$$$$$$$$$$$$$$$$$$$$$$$$$$$$$$$$$$$$$$
$                          PARTS DEFINITIONS                            $
$$$$$$$$$$$$$$$$$$$$$$$$$$$$$$$$$$$$$$$$$$$$$$$$$$$$$$$$$$$$$$$$$$$$$$$$$$$$$$$$$$$$
* PART
Part          1 for Mat        1 and Elem Type       1
       1         1         1         0         0         0         0
$$$$$$$$$$$$$$$$$$$$$$$$$$$$$$$$$$$$$$$$$$$$$$$$$$$$$$$$$$$$$$$$$$$$$$$$$$$$$$$$$$$$
$                         ELEMENT DEFINITIONS                           $
$$$$$$$$$$$$$$$$$$$$$$$$$$$$$$$$$$$$$$$$$$$$$$$$$$$$$$$$$$$$$$$$$$$$$$$$$$$$$$$$$$$$
* ELEMENT_BEAM
       1         1         1         2       200
       2         1         2         3       200
       3         1         3         4       200
       ......
```

```
* ELEMENT_MASS
    307      19 1.000000000E+00
    308      20 1.000000000E+00
    309      21 1.000000000E+00
    ......
$$$$$$$$$$$$$$$$$$$$$$$$$$$$$$$$$$$$$$$$$$$$$$$$$$$$$$$$$$$$$$$$$$$$$$$$$$$$$$$$
$                          BOUNDARY DEFINITIONS                              $
$$$$$$$$$$$$$$$$$$$$$$$$$$$$$$$$$$$$$$$$$$$$$$$$$$$$$$$$$$$$$$$$$$$$$$$$$$$$$$$$
$
* SET_NODE_LIST
        1     0.000      0.000      0.000      0.000
        1         2         3         4         5         6         7         8
        9        10        11        12        13        14        15        16
       17        18
* BOUNDARY_SPC_SET
        1         0         1         1         1         0         0         0
$
$$$$$$$$$$$$$$$$$$$$$$$$$$$$$$$$$$$$$$$$$$$$$$$$$$$$$$$$$$$$$$$$$$$$$$$$$$$$$$$$
$                          CONTROL OPTIONS                                   $
$$$$$$$$$$$$$$$$$$$$$$$$$$$$$$$$$$$$$$$$$$$$$$$$$$$$$$$$$$$$$$$$$$$$$$$$$$$$$$$$
$
* CONTROL_TERMINATION
0.500E-01        0  0.00000  0.00000  0.00000
* CONTROL_IMPLICIT_GENERAL
1,0.05,2,,2,
* CONTROL_IMPLICIT_EIGENVALUE
6


$$$$$$$$$$$$$$$$$$$$$$$$$$$$$$$$$$$$$$$$$$$$$$$$$$$$$$$$$$$$$$$$$$$$$$$$$$$$$$$$
$                            TIME HISTORY                                    $
$$$$$$$$$$$$$$$$$$$$$$$$$$$$$$$$$$$$$$$$$$$$$$$$$$$$$$$$$$$$$$$$$$$$$$$$$$$$$$$$
$
* DATABASE_BINARY_D3PLOT
0.5000E-03
* DATABASE_BINARY_D3THDT
0.5000E-04
$
$$$$$$$$$$$$$$$$$$$$$$$$$$$$$$$$$$$$$$$$$$$$$$$$$$$$$$$$$$$$$$$$$$$$$$$$$$$$$$$$
$                          DATABASE OPTIONS                                  $
$$$$$$$$$$$$$$$$$$$$$$$$$$$$$$$$$$$$$$$$$$$$$$$$$$$$$$$$$$$$$$$$$$$$$$$$$$$$$$$$
$
* DATABASE_EXTENT_BINARY
        0         0         3         1         0         0         0         0
        0         0         4         0         0         0
* END
```

第 9 章　ALE 算法及流固耦合分析

本章介绍 LS-DYNA 的 ALE 算法以及流固耦合技术,主要内容包括 ALE 及流固耦合技术简介、基于 ALE 的液面晃动分析实例以及钢板落水过程流固耦合分析实例。

9.1　ALE 算法及流固耦合分析技术简介

在计算固体力学中多用 Lagrange 列式方法,计算流体力学则用 Euler 列式方法。

Lagrange 方法的优势在于变形后材料的自由表面可以自动被网格的边界所捕捉到,在网格中不存在材料的流动。纯拉格朗日方法可以很好地分析各种中等变形程度的问题,但是对于大变形问题经常由于网格的过度扭曲而导致分析精度的降低甚至数值计算的困难。尽管通过对高度变形区域网格的自适应划分可以在一定程度上提高拉格朗日方法的精度,但是网格自适应划分技术将提高分析成本,而且该方法在三维问题方面还没有得到充分开发。拉格朗日方法的另一个缺点是无法自动形成材料之间新的界面。LS-DYNA 程序的空间离散主要采用 Lagrange 方法,其网格与结构是重合的,网格随着结构的变形而变形。但是对于分析流体、流固耦合问题以及固体结构的大变形问题,材料流动将造成有限元网格的严重畸变,引起数值计算的困难。

在 Euler 方法中,网格是固定不变的,而材料在网格中流动。这种方法起源于流体力学领域,可以用于分析变形程度较大的问题。在欧拉方法中,材料在流动过程中可以自动形成新的分界面。欧拉方法的最大的缺点则在于为了精确捕捉固体材料的变形响应,需要很精细的网格,这极大地提高了数值分析的成本,尤其是用于分析应变相对较小的问题时更是这样。

在解决流体-固体耦合同题时,需要一种将 Lagrange 方法和 Euler 方法的优点结合起来的算法,即 Arbitrary Lagrange-Euler 算法,简称为 ALE 算法)。ALE 最早是为了解决流体动力学问题而引入的,并使用有限差分法。Donea,Belytschko 等人分别将 ALE 法引入有限元法中,用于求解流体与结构相互作用问题。Hughes 等人建立了 ALE 描述的运动学理论,并使用有限元法解决了黏性不可压缩流体和自由表面流动问题。ALE 方法还可以克服固体大变形数值计算的难题,该方法目前已经成为分析大应变问题的重要的数值分析方法。

随着 ALE 技术的完善,一些专业计算软件开始加入 ALE 功能,LS-DYNA 是目前具有较成熟的 ALE 算法的大型通用有限元程序,程序中最先采用简化 ALE,后来发展到多物质ALE,其应用领域主要是涉及流体-固体耦合方面的计算。

ALE 方法的基本实现过程如下:

(1)先执行一个或几个 Lagrange 时步计算,此时单元网格随材料流动而产生变形,保持变形后的物体边界条件,对内部单元进行重分网格,网格的拓扑关系保持不变,称为 Smooth Step。

(2)将变形的网格中的单元变量(密度、能量、应力张量等)和节点速度矢量输运到重分后的新网格中,称为 Advection Step。输运步的成本比起 Lagrange 步要大很多。大多数输运步的时间用于计算相邻单元之间的材料运输,只有一小部分时间耗在计算何处的网格应如何被调整,且可以用较粗糙的网格来获得较高的精确度。在计算过程中,一般每个单元解的各种变量都要进行输运,要输运的变量数量取决于材料模型。对于包含状态方程的单元,只输运密度、内能和冲击波黏性。

Euler 列式则是材料在一个固定的网格中流动,其与 Lagrange 方法以及 ALE 方法可通过网格的构形变化情况加以比较,在经过一个时间增量 Δt 之后:

Lagrange 网格仍然是和结构材料重合,但是对于固体结构大变形情况,网格形状随着材料变形而改变,可能会严重畸变,造成数值计算的困难。

对于 Euler 网格,网格点只是空间点,与分析的模型之间没有依附关系。程序计算的结果使得材料的物质在固定的空间网格中流动。

对于 ALE 网格,可以理解为两重网格开始时重叠在一起,一个是空间点网格,另一个是附着在材料上的网格并随着材料在空间网格中运动,与 Euler 区别在于,ALE 的空间网格也可动,材料网格在 Lagrange 时步变形之后,通过物质输运算法映射到空间网格中。

在 LS-DYNA 中,采用 ALE 算法或 Euler 算法,需要通过标识相关单元的算法。这可以通过 *SECTION_SOLID_ALE 关键字来定义单元算法类型。对于 SOLID 单元,可以用的单元算法有:

5:单点 ALE 公式(单元内为一种材料)

6:单点 Eulerian 公式(单元内为一种材料)

7:单点 Eulerian ambient 公式

11:单点 Euler/ALE 多物质单元(一个单元最多包含 10 种材料)

12:单点 Euler/ALE 单物质的空物质单元

与 ALE 算法相关的基本特性通过如下的关键字来定义:

*CONTROL_ALE

*ALE_SMOOTHING

对于多物质单元,实际上就是指这种单元划分的网格中,允许多种物质的流动,在同一个网格中,可以包含多种材料的物质,这就实现了物质在网格中的输运过程。与多物质算法定义相关的关键字有如下的一些:

*SECTION_SILID_ALE

定义多物质实体单元的算法,对于对单物质+空材料为 12 号算法,对于多物质耦合为 11 号算法。

*ALE_MULTI-MATERIAL_GROUP

这一关键字用于多物质算法的定义,至少要包含 2 种材料的物质。

可以根据物质间能否混合将各种材料定义在不同的材料组 ID 中。如果有 N 种材料要进行多物质算法的定义,则该关键字的输入参数就包括 N 行,每一行包括 SID 和 SIDTYPE 两个参数。SID 表示 PART 或 PART SET 的 ID 号,SIDTYPE 表示 SID 的类型,如果 SIDTYPE 为 0,则表示 SID 为 PART SET(部件组合,由 *SET 关键字所定义)的 ID 号;如果 SIDTYPE 为 1,则表示 SID 为 PART 的 ID 号。

例如下面的关键字将 PART1,PART2 和 PART3 包含的单元定义为多物质 ALE 单元:

$
* ALE_MULTI-MATERIAL_GROUP

1,1

2,1

3,1

$

此外,ALE 网格可以实现在空间中的平移、转动以及扩张,这就需要用到如下的一些关键字段:

* ALE_REFERENCE_SYSTEM_GROUP

这一关键字用于定义 ALE 网格变形的参考坐标系统。可以实现 ALE 网格的平移以及旋转等,比如:可以定义 ALE 网格运动由 PART 质心运动来控制。这个关键字段的输入参数不再一一列举。

也可以通过结合如下的关键字来定义 ALE 网格的变形:

* ALE_REFERENCE_SYSTEM_CURVE

定义 ALE 网格系统的运动曲线。

* ALE_REFERENCE_SYSTEM_NODE

通过 12 个节点来定义 ALE 网格的平移、旋转以及扩张。

* ALE_REFERENCE_SYSTEM_SWITCH

这一关键字用于不同的 ALE 网格变形参考坐标系统之间的转换,即:可以通过这一关键字段实现不同时段对应不同的网格变形坐标参考系统类型。

下面简单介绍一下流固耦合算法的实现。

如果流体材料采用 Euler 网格,固体结构采用 Lagrange 单元来离散,二者之间的耦合通过下列关键字来实现:

* CONSTRAINED_LAGRANGE_IN_SOLID

这一关键字中,将 Lagrange 描述的固体结构的部件(部件组合)或者一些段的组合的 ID 编号作为从属(SLAVE),将 ALE 或 Euler 描述的流体部件作为主部件(MASTER),通过罚耦合和运动约束等算法以实现流固耦合。

这一关键字的主要输入参数包括下面两个数据行。

SLAVE,MASTER,SSTYP,MSTYP,NQUAD,CTYPE,DIREC,MCOUP

START,END,PFAC,FRIC,FRCMIN,NORM,NORMTYP,DAMP

CQ,HMIN,HMAX,ILEAK,PLEAK,LCIDPOR,NVENT,IBLOCK

其中部分参数的意义如下:

SLAVE:模型中采用 Lagrange 描述的实体结构部分(壳单元或体单元)的 ID;

MASTER:模型中采用 Euler 算法或 ALE 算法部分的 ID;

SSTYP:SLAVE ID 的类型,0 表示 PSID,1 表示 PID,2 表示 SGSID;

MSTYP:MASTER ID 的类型,0 表示 PSID,1 表示 PID;

NQUAD:在 SLAVE 段上考虑耦合的积分点个数;

CTYPE:耦合的方式,可取 1(约束加速度),2(约束速度与加速度),3(约束加速度与法向速度),4(壳单元或体单元的罚函数耦合方式),5(体单元的罚函数耦合方式,可以考虑侵蚀);

DIREC:耦合方向选项,1 表示法向上的压缩与拉伸两个方向的耦合,2 表示仅在法线压缩方向,3 表示在所有方向;

MCOUP:耦合物质材料选项:0 表示与所有材料耦合,1 表示仅与密度最大材料耦合;

START:开始考虑耦合的时间;

END:耦合结束时间;

PFAC:罚因子;

FRIC:摩擦系数,仅当 DIREC=2 时需要;

FRCMIN:判断单元是否发生耦合时其中 MASTER 部分所占的最小体积百分比,缺省0.5,对高速动力问题可以减至 0.1~0.3 之间;

NORM:壳单元或体单元 SEGMENT 的法向标识,0 表示采用右手法则定法向,1 表示采用左手法则来确定方向,法向如果取反可能导致捕捉不到本来会发生的耦合行为。

9.2　ALE 分析实例:液面晃动分析

本节以一个液面晃动问题的分析为例,介绍 ALE 算法的具体应用。

作匀加速运动的盛水方形容器,横截面尺寸为 10 cm×1 cm,左右两侧液面高差 2 cm,左侧液面高度为 11 cm,右侧液面高度为 9 cm,如图 9-1 所示。当此容器加速度消失后,模拟液面的晃动过程。

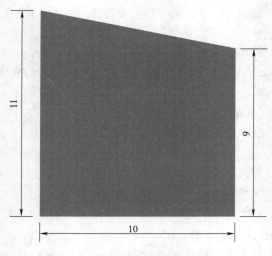

图 9-1　液面高差示意图(单位:cm)

9.2.1　前处理与关键字导出

建模以及关键字导出的 APDL 命令流如下:

```
/PREP7                              ! 进入前处理器
ET,1,SOLID164                       ! 定义单元类型
KEYOPT,1,1,1
KEYOPT,1,5,1
```

```
MP,DENS,1,1000
MP,EX,1,
MP,NUXY,1,
TB,EOS,1,,,2,2
TBDAT,1,-1.0E+11
TBDAT,16,100
k,1,0,0,0
k,2,0.1,0,0
k,3,0.1,0,0.09
k,4,0,0.11,0
a,1,2,3,4
VOFFST,1,0.01,,
TYPE,  1
MAT,   1

LSEL,S,LENGTH,,0.01
lesize,all,,,2
LSEL,INVE
lesize,all,,,20
allsel,all
vmesh,all
EDPART,CREATE
! 以下命令用于约束容器各壁面法向
NSEL,S,LOC,Z,0
NSEL,A,LOC,Z,0.01
D,all,UZ,0
allsel,all
NSEL,S,LOC,X,0
NSEL,A,LOC,X,0.1
D,ALL,UX,0
ALLSEL,ALL
NSEL,S,LOC,Y,0
D,ALL,UY,0
ALLSEL,ALL
! 以下命令用于定义时间、重力载荷数组并建立载荷曲线
*DIM,TIME,ARRAY,2,1
TIME(1,1)=0.00,5.00
*DIM,G_Y,ARRAY,2,1,1
G_Y(1,1)=9.81,9.81
```

```
EDCURVE,ADD,1,TIME,G_Y
！施加荷载
EDLOAD,ADD,ACLY,0,WATER,,,0,1
finish
/solu
！在求解器中进行分析选项设置
EDALE,ADD,ALL,1,0,0,0,0,0,1e+020,1          ！设置 ALE 选项
TIME,5.0                                     ！设置计算结束时间
EDENERGY,1,1,0,0
EDCTS,0,0.7
EDRST,,0.05,
EDHTIME,,0.05,
EDOPT,ADD,blank,LSDYNA
EDOUT,GLSTAT
```

执行上述命令流的过程中，几何模型、有限元模型以及 PART 表分别如图 9-2、图 9-3、图 9-4 所示，包含此模型信息的关键字被写入关键字文件 slosh. k 中。

图 9-2　几何模型

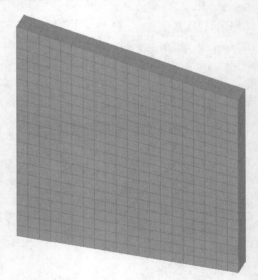

图 9-3　网格模型

9.2.2　递交求解

按照如下步骤递交求解。

（1）新建工作目录

新建一个工作目录作为计算工作路径。

（2）拷贝求解器程序

由 ANSYS 安装目录下复制 LS-DYNA 求解器程序 LSDYNA150. exe 到计算工作路径下。

```
The PART list has been created.

 LIST ALL SELECTED PARTS.

PARTS FOR ANSYS LS-DYNA
=======================
USED:  used in number of selected elements

      PART      MAT      TYPE      REAL      USED

        1         1        1         1        800
```

图 9-4 形成 PART 表

关于 LS-DYNA 求解器程序所在的安装目录，这里举例说明。比如：ANSYS15.0 版本，64 位 Windows 系统，如安装在 C 盘，则 LS-DYNA 程序的存放路径为 C:\Program Files\ANSYS Inc\v150\ansys\bin\winx64。对于其他版本或其他的安装路径可以以此类推。

(3)递交求解

在计算工作路径下鼠标双击拷贝过来的 LS-DYNA 求解可执行程序，弹出 LS-DYNA 程序信息输出窗口，在其命令提示行输入 i=. slosh. k，如图 9-5 所示，敲回车键程序即开始计算。

```
please define input file names or change defaults :
>i=slosh.k
```

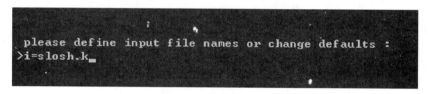

图 9-5 命令行方式运行 LS-DYNA 程序

9.2.3 LS-PREPOST 后处理

按照如下步骤完成计算结果的后处理操作。

在 Windows 开始菜单的 LS-Prepost-4.0 程序组中选择 LS-Prepost-4.0，启动 LS-Prepost，按 Ctrl+F11 切换至传统模式。

在右侧功能区第 1 页按钮中选择 SplitW，在 Window Configuration 中选择 2×2，通过 Draw to Subwindow 选择绘制图形的子窗口，如图 9-6(a)、(b)所示。

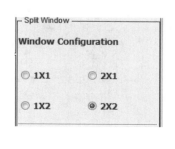

(a) (b)

图 9-6 分窗口绘图

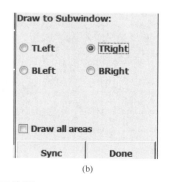

　　通过动画观察选择左侧、右侧达到振幅的最大值附近的一系列不同时刻,绘制模型的构形,如图 9-7(a)、(b)、(c)所示。

　　下面绘制左端表面节点(如图 9-8 所示)的高度坐标时间历程曲线。首先在图形窗口中选择此节点,然后在后处理面板(第 1 页)选择 History 按钮,在 Time History Results 面板中选择 Nodal 和 Y-Coordinate,如图 9-9 所示。单击 Time History Results 面板 Plot 按钮,绘制如图 9-10 所示的曲线。

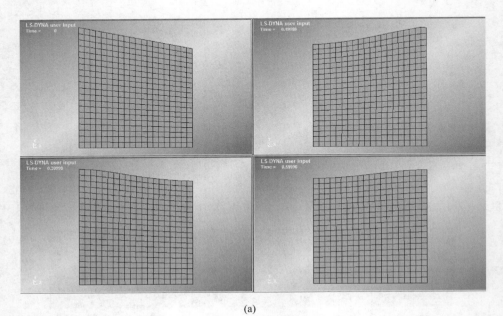

(a)

(b)

图　9-7

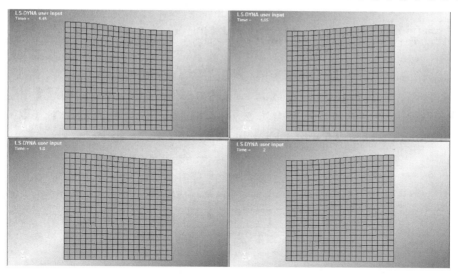

(c)

图 9-7　不同时刻的构形

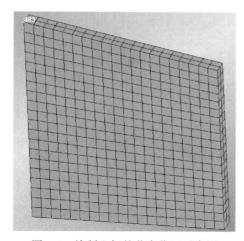

图 9-8　绘制坐标的节点位置示意图

图 9-9　时间历程曲线面板

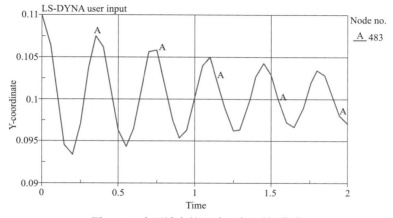

图 9-10　表面端点的 Y 向坐标-时间曲线

9.3　流固耦合分析实例:钢板落水模拟

本节以一个钢板落水问题的分析为例,介绍流固耦合分析的具体方法。

如图 9-11 所示的边长 60 mm、厚度 20 mm 的方形钢板以 25 m/s 的初速度由空气落入水中,采用 LS-DYNA 的多物质流固耦合方法分析此过程。计算域的范围空气取 400 mm×400 mm×150 mm,水取为 400 mm×400 mm×350 mm。

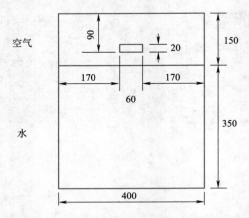

图 9-11　钢板落水问题前视图(前视图、侧视图相同)(单位:mm)

为减少计算时间,分析中采用半个模型,在对称面上施加法向约束。

9.3.1　前处理与关键字导出

基于如下的 APDL 命令流进行前处理并导出关键字。

```
/PREP7
ET,1,SOLID164
KEYOPT,1,1,1
KEYOPT,1,5,1
! *
ET,2,SOLID164
! *
KEYOPT,2,1,1
KEYOPT,2,5,0
! *
MP,DENS,1,998.21
MPDE,EX,1
MP,EX,1,0
MPDE,NUXY,1
MP,NUXY,1,0
TBDE,EOS,1
```

```
TB,EOS,1,,,2,2
TBDAT,2,0
TBDAT,3,0
TBDAT,4,0
TBDAT,16,1647
TBDAT,17,1.921
TBDAT,18,-0.096
TBDAT,19,0
TBDAT,20,.35
TBDAT,21,0
TBDAT,22,0
TBDAT,23,0
MP,DENS,2,1.252
MP,EX,2,
MP,NUXY,2,
TB,EOS,2,,,2,2
TBDAT,16,343.7
TBDAT,20,1.4

EDMP,RIGI,3,0,0
MP,DENS,3,7850
MP,EX,3,2e11
MP,NUXY,3,.3

k,1,0,0,0
k,2,0.0,0.35,0
k,3,0.0,0.5,0
k,4,0.4,0.5,0.0
k,5,0.4,0.35,0.0
k,6,0.4,0.0,0.0
kgen,2,1,6,1,,,0.4,6

v,1,7,12,6,2,8,11,5
v,2,8,11,5,3,9,10,4
BLOCK,0.17,0.23,0.39,0.41,0.17,0.23

wpoff,0,0,0.2
VSBW,ALL
```

```
VSEL,S,LOC,Z,0.19,0.41
VDELE,ALL
ALLSEL,ALL

VSEL,S,,,5
VATT,1,,1
VSEL,S,,,7
VATT,2,,1
VSEL,S,,,8
VATT,3,,2
allsel,all
LSEL,S,LENGTH,,0.1,1
lesize,all,0.01
LSEL,INVE
lesize,all,0.02
vmesh,all
edpart,create

NSEL,S,LOC,Z,.2
d,all,uz,0

ALLSEL,ALL
EDPV,VELO,3,0,-25,0,0,0,0

VSEL,S,,,8
NSLV,S,1
cm,fsi,node
EDNB,ADD,FSI
allsel,all

FINISH
/SOL
EDENERGY,1,0,1,1

TIME,0.005,
EDWRITE,LSDYNA,'PLATE','k'
```

执行上述命令流之后，得到几何模型、有限元模型以及 PART 表分别如图 9-12、图 9-13 及图 9-14 所示。

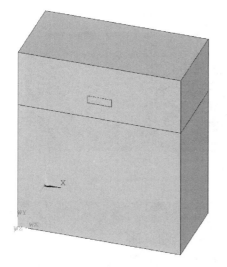

图 9-12　几何模型

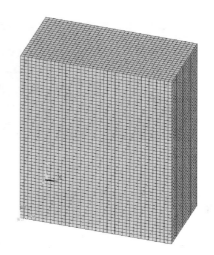

图 9-13　有限元模型

PART	MAT	TYPE	REAL	USED
1	1	1	1	28000
2	2	1	1	12000
3	3	2	1	6

图 9-14　PART 表

9.3.2　关键字修改及递交求解

1. 修改关键字

对照本节后面的关键字文件在文本编辑器中修改单元算法关键字 * SECTION_SOLID，删除 * BOUNDARY_NON_REFLECTING 关键字，并添加以下与流固耦合控制相关的关键字：

* CONSTRAINED_LAGRANGE_IN_SOLID

* CONTROL_ALE

* ALE_MULTI-MATERIAL_GROUP

上述修改完成后保存关键字文件。

2. 递交 LS-DYNA 求解

按照如下步骤完成求解。

（1）打开 Mechanical APDL Product Launcher。

（2）在 Product Launcher 左上角的 Simulation Environment 中选择 LS-DYNA Solver，License 中选择相应的授权，如图 9-15 所示。

（3）在 File Management 标签下的 Working Directory 中设置工作路径，在 Keyword Input

File 中通过 Browse 按钮浏览指向本次分析的关键字文件 PLATE. k，如图 9-16 所示。

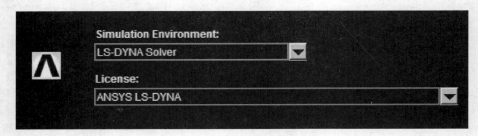

图 9-15　选择授权模块

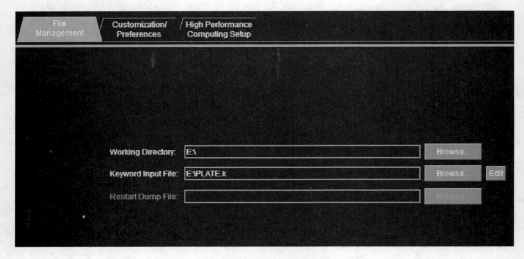

图 9-16　指定工作路径及关键字文件

（4）切换到 Customization/Preferences 标签，设置 Memory 为 100000000，设置 Number of CPUs 为 2，如图 9-17 所示。注意 CPU 设置不仅依赖于硬件核数，也与授权的并行计算核数有关。

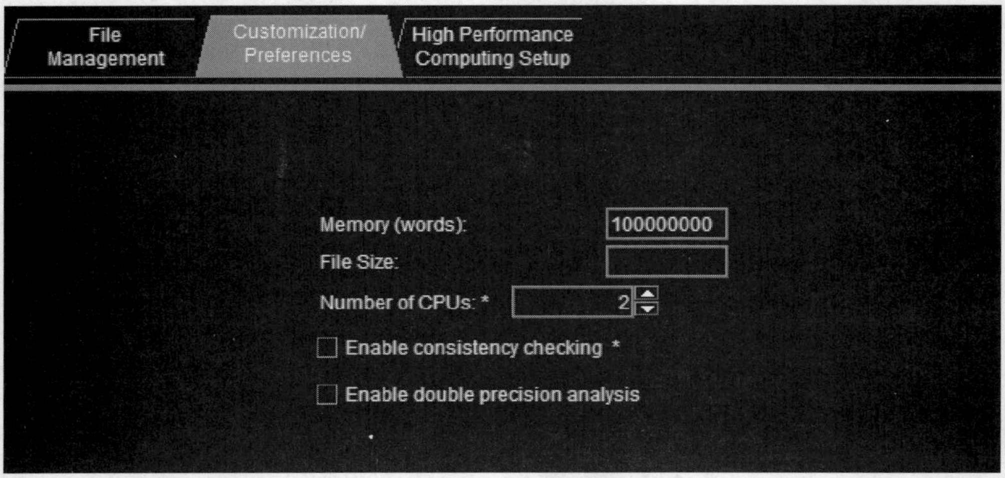

图 9-17　指定 CPU 数

（5）点 Product Launcher 下面的 Run 按钮，即递交 LS-DYNA 求解器开始计算。计算过程中可以在 Windows 任务管理器的性能页面中查看 CPU 及内存使用情况，如图 9-18 所示。

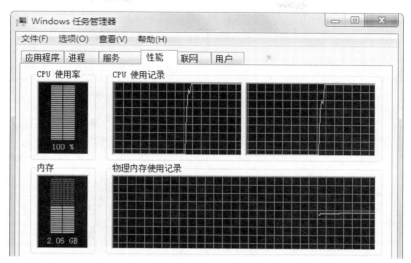

图 9-18　CPU 及内存使用情况

9.3.3　LS-PREPOST 后处理

计算完成后，按照如下的操作步骤，在 LS-PREPOST 中进行计算结果的后处理。

1. 打开 d3plot 文件

选择功能按钮 SplitW，在 Windows Configuration 中选择 2×1，分水平的左右窗口视图。

在 Draw to Subwindow 中分别选择左右两个窗口，在其中分别使用功能面板按钮的 Fcomp＞Misc＞volume fraction mat ♯1，绘制钢板刚落入水中以及钢板完全没入水中某时刻的水体积分数，即可观察到钢板落水溅起的水花，如图 9-19 所示。

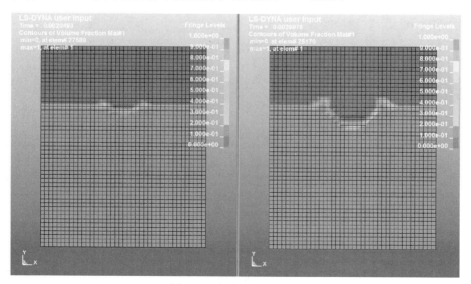

图 9-19　钢板溅起的水花

　　在 Draw to Subwindow 中分别选择左右两个窗口,在其中分别使用功能面板按钮的 Fcomp＞Misc＞pressure,绘制钢板刚落入水中以及钢板完全没入水中某时刻的压力分布情况,如图 9-20 所示。

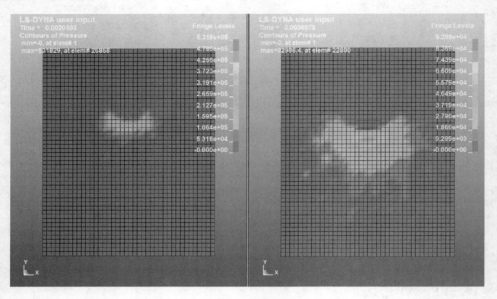

图 9-20　不同时刻的压力分布情况

　　在功能面板中选择 Find,如图 9-21(a)所示,在 Find 面板中选择 Part,Show Only,填写 Part 号 3,点 Find 按钮,在图形窗口中仅显示 Part 3,如图 9-21(b)所示。

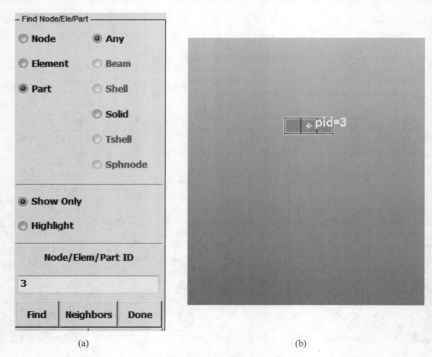

(a)　　　　　　　　　　　　　　　　(b)

图 9-21　查找 Part 3

在功能区选择 History，在 History 面板中选择 Part 类型及 Y-Rigid Body Velocity，点 Plot 按钮，在 PlotWindow-1 中绘制钢板落水前后的速度时间历程曲线，如图 9-22 所示。

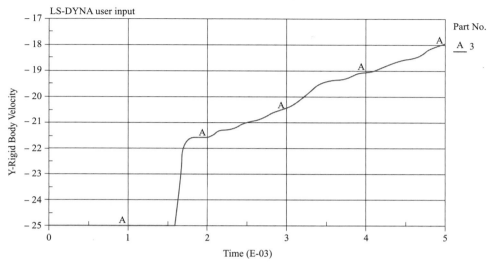

图 9-22　钢板落水前后速度变化情况

2. LS-DYNA 关键字文件 PLATE. K

本节钢板落水计算采用的 LS-DYNA 关键字文件 PLATE. K 如下，供练习过程对照参考，节点、单元定义部分有删减。

* KEYWORD
* TITLE

* DATABASE_FORMAT
　　　0
$$$
$　　　　　　　　　　　　　　NODE DEFINITIONS　　　　　　　　　　　　　　$
$$$
* NODE
　　　1 0.000000000E+00 0.000000000E+00 0.000000000E+00　　　　0　　　　0
　　　……
$$$
$　　　　　　　　　　　　　SECTION DEFINITIONS　　　　　　　　　　　　　$
$$$
* SECTION_SOLID
　　　1　　　　11
* SECTION_SOLID
　　　2　　　　1
$$$
$　　　　　　　　　　　　MATERIAL DEFINITIONS　　　　　　　　　　　　　$
$$$
* MAT_NULL

```
        1  998.        0.00      0.00        0.00        0.00        0.00        0.00
* EOS_GRUNEISEN
        1 0.165E+04   1.92    −0.960E−01   0.00        0.350       0.00        0.00
  0.00
* MAT_NULL
        2  1.25        0.00      0.00        0.00        0.00        0.00        0.00
* EOS_GRUNEISEN
        2  344.        0.00      0.00        0.00        1.40        0.00        0.00
  0.00
* MAT_RIGID
        3 0.785E+04 0.200E+12   0.300000        0.0         0.0         0.0
  1.00       0.00      0.00
```

```
$$$$$$$$$$$$$$$$$$$$$$$$$$$$$$$$$$$$$$$$$$$$$$$$$$$$$$$$$$$$$$$$$$$$$$$$$$$$$$
$                          PARTS DEFINITIONS                              $
$$$$$$$$$$$$$$$$$$$$$$$$$$$$$$$$$$$$$$$$$$$$$$$$$$$$$$$$$$$$$$$$$$$$$$$$$$$$$$
* PART
Part           1 for Mat       1 and Elem Type       1
        1         1         1         1         0         0         0
* PART
Part           2 for Mat       2 and Elem Type       1
        2         1         2         2         0         0         0
* PART
Part           3 for Mat       3 and Elem Type       2
        3         2         3         0         0         0         0
$$$$$$$$$$$$$$$$$$$$$$$$$$$$$$$$$$$$$$$$$$$$$$$$$$$$$$$$$$$$$$$$$$$$$$$$$$$$$$
$                        ELEMENT DEFINITIONS                              $
$$$$$$$$$$$$$$$$$$$$$$$$$$$$$$$$$$$$$$$$$$$$$$$$$$$$$$$$$$$$$$$$$$$$$$$$$$$$$$
$
* ELEMENT_SOLID
        1         1         1         3       121       120      2350      2351      5803      3736
      ......
* SET_SEGMENT
        1    0.000     0.000     0.000     0.000
    43918     43913     43912     43916     0.000     0.000     0.000     0.000
      ......
* SET_NODE_LIST
        1    0.000     0.000     0.000     0.000
        2        22        23        24        25        26        27        28
      ......
    43925     43926     43927
* BOUNDARY_SPC_SET
        1         0         0         0         1         0         0         0
```

```
$$$$$$$$$$$$$$$$$$$$$$$$$$$$$$$$$$$$$$$$$$$$$$$$$$$$$$$$$$$$$$$$$$$$$$$$$$$$$$$$
$                          CONTROL OPTIONS                                  $
$$$$$$$$$$$$$$$$$$$$$$$$$$$$$$$$$$$$$$$$$$$$$$$$$$$$$$$$$$$$$$$$$$$$$$$$$$$$$$$$
$
 * CONTROL_ENERGY
         2        1        2        2
 * CONTROL_SHELL
    20.0         1       -1        1        2        2        1
 * CONTROL_TIMESTEP
    0.0000    0.9000       0   0.00       0.00
 * CONTROL_TERMINATION
0.500E-02        0   0.00000   0.00000   0.00000
```
$ 注意:下面的 * CONSTRAINED_LAGRANGE_IN_SOLID 数据卡片后面有两个空行
```
 * CONSTRAINED_LAGRANGE_IN_SOLID
1,1,2,0,3,4,2,1


```
$ 注意:下面的 * CONTROL_ALE 数据卡片后面有 1 个空行
```
 * CONTROL_ALE
2,1,2,-1.0

 * SET_PART_LIST
1
1,2
 * ALE_MULTI-MATERIAL_GROUP
1,1
2,1
$$$$$$$$$$$$$$$$$$$$$$$$$$$$$$$$$$$$$$$$$$$$$$$$$$$$$$$$$$$$$$$$$$$$$$$$$$$$$$$$
$                          TIME HISTORY                                     $
$$$$$$$$$$$$$$$$$$$$$$$$$$$$$$$$$$$$$$$$$$$$$$$$$$$$$$$$$$$$$$$$$$$$$$$$$$$$$$$$
 * DATABASE_BINARY_D3PLOT
0.5000E-04
 * DATABASE_BINARY_D3THDT
0.5000E-05
$$$$$$$$$$$$$$$$$$$$$$$$$$$$$$$$$$$$$$$$$$$$$$$$$$$$$$$$$$$$$$$$$$$$$$$$$$$$$$$$
$                          DATABASE OPTIONS                                 $
$$$$$$$$$$$$$$$$$$$$$$$$$$$$$$$$$$$$$$$$$$$$$$$$$$$$$$$$$$$$$$$$$$$$$$$$$$$$$$$$
 * DATABASE_EXTENT_BINARY
        0        0        3        1        0        0        0        0
        0        0        4        0        0        0        0
$$$$$$$$$$$$$$$$$$$$$$$$$$$$$$$$$$$$$$$$$$$$$$$$$$$$$$$$$$$$$$$$$$$$$$$$$$$$$$$$
$                    INITIAL VELOCITY DEFINITIONS                           $
$$$$$$$$$$$$$$$$$$$$$$$$$$$$$$$$$$$$$$$$$$$$$$$$$$$$$$$$$$$$$$$$$$$$$$$$$$$$$$$$
```

```
* SET_NODE_LIST
       2    0.000    0.000    0.000    0.000
    43912    43913    43914    43915    43916    43917    43918    43919
    43920    43921    43922    43923    43924    43925    43926    43927
    43928    43929    43930    43931    43932    43933    43934    43935
* INITIAL_VELOCITY
       2         0         0
0.000   —25.00    0.000    0.000    0.000    0.000
* END
```

第 10 章　动态接触与冲击分析例题

本章结合实例介绍 LS-DYNA 的动态接触及冲击分析,包括刚性物块撞击柔性板以及钢管的冲击屈曲分析等计算实例。

10.1　刚性块与柔性挡板之间的撞击

10.1.1　问题描述

如图 10-1 所示的系统,向右为 x 轴正方向,向上为 z 轴正方向。左边物块尺寸(x×y×z)为 20 cm×10 cm×5 cm,右边物块尺寸为 10 cm×10 cm×5 cm,底座尺寸为 300 cm×10 cm×15 cm,右侧软挡板的尺寸为 2.5 cm×10 cm×7.5 cm。左边物块左侧面距离底座左端面 0.5 m,右边物块左侧面距离底座左端面 2.0 m,挡板右侧与底座右端面对齐。物块为合金材料,密度 2 700 kg/m³,弹性模量 70 000 MPa;挡板材料为塑料,密度 1 050 kg/m³,弹性模量 1 000 MPa;底座材料为钢,密度 7 850 kg/m³,弹性模量 200 000 MPa。如果左边物块沿着基座表面以恒定速度 3.0 m/s 向右水平运动,计算开始到 0.7 s 的系统响应。计算中基座视作刚体,物块及挡板视作变形体。

图 10-1　分析系统示意图

10.1.2　前　处　理

前处理在 ANSYS Workbench 环境中进行,主要过程包括建立分析项目和流程、材料属性定义、几何建模、分析模型前处理、加载及分析设置、输出 K 文件等环节。

1. 建立分析项目和流程

(1)启动 ANSYS Workbench,通过 File>Save As 保存分析项目文件 impact.wbpj,项目名称 impact 出现在 Workbench 标题栏,如图 10-2 所示。

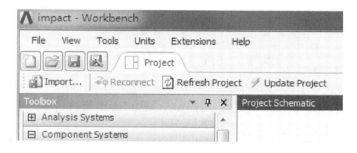

图 10-2　保存后显示的分析项目名称

（2）在 Workbench 的 Toolbox 中选择 Explicit Dynamics(LS-DYNA Export)显式前处理系统，用鼠标左键将其拖放至 Project Schematic 中，如图 10-3(a)、(b)所示。

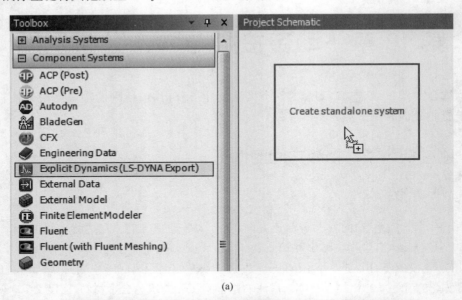

(a)

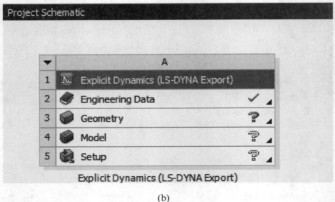

(b)

图 10-3　添加显式前处理系统

2. 定义材料属性

在 Project Schematic 中双击 A2 Engineering Data 单元格，进入 Engineering Data 截面定义材料及其属性。

（1）选择单位制

通过菜单 Units，选择工作单位系统为 Metric(tonne, mm, s, ℃, mA, N, mV)，选择 Display Values in Project Units，如图 10-4 所示。

（2）添加材料类型

在 Outline 的 Click here to add a new material 单元格填写新材料名称 MAT-1，如图 10-5 所示，按回车确认。按相同操作继续添加新材料 MAT-2 和 MAT-3，添加完成后如图 10-6 所示。

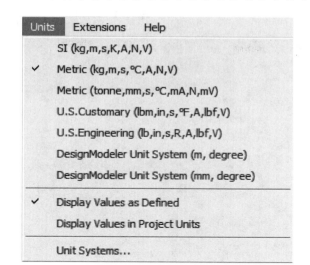

图 10-4　选择单位制

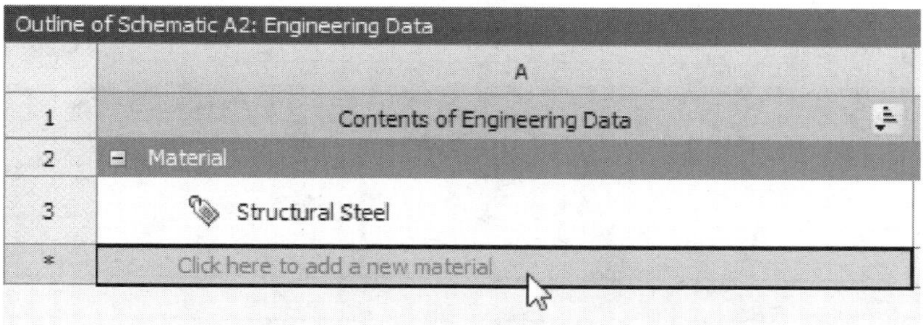

图 10-5　添加新材料名称

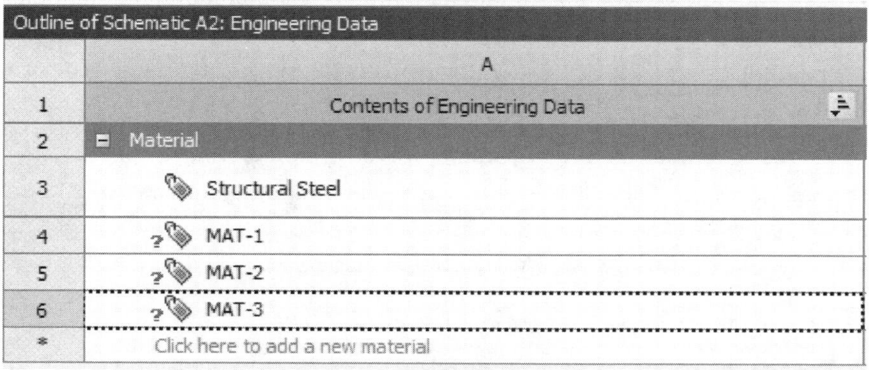

图 10-6　添加三种新材料

（3）添加材料属性

①为 MAT-1 材料添加 Density 属性

在 Toolbox 的 Physical Properties 中选择 Density，用鼠标的左键将其拖放至 ALLOY 材

料名称所在的单元格中,如图 10-7 所示,为 ALLOY 材料添加密度属性。

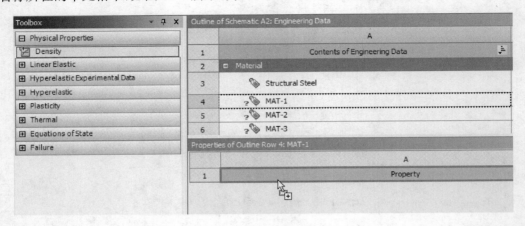

图 10-7　为 MAT-1 添加密度属性

②为 MAT-1 材料添加 Isotropic Elasticity 属性

继续按照同样的操作方法,用鼠标左键点选 Linear Elastic 下的 Isotropic Elasticity 向 MAT-1 材料添加 Isotropic Elasticity 属性,如图 10-8 所示。

图 10-8　为 MAT-1 添加 Isotropic Elasticity 属性

③为 MAT-2 及 MAT-3 材料添加属性

采用类似的操作方法,为 MAT-2 及 MAT-3 材料也添加 Density 属性和 Isotropic Elasticity 属性。

(4)定义材料数据

①定义 MAT-1 材料的数据

在 MAT-1 的 Density 中输入密度 2 700 kg/m³,点 Isotropic Elasticity 前面的加号展开,在 Young's Modulus 输入弹性模量 7e+10 Pa,在 Poisson's Ratio 输入泊松比 0.33;定义完成

后如图 10-9 所示。

图 10-9　定义 MAT-1 的材料数据

②定义 MAT-2 材料的数据

在 MAT-2 的 Density 中输入密度 1 050 kg/m³,点 Isotropic Elasticity 前面的加号展开,在 Young's Modulus 输入弹性模量 1e＋9 Pa,在 Poisson's Ratio 输入泊松比 0.4;定义完成后如图 10-10 所示。

图 10-10　定义 MAT-2 的材料数据

③定义 MAT-3 材料的数据

在 MAT-3 的 Density 中输入密度 7 850 kg/m³,点 Isotropic Elasticity 前面的加号展开,在 Young's Modulus 输入弹性模量 2e＋11 Pa,在 Poisson's Ratio 输入泊松比 0.3;定义完成后如图 10-11 所示。

(5)退出 Engineering Data

以上材料属性及数据定义完成后,关闭 Engineering Data,返回 Workbench 的 Project Schematic 界面下。

3. 建立几何模型

在 Workbench 的 Project Schematic 中选择 A3:Geometry 单元格,双击此单元格启动 DM 几何建模界面,按如下的操作步骤完成几何建模。

(1)选择建模单位

	A	B	
	Property	Value	
1			
2	⚏ Density	7850	kg m^-3
3	⊟ ⚏ Isotropic Elasticity		
4	Derive from	Young's Modulus and Poisson's Ratio ▾	
5	Young's Modulus	2E+11	Pa
6	Poisson's Ratio	0.3	
7	Bulk Modulus	1.6667E+11	Pa
8	Shear Modulus	7.6923E+10	Pa
9	⊞ ⚏ Field Variables		

Properties of Outline Row 6: MAT-3

图 10-11　定义 MAT-3 的材料数据

通过 Units 菜单选择建模长度单位为 cm，如图 10-12 所示。

(2)创建草图

在模型树中选择 XYPlane，按下工具栏上的 New Sketch 按钮 三次，在 XYPlane 上创建三个草图 Sketch1、Sketch2 以及 Sketch3，模型树显示如图 10-13 所示。

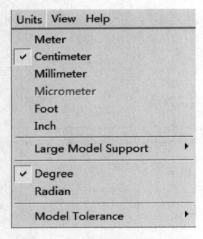

图 10-12　选择建模长度单位

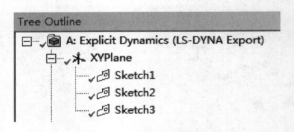

图 10-13　创建的草图分支

下面依次绘制各个草图。

①在 XY 平面创建 Sketch1

按如下的具体步骤进行操作。

a. 按下工具栏上的 按钮，正视 XY 平面。

b. 选择 Tree Outline 模型树中的 Sketch1，按下 Sketching 标签切换至草图绘制状态。

c. 在草绘工具箱的 Draw 面板中选择 Rectangle 按钮，在 XY 平面第一象限中以 X 轴为底边(出现 C 字样)绘制第一个矩形；在上面矩形的右侧，同样以 X 轴为底边绘制第二个矩形。操作过程如图 10-14(a)、(b)所示。

d. 在草绘工具箱的 Dimensions 面板中选择 Semi-Automatic，对 Sketch1 进行尺寸标注，

标注标识如图 10-15(a)所示。

e. 在 Details 中定义各标注的具体尺寸如图 10-15(b)所示。

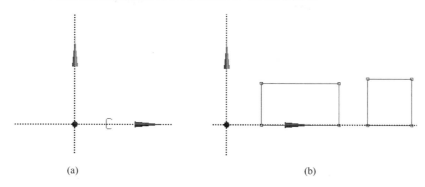

图 10-14　绘制草图 1

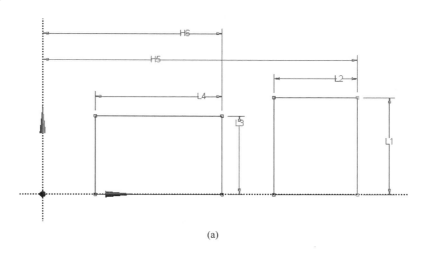

(a)

Details View	
Details of Sketch1	
Sketch	Sketch1
Sketch Visibility	Show Sketch
Show Constraints?	No
Dimensions: 6	
H5	210 cm
H6	70 cm
L1	10 cm
L2	10 cm
L3	10 cm
L4	20 cm

(b)

图 10-15　草图 1 尺寸标注

②在 XY 平面创建 Sketch2

按如下的步骤进行操作。

a. Sketch1 绘制完成后,切换至 Modeling 模式。

b. 选择 Tree Outline 模型树中的 Sketch2,按下 Sketching 标签切换至草图绘制状态。

c. 在草绘工具箱的 Draw 面板中选择 Rectangle 按钮,在 XY 平面第一象限中以 X 轴为底边(出现 C 字样)绘制一个矩形,如图 10-16 所示。

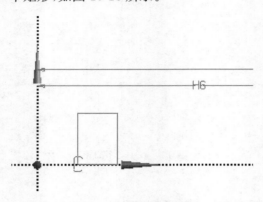

图 10-16   绘制草图 2

d. 在草绘工具箱的 Dimensions 面板中选择 Semi-Automatic,对 Sketch2 进行尺寸标注,标注标识如图 10-17(a)所示。

e. 在 Details 中定义草图 2 各标注的具体尺寸如图 10-17(b)所示。

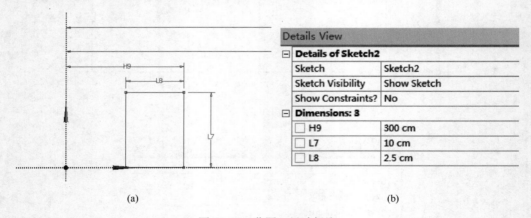

(a)   (b)

图 10-17   草图 2 尺寸标注

③在 XY 平面创建 Sketch3

按照如下步骤进行操作。

a. Sketch2 绘制完成后,切换至 Modeling 模式。

b. 选择 Tree Outline 模型树中的 Sketch3,按下 Sketching 标签切换至草图绘制状态。

c. 在草绘工具箱的 Draw 面板中选择 Rectangle 按钮,在 XY 平面第一象限中以原点为顶点(出现 P 字样)绘制一个矩形,如图 10-18 所示。

d. 在草绘工具箱的 Dimensions 面板中选择 Semi-Automatic,对 Sketch3 进行尺寸标注,标注标识如图 10-19(a)所示。

e. 在 Details 中定义各标注的具体尺寸如图 10-19(b)所示。

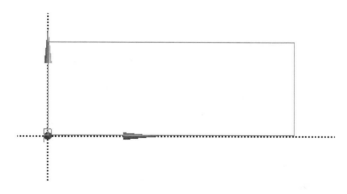

图 10-18　绘制草图 3

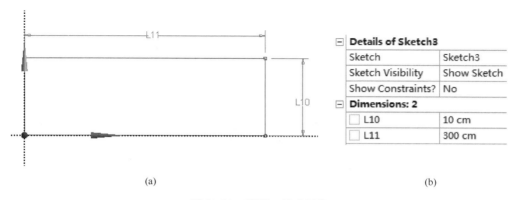

(a)
(b)

图 10-19　草图 3 尺寸标注

完成绘制及标注后的 3 个 sketch 如图 10-20 所示。草图绘制完成后返回至 Modeling 模式。

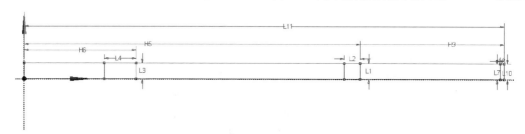

图 10-20　绘制完成后的 3 个草图

（3）建立两个滑块

在工具栏上按下 Extrude 按钮，在 Tree Outline 中添加一个 Extrude1 分支，此分支的 Details 中，选择 Geometry 为 Sketch1，单击 Apply；Operation 为 Add Material；拉伸长度 FD1 为 5 cm；如图 10-21 所示。单击工具栏上的 Generate 按钮，形成两个滑块，如图 10-22 所示。

（4）建立挡板

在工具栏上按下 Extrude 按钮，在 Tree Outline 中添加一个 Extrude2 分支，此分支的 Details 中，选择 Geometry 为 Sketch2，单击 Apply；Operation 为 Add Material；拉伸长度 FD1 为 7.5 cm；如图 10-23 所示。单击工具栏上的 Generate 按钮，形成挡板，如图 10-24 所示。

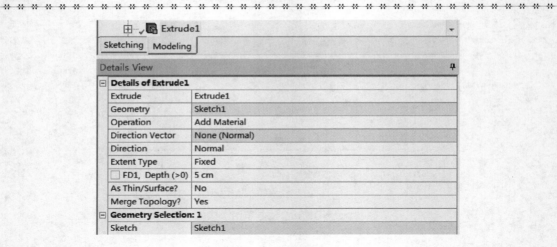

图 10-21　Extrude1 分支的 Details 设置

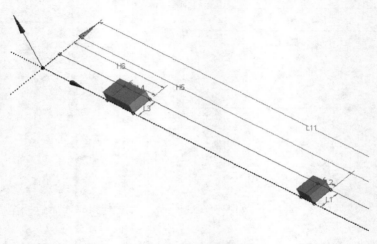

图 10-22　形成的滑块体

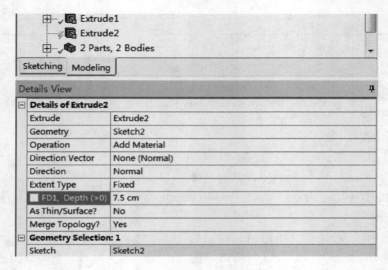

图 10-23　Extrude2 分支的 Details 设置

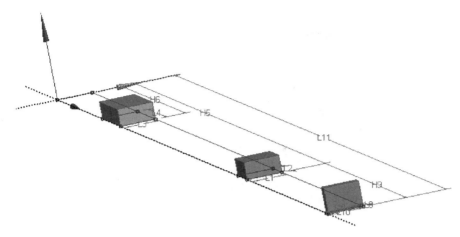

图 10-24　形成挡板后的模型

（5）建立底座

在工具栏上按下 Extrude 按钮，在 Tree Outline 中添加一个 Extrude3 分支，此分支的 Details 中，选择 Geometry 为 Sketch3，单击 Apply；Operation 为 Add Frozen；Direction 选择 Reversed；拉伸长度 FD1 为 15 cm；如图 10-25 所示。单击工具栏上的 Generate 按钮，形成底座几何体，如图 10-26 所示。

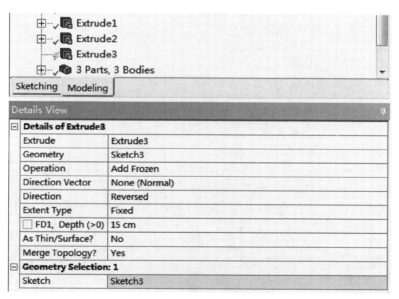

图 10-25　Extrude3 分支的 Details 设置

上述建模操作完成后，关闭 DM，返回 Workbench 界面中，此时 Model 单元格的状态图标变成待刷新的符号，如图 10-27 所示。

4. 分析模型前处理

在 Project Schematic 中双击 Model 单元格，打开 Mechanical 界面。按照如下操作步骤进行前处理操作。

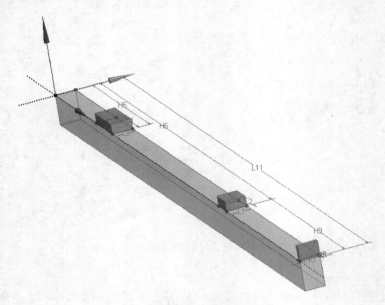

图 10-26 完成后的几何模型

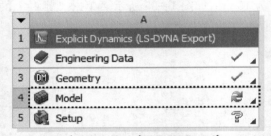

图 10-27 几何建模完成后的系统状态

（1）Geometry 分支

在 Geometry 分支中选择前面两个 SOLID（按住 Ctrl 键多选），单击 Details 中 Material Assignment 右侧的三角形，在材料列表中选择 MAT-1；在 Stiffness Behavior 中选择 Rigid，如图 10-28 所示。

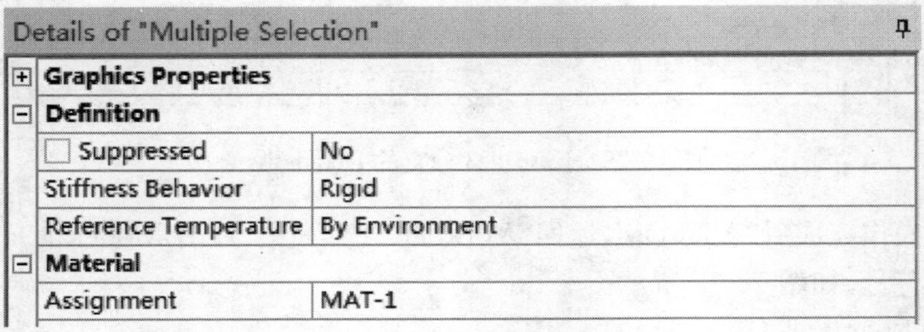

Details of "Multiple Selection"	中
⊞ **Graphics Properties**	
⊟ **Definition**	
☐ Suppressed	No
Stiffness Behavior	Rigid
Reference Temperature	By Environment
⊟ **Material**	
Assignment	MAT-1

图 10-28 指定滑块特性

在 Geometry 分支中选择第三个 SOLID,在 Details 中选择材料为 MAT-2,在 Stiffness Behavior 中选择 Flexible,如图 10-29 所示。

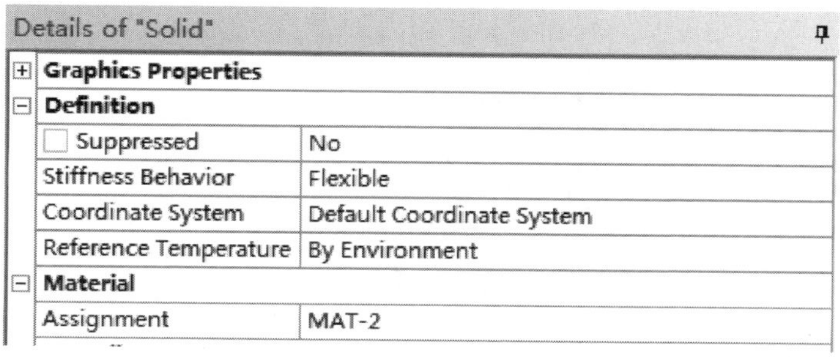

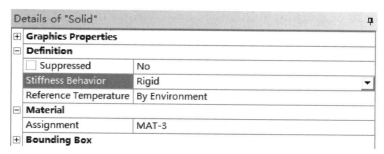

图 10-29　指定挡板特性

在 Geometry 分支中选择第四个 SOLID,在 Details 中选择材料为 MAT-3,在 Stiffness Behavior 中选择 Rigid,如图 10-30 所示。

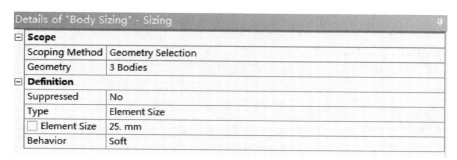

图 10-30　指定底座特性

（2）Connections 分支

通过右键菜单 Suppress 抑制 Contact 目录下的所有接触区域 Contact Region 分支。在 Connections 分支右键菜单中选择 Insert＞Body Interaction,加入 Body Interaction 分支,在其 Details 中,修改 Type 类型为 Frictionless。

（3）Mesh 分支

选择 Mesh 分支,在图形区域选择除挡板外的其他三个体,在鼠标右键菜单中选择 Insert ＞Sizing,加入 Body Sizing 分支,在 Body Sizing 分支的 Details 中设置 Element Size 为 25 mm,如图 10-31 所示。

图 10-31　Body Sizing 设置

选择 Mesh 分支,在图形区域选择挡板体,在鼠标右键菜单中选择 Insert＞Sizing,加入 Body Sizing 2 分支,在 Body Sizing 2 分支的 Details 中设置 Element Size 为 6.25 mm,如图 10-32 所示。

Details of "Body Sizing 2" - Sizing		ᄆ
Scope		
Scoping Method	Geometry Selection	
Geometry	1 Body	
Definition		
Suppressed	No	
Type	Element Size	
☐ Element Size	6.25 mm	
Behavior	Soft	

图 10-32　Body Sizing 2 设置

选择 Mesh 分支,在其右键菜单中选择 Generate Mesh,划分形成的网格如图 10-33 所示。

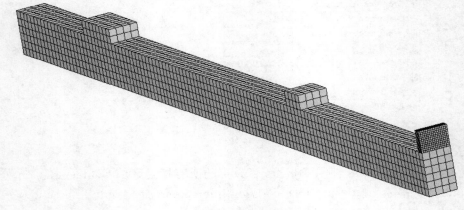

图 10-33　网格模型

5. 加载以及分析选项设置

选择 Analysis Settings 分支,在 Details 中的 Step Controls 中指定 End Time 为 0.7 s;在 Solver Controls 中选择 Hex Integration Type 为 1pt Gauss;在 Output Controls 中选择 Save Results on Time,且间隔为 0.01 s。

在图形窗口中选择基座体,鼠标右键菜单中选择 Insert＞Fixed Support,在项目树的 Explicit Dynamics(A5)分支下插入一个 Fixed Support 分支。

在图形窗口中选择挡板的右侧表面,鼠标右键菜单中选择 Insert＞Fixed Support,在项目树的 Explicit Dynamics(A5)分支下插入一个 Fixed Support 2 分支。

选择左边的滑块体,鼠标右键菜单中选择 Insert＞Velocity,在项目树的 Explicit Dynamics(A5)分支下插入一个 Velocity 分支,选择此分支,在其 Details 中选择 Define By Components,设置 X Component 为 3 000 mm/s,如图 10-34(a)所示。施加速度后模型显示如图 10-34(b)所示。

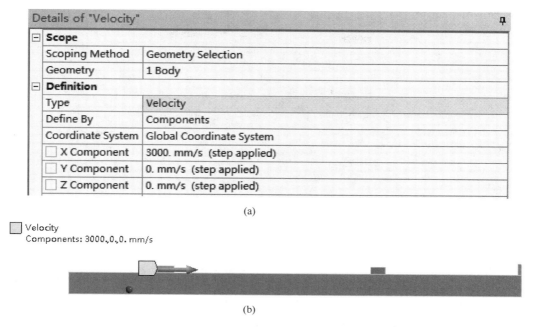

図 10-34　施加速度

在图形窗口中选择两个滑块的前表面,鼠标右键菜单中选择 Insert＞Displacement,在项目树的 Explicit Dynamics(A5)分支下插入一个 Displacement 分支,选择此分支,在其 Details 中选择 Define By Components,设置 Y Component 为 0,如图 10-35 所示。

Details of "Displacement"		中
Scope		
Scoping Method	Geometry Selection	
Geometry	2 Faces	
Definition		
Type	Displacement	
Define By	Components	
Coordinate System	Global Coordinate System	
X Component	Free	
Y Component	0. mm (ramped)	
Z Component	Free	

图 10-35　施加边界条件

在项目树中选择 Explicit Dynamics(A5)分支,鼠标右键菜单中选择 Insert＞Standard Earth Gravity,在 Explicit Dynamics(A5)分支插入一个 Standard Earth Gravity 分支,在其 Details 中设置 Direction 为-Z Direction,如图 10-36 所示。

6. 输出关键字文件

上述设置完成后,通过工具栏上的 Solve 按钮求解即可输出 LS-DYNA 关键字文件,将此文件以 impact.k 为文件名复制到一个新建的计算目录中。

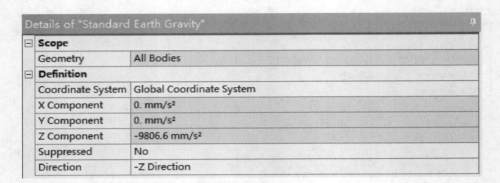

图 10-36　施加重力加速度

10.1.3　求解及后处理

1. 求解

按照如下的步骤完成求解过程。

(1)打开 Mechanical APDL Product Launcher。

(2)在 Product Launcher 左上角的 Simulation Environment 中选择 LS-DYNA Solver，License 中选择相应的授权，如图 10-37 所示。

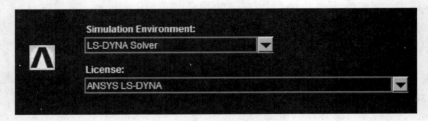

图 10-37　选择模块授权

(3)在 File Management 标签下的 Working Directory 中设置工作路径为新建的计算目录，在 Keyword Input File 中通过 Browse 按钮浏览指向本次分析的关键字文件 impact.k，如图 10-38 所示。

Working Directory:	E:\impact	Browse...
Keyword Input File:	E:\impact\impact.k	Browse...	Edit
Restart Dump File:		Browse...

图 10-38　选择工作路径及关键字文件

(4)切换到 Customization/Preferences 标签，设置 Memory 和 Number of CPUs，注意 CPU 设置不仅依赖于硬件核数，也与授权的并行计算核数有关。

(5)点 Product Launcher 下面的 Run 按钮，即递交 LS-DYNA 求解器开始计算。

2. 后处理

按照如下步骤完成计算结果的后处理操作。

在 Windows 开始菜单的 LS-Prepost-4.0 程序组中选择 LS-Prepost-4.0，启动 LS-Prepost，按 Ctrl＋F11 切换至传统模式。打开计算目录下的 d3plot 文件，选择 Left 视图。各个体在一系列不同时刻的位置如图 10-39 所示。

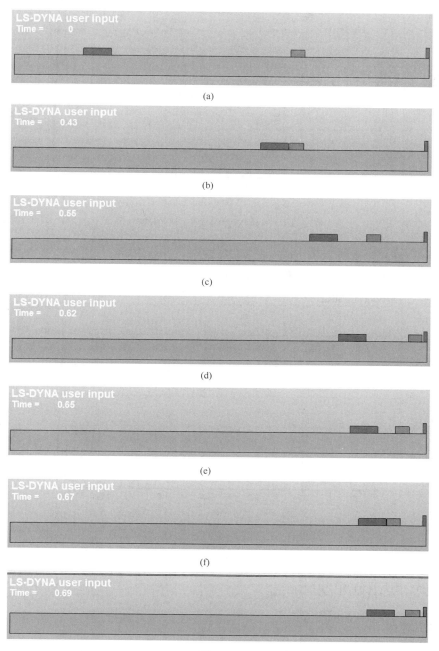

图 10-39　结构动态作用过程

后处理功能面板(右侧工具栏第 1 页)中选择 History 按钮,选择 Nodal 和 x-velocity,选择小滑块右上部的顶点 5510,按下 Plot 按钮,绘制小滑块的 X 方向速度时间历程曲线如图 10-40 所示。

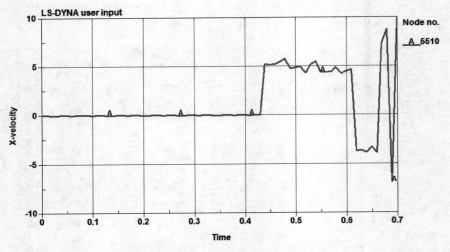

图 10-40   滑块 X 方向速度时间历程曲线

在 History 面板中继续选择 Element 和 Effective Stress(v-m),选择挡板中部与滑块接触的单元 3364,绘制等效应力时间历程曲线,如图 10-41 所示。

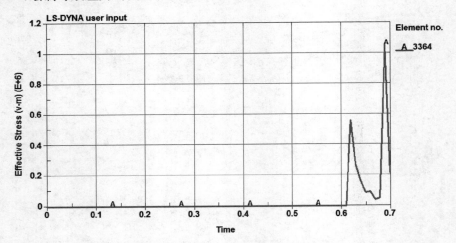

图 10-41   挡板中心处的等效应力时间历程

10.2 钢管冲击屈曲分析

10.2.1 问题描述

悬臂合金矩形钢管柱,轴线长度为 1 500 mm,横截面宽度、高度分别为 150 mm、200 mm,各角点的倒角半径为 20 mm,截面管壁厚为 5 mm。截面形状如图 10-42 所示。

管柱材料为合金,弹性模量为 70 000 MPa,泊松比为 0.3,屈服强度为 290 MPa,理想塑性材料。假设此合金管柱的自由端部受到轴向冲击作用,在 5 ms 时间内发生轴向压缩位移 1 000 mm,分析整个管柱的冲击受力过程。

图 10-42　合金管柱横截面

10.2.2　前　处　理

前处理在 ANSYS Workbench 环境中进行,主要过程包括建立分析项目和流程、材料属性定义、几何建模、分析模型前处理、加载及分析设置、输出 K 文件等环节。

1. 建立分析项目和流程

(1)启动 ANSYS Workbench,通过 File＞Save As 保存分析项目文件 buckling. wbpj,项目名称 buckling 出现在 Workbench 标题栏,如图 10-43 所示。

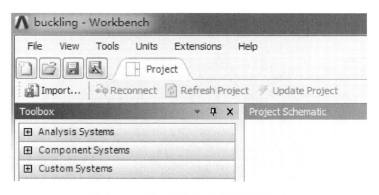

图 10-43　保存后显示的分析项目名称

(2)在 Workbench 的 Toolbox 中选择 Explicit Dynamics(LS-DYNA Export)显式前处理系统,用鼠标左键将其拖放至 Project Schematic 中,如图 10-44(a)、(b)所示。

2. 定义材料属性

(1)指定单位

通过菜单 Units,选择工作单位系统为 Metric(tonne, mm, s,℃, mA, N, mV),选择 Display Values in Project Units,如图 10-45 所示。

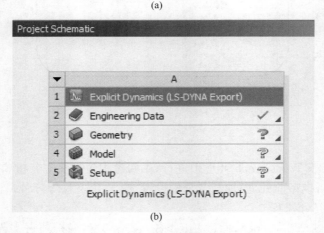

(a)

(b)

图 10-44 添加显式前处理系统

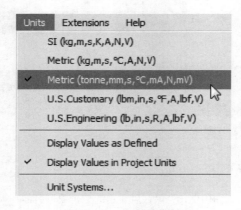

图 10-45 指定单位制

（2）添加新材料

在 Outline 的 Click here to add a new material 单元格填写新材料名称 ALLOY，按回车确认，如图 10-46 所示。

（3）为新材料指定参数

在 Toolbox 的 Physical Properties 中选择 Density，用鼠标的左键将其拖放至 ALLOY 材料名称所在的单元格中，如图 10-47 所示，为 ALLOY 材料添加密度属性。

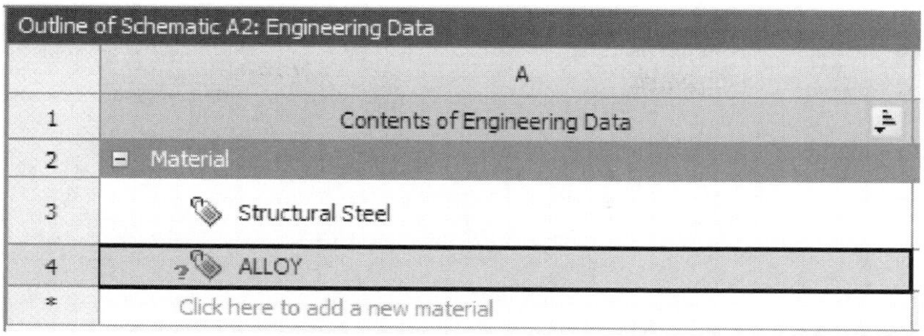

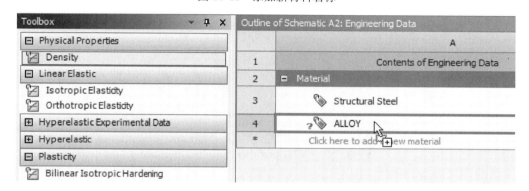

图 10-46　添加新材料名称

图 10-47　为材料添加密度属性

　　继续按照同样的操作方法，向 ALLOY 材料添加 Isotropic Elasticity 属性以及 Bilinear Isotropic Hardening 属性，并在各单元格中填写参数，如图 10-48 所示。选择 Bilinear Isotropic Hardening 项目后，在界面右下角的图形区显示材料的应力-应变关系曲线，如图 10-49 所示。

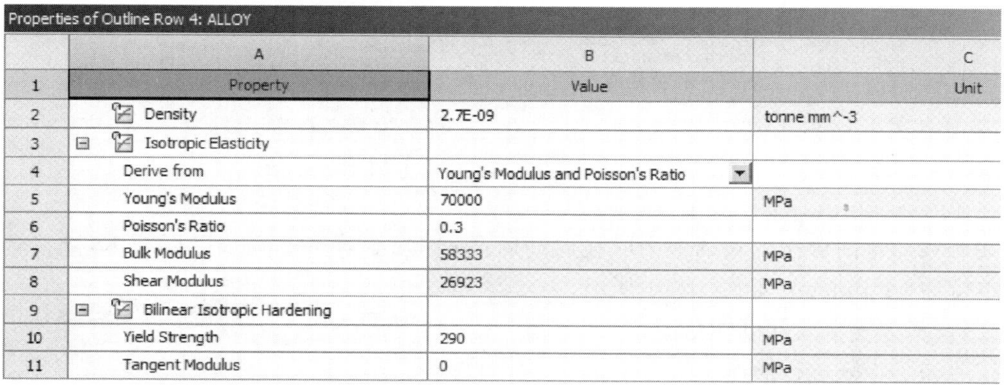

	Property	Value	Unit
2	Density	2.7E-09	tonne mm^-3
3	Isotropic Elasticity		
4	Derive from	Young's Modulus and Poisson's Ratio	
5	Young's Modulus	70000	MPa
6	Poisson's Ratio	0.3	
7	Bulk Modulus	58333	MPa
8	Shear Modulus	26923	MPa
9	Bilinear Isotropic Hardening		
10	Yield Strength	290	MPa
11	Tangent Modulus	0	MPa

图 10-48　输入材料参数

3. 建立几何模型

按照如下步骤建立几何模型。

（1）启动 DM 并指定建模单位

用鼠标点选 A2（Geometry）组件单元格，在其右键菜单中选择"New Design Modeler Geometry"，启动 DM 建模组件，如图 10-50 所示。

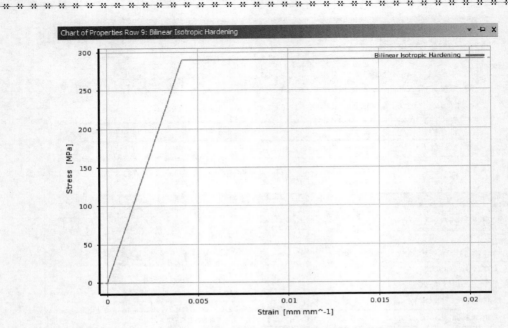

图 10-49   合金材料的应力-应变关系曲线

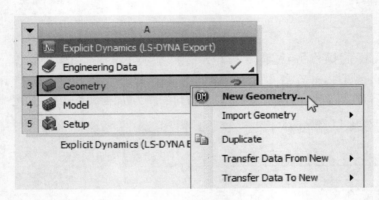

图 10-50   启动 DM

在 DM 启动时弹出的对话框中或在启动后通过 Units 菜单（15.0 以后版本）选择建模的长度单位为 Millimeter，如图 10-51 所示。

（2）选择建模平面并创建草图

按照如下步骤进行操作。

①在 XY 平面新建草图

在 Geometry 树中单击 XYPlane，选择 XY 平面为草图平面，接着选择草图按钮新建草图，为了便于操作，单击正视按钮，选择正视自己的工作平面。

②绘制矩形

切换到草绘模式，进入绘图工具箱，选择 Rectangle（勾选 Auto-Fillet）按钮画一矩形，然后在右边的图形界面上光标改变

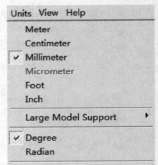

图 10-51   指定建模长度单位

为画笔形状,单击拖动画笔绘制一个矩形,注意此矩形的四个顶点分别位于不同的象限内,以方便后续的标注,如图 10-52(a)、(b)所示。

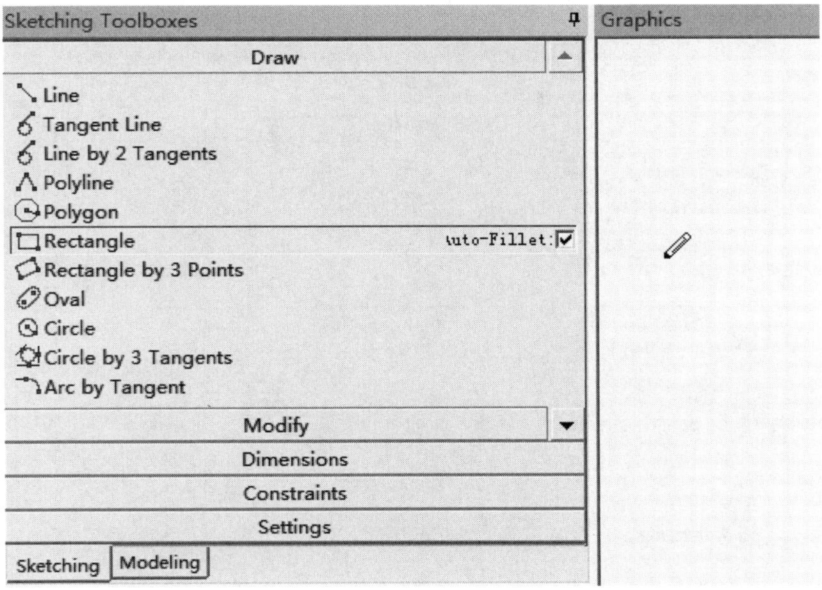

(a)

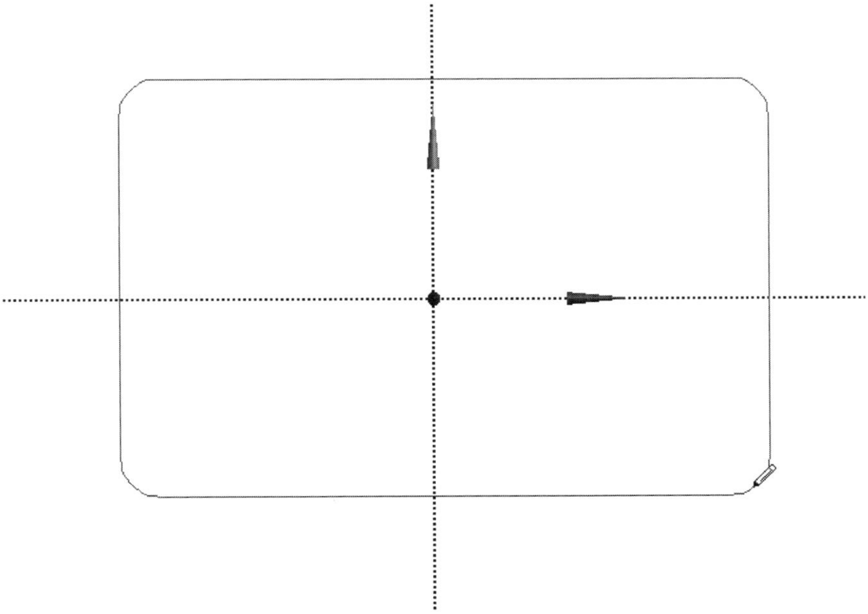

(b)

图 10-52　绘制矩形草图

③矩形尺寸标注

选中草图工具箱的 Dimensions 中的 Semi-Aotomatic 标签,对矩形及倒圆角尺寸进行标注,如图 10-53(a)、(b)、(c)所示。

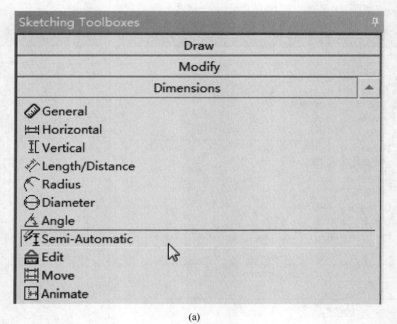

(a)

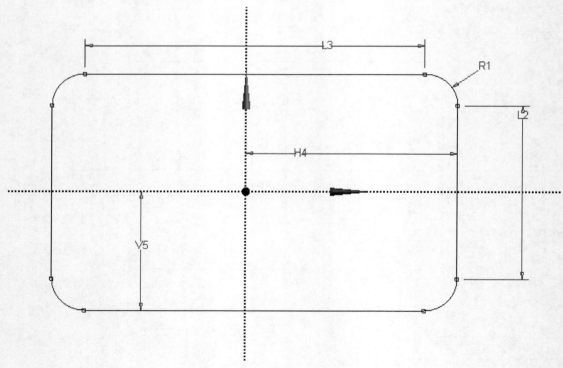

(b)

图 10-53

Details View

Details of Sketch1	
Sketch	Sketch1
Sketch Visibility	Show Sketch
Show Constraints?	No
Dimensions: 5	
H4	100 mm
L2	110 mm
L3	160 mm
R1	20 mm
V5	75 mm

(c)

图 10-53　设置矩形尺寸

(3)创建拉伸

草绘结束后，切换至 Modeling 模式。在工具栏按下 Extrude 按钮，在 Tree Outline 中添加一个 Extrude1 分支，此分支的 Details 中，选择 Geometry 为 Sketch1，单击 Apply；Operation 为 Add Material；拉伸长度 FD1 为 1 500 mm；如图 10-54 所示。单击工具栏上的 Generate 按钮，形成管柱模型，如图 10-55 所示。

Details View

Details of Extrude1	
Extrude	Extrude1
Geometry	Sketch1
Operation	Add Material
Direction Vector	None (Normal)
Direction	Normal
Extent Type	Fixed
FD1, Depth (>0)	1500 mm
As Thin/Surface?	Yes
FD2, Inward Thickness (>=0)	0 mm
FD3, Outward Thickness (>=0)	0 mm
Merge Topology?	No
Geometry Selection: 1	
Sketch	Sketch1

图 10-54　Extrude1 的 Details 设置

上述建模操作完成后，关闭 DM，返回 Workbench 界面中，此时 Model 单元格的状态图标变成待刷新的符号，如图 10-56 所示。

4. 分析模型前处理

在 Project Schematic 中双击 Model 单元格，打开 Mechanical 界面。按照如下操作步骤进行前处理操作。

(1)Geometry 分支

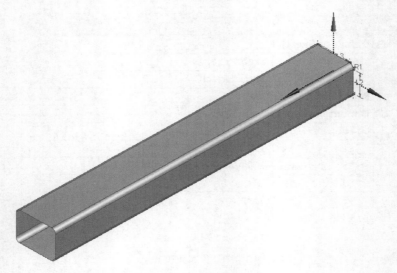

图 10-55　几何模型

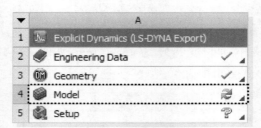

A
1 Explicit Dynamics (LS-DYNA Export)
2 Engineering Data
3 Geometry
4 Model
5 Setup
Explicit Dynamics (LS-DYNA Export)

图 10-56　几何创建完成后的系统状态

在 Geometry 分支下选择 Surface Body 分支，在其 Details 中指定 Thickness 为 2.0 mm，Material Assignment 为 ALLOY，如图 10-57 所示。

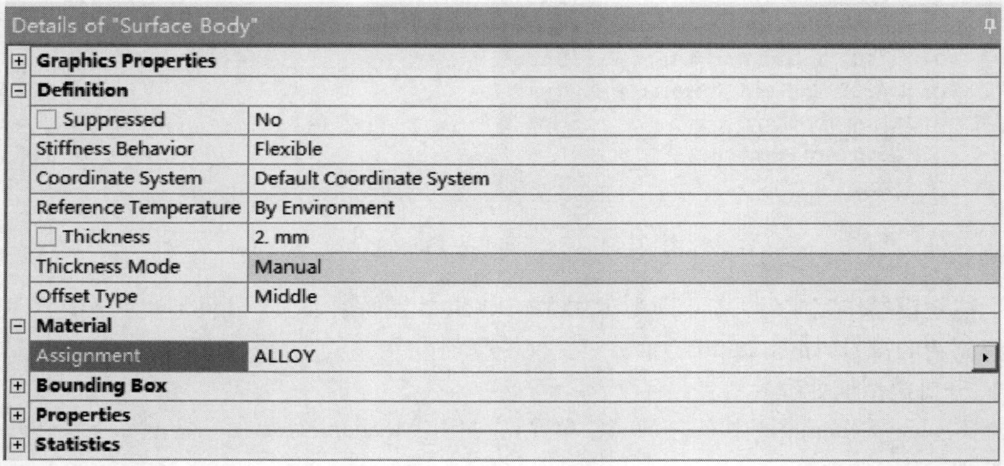

Details of "Surface Body"
Graphics Properties
Definition
Suppressed
No
Stiffness Behavior
Flexible
Coordinate System
Default Coordinate System
Reference Temperature
By Environment
Thickness
2. mm
Thickness Mode
Manual
Offset Type
Middle
Material
Assignment
ALLOY
Bounding Box
Properties
Statistics

图 10-57　Geometry 分支

（2）Connections 分支

在 Project 树中，选择 Model 分支，在其右键菜单中选择 Insert＞Connections，如图 10-58 所示。在 Model 分支下增加 Connections 分支。

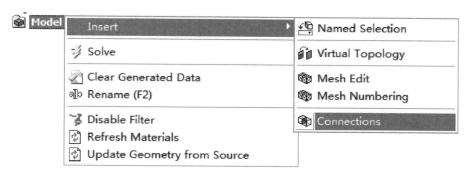

图 10-58　加入 Connections 分支

选择 Connections 分支，在其右键菜单中选择 Insert＞Body Interaction，如图 10-59(a)所示，在 Connections 分支下出现 Body Interactions 分支，在 Body Interactions 分支下包含一个 Body Interaction 分支，如图 10-59(b)所示。

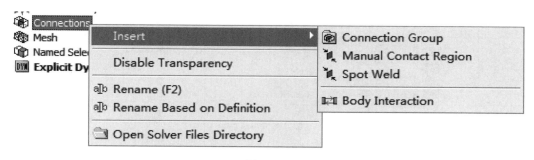

(a)

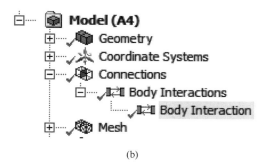

(b)

图 10-59　加入 Body Interaction

在 Body Interaction 分支的 Details 中设置 Friction Coefficient 和 Dynamic Coefficient 为 0.1，如图 10-60 所示。

（3）Mesh 分支

按照如下步骤进行 Mesh 操作。

Details of "Body Interaction"	무
Scope	
Scoping Method	Geometry Selection
Geometry	All Bodies
Definition	
Type	Frictional
Friction Coefficient	0.1
Dynamic Coefficient	0.1
Decay Constant	0.
Suppressed	No

图 10-60　设置 Body Interaction 分支属性

选择 Model 分支，在右键菜单中选择 Insert＞Named Selection，如图 10-61 所示，在 Project 树中新增一个 Named Selections 分支，此分支下包含一个 Selection 分支。

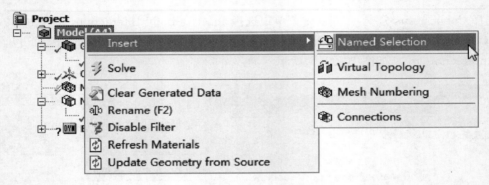

图 10-61　加入 Named Selection

选择 Selection 分支，在其 Details 中设置 Scoping Method 为 Worksheet，则自动切换至 Worksheet 视图，在其中的表格区域打开右键菜单，选择 Add Row，按照图 10-62 所示的参数进行设置，然后按 Worksheet 中的 Generate 按钮形成命名选择集合，显示如图 10-63 所示。

	Action	Entity Type	Criterion	Operator	Units	Value
☑	Add	Edge	Radius	Equal	mm	20.

图 10-62　命名集合 Selection 的 Worksheet 设置

选择 Mesh 分支，在其右键菜单中选择 Insert＞Sizing，如图 10-64 所示，在模型树中加入一个 Sizing 分支。

在 Sizing 分支的 Details 中，选择 Scoping Method 为 Named Selection，在 Named Selection 中选择之前创建的集合 Selection，选择 Type 为 Number of Divisions 并设置 Number of Divisions 为 3，如图 10-65 所示。

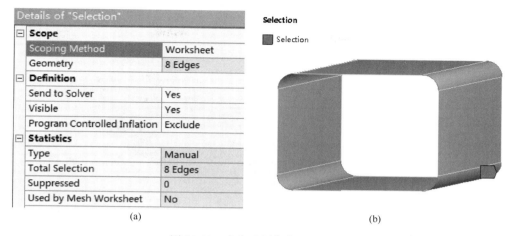

图 10-63　命名选择集合 Selection

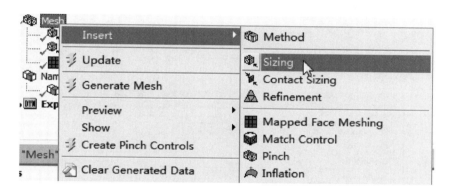

图 10-64　加入 Sizing 分支

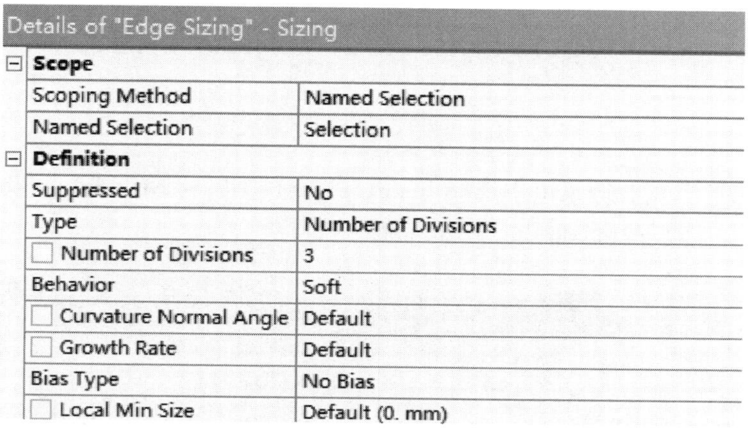

Details of "Edge Sizing" - Sizing	
Scope	
Scoping Method	Named Selection
Named Selection	Selection
Definition	
Suppressed	No
Type	Number of Divisions
☐ Number of Divisions	3
Behavior	Soft
☐ Curvature Normal Angle	Default
☐ Growth Rate	Default
Bias Type	No Bias
☐ Local Min Size	Default (0. mm)

图 10-65　Edge Sizing 设置

　　再次选择 Mesh 分支,通过右键菜单 Insert＞Sizing 加入另一个 Sizing 分支,在此 Sizing 分支的 Details 中选择 Scoping Method 为 Geometry Selection,在模型中选择如图 10-66 所示

的 4 个面，在 Details 的 Geometry 区域点 Apply 按钮，选择 Type 为 Element Size，输入 Element Size 为 10 mm，如图 10-67 所示。

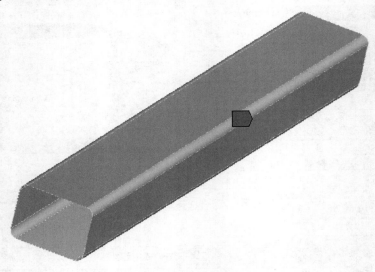

图 10-66　选择用于设置 Sizing 的面

Details of "Face Sizing" - Sizing	
Scope	
Scoping Method	Geometry Selection
Geometry	4 Faces
Definition	
Suppressed	No
Type	Element Size
☐ Element Size	10. mm
Behavior	Soft
☐ Curvature Normal Angle	Default
☐ Growth Rate	Default
☐ Local Min Size	Default (8.8311 mm)

图 10-67　Face Sizing 设置

选择 Mesh 分支，在右键菜单中选择 Insert＞Mapped Face Meshing，如图 10-68 所示，在 Mesh 分支下加入一个 Mapped Face Meshing 分支。

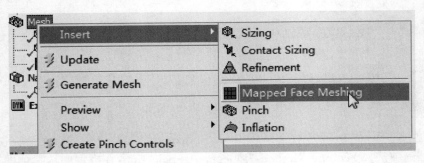

图 10-68　加入面映射网格

选择 Mapped Face Meshing 分支,在其 Details 中选择 Scoping Method 为 Geometry Selection,在工具栏中选择 Box Select,如图 10-69(a)所示。在图形区域框选所有的面,然后在 Mapped Face Meshing 分支的 Details 中单击 Geometry 项中的 Apply 按钮,此时 Geometry 显示 8 Faces,如图 10-69(b)所示。

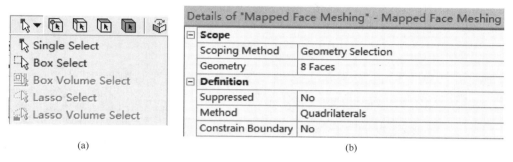

(a)   (b)

图 10-69   选择面映射划分的面

选择 Mesh 分支,在右键菜单中选择 Generate Mesh,形成网格如图 10-70 所示。

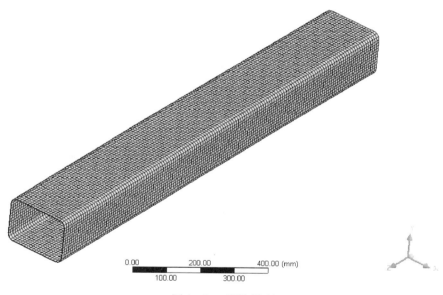

图 10-70   网格模型

5. 加载以及分析选项设置

按照如下的步骤进行加载及分析选项设置。

(1)创建命名选择集合

①创建柱固定端所有线段集合

选择 Named Selections 分支,右键菜单中选择 Insert>Named Selection,如图 10-71 所示,在 Named Selections 分支下增加一个 Selection 2 分支,在 Selection 2 分支的 Details 中选择 Scoping Method 为 Worksheet,切换至 Worksheet 视图。

在 Selection 2 的 Worksheet 视图中添加行,如图 10-72(a)所示,按图 10-72(b)所示进行

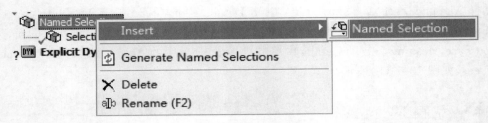

图 10-71　加入 Named Selection

设置,选择所有 Z＝0 的边(管柱的固定端),然后单击 Generate 按钮,这时 Selection 2 的 Details 中显示 Geometry 为 8 Edges,如图 10-72(c)所示。

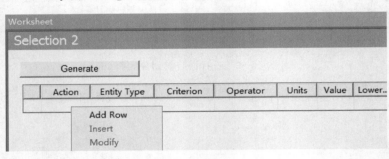

(a)

(b)

Details of "Selection 2"	
Scope	
Scoping Method	Worksheet
Geometry	8 Edges

(c)

图 10-72　指定 Selection 2 分支及其属性

②创建柱的自由端所有线段集合

按相同的操作,新增一个 Selection 3 分支,按照图 10-73(a)进行设置选择 Z＝1 500 mm 的所有边(柱的自由端),单击 Generate 按钮,Selection 3 分支的 Details 中显示 Geometry 也是 8 Edges,如图 10-73(b)所示。

(2)施加约束及荷载

①合金管的底部施加固定约束

在 Explicit Dynamics(A5)分支右键菜单中选择 Insert＞ Fixed Support,如图 10-74 所

示,在项目树的 Explicit Dynamics(A5)分支下插入一个 Fixed Support 分支。

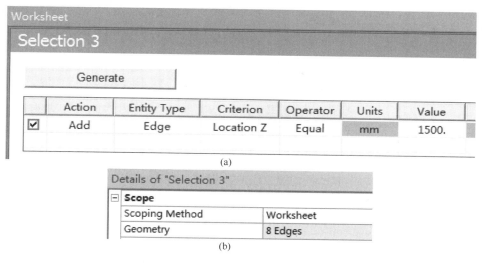

图 10-73　指定 Selection 3 分支及其属性

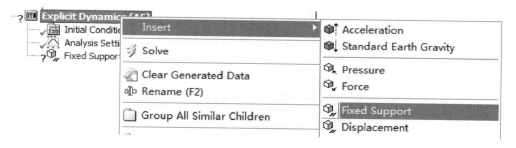

图 10-74　加入 Fixed Support

在 Fixed Support 分支的 Details 中,选择 Scope Method 为 Named Selection,Named Selection 选择 Selection 2,如图 10-75 所示。

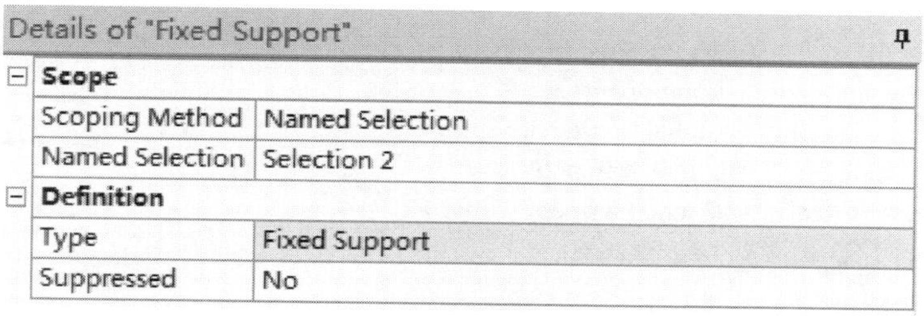

图 10-75　Fixed Support 设置

②柱自由端施加冲击位移

在 Explicit Dynamics(A5)分支右键菜单中选择 Insert>Displacement,如图 10-76 所示,在 Explicit Dynamics(A5)分支下增加一个 Displacement 分支,在 Displacement 分支的 Details 中,Scope Method 选择 Named Selection,Named Selection 选择 Selection 3;Define By

选择 Components；在 X Component 和 Y Component 中直接填写 0 mm，如图 10-77 所示；选择 Z Component，点其右端的三角形按钮，在弹出的选项菜单中选择 Tabular，如图 10-78(a)所示，然后在界面右下方的 Tabular Data 中填写 Z 向位移数表，如图 10-78(b)所示。

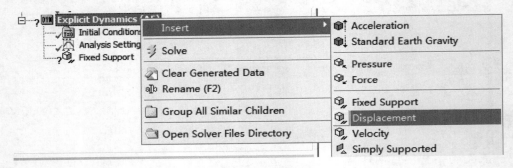

图 10-76　加入 Displacement 分支

Details of "Displacement"	
Scope	
Scoping Method	Named Selection
Named Selection	Selection 3
Definition	
Type	Displacement
Define By	Components
Coordinate System	Global Coordinate System
☐ X Component	0. mm (ramped)
☐ Y Component	0. mm (ramped)
Z Component	Tabular Data
Suppressed	No
Tabular Data	
Independent Variable	Time

图 10-77　Displacement 分支的 Details 设置

Type	Displacement
Define By	Components
Coordinate System	Global Coordinate System
☐ X Component	0. mm (ramped)
☐ Y Component	0. mm (ramped)
Z Component	Tabular Data
Suppressed	No
Tabular Data	
Independent Variable	Time

Geometry / Pri

Messages

	Text
Info	LS-DYI

Import...
Export...

Constant
Tabular
Free

(a)

图　10-78

Tabular Data					
	Steps	Time [s]	☑ X [mm]	☑ Y [mm]	☑ Z [mm]
1	1	0.	0.	0.	0.
2	1	5.e-003	0.	0.	-1000.
*					

(b)

图 10-78　定义位移表格

（3）设置分析选项

选择 Analysis Settings 分支，在 Details 中的 Step Controls 中指定 End Time 为 0.005 s，指定 Maximum Energy Error 为 10%；在 Solver Controls 中选择 Full Shell Integration 为 No；在 Output Controls 中选择 Save Results on Equally Spaced Points，且点数为 50。

6. 输出关键字文件

上述设置完成后，通过工具栏上的 Solve 按钮求解即可输出 LS-DYNA 关键字文件，将此文件以 buckling.k 为文件名复制到一个新建的计算目录中。

10.2.3　求解及后处理

1. 求解

按照如下步骤完成求解。

（1）打开 Mechanical APDL Product Launcher。

（2）在 Product Launcher 左上角的 Simulation Environment 中选择 LS-DYNA Solver，License 中选择相应的授权。

（3）在 File Management 标签下的 Working Directory 中设置工作路径为新建的计算目录，在 Keyword Input File 中通过 Browse 按钮浏览指向本次分析的关键字文件 buckling.k，如图 10-79 所示。

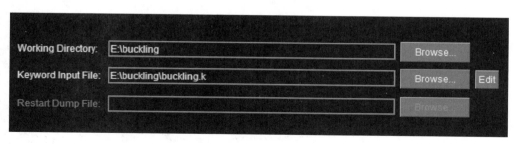

图 10-79　File Management 标签设置

（4）切换到 Customization/Preferences 标签，设置合适的 Memory 和 Number of CPUs。注意 CPU 设置不仅依赖于硬件核数，也与授权的并行计算核数有关。

（5）点 Product Launcher 下面的 Run 按钮，即递交 LS-DYNA 求解器开始计算。

2. 后处理

计算完成后，按照如下步骤完成计算结果的后处理操作。

在 Windows 开始菜单的 LS-Prepost-4.0 程序组中选择 LS-Prepost-4.0,启动 LS-Prepost,按 Ctrl+F11 切换至传统模式,打开计算目录下的 d3plot 文件。

在右侧功能区第 1 页按钮中选择 SplitW,在 Window Configuration 中选择 2×2,如图 10-80 所示。通过 Draw to Subwindow 选择绘制图形的子窗口,如图 10-81 所示。

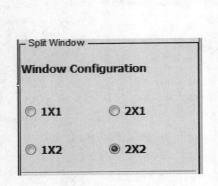

图 10-80　2×2 分窗口视图　　　　　　　图 10-81　子窗口绘图

通过动画观察,在不同的分窗口绘制一系列不同时刻的结构变形情况,如图 10-82 所示。

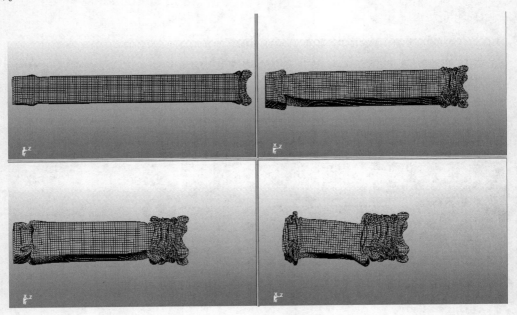

图 10-82　结构在不同时刻的变形情况

在各分窗口中,通过 SplitW 面板的 Draw to Subwindow 选择各窗口,然后选择功能面板的 Fcomp>Stress>Von-Mises stress,绘制一系列时刻结构等效应力分布情况如图 10-83 所示。

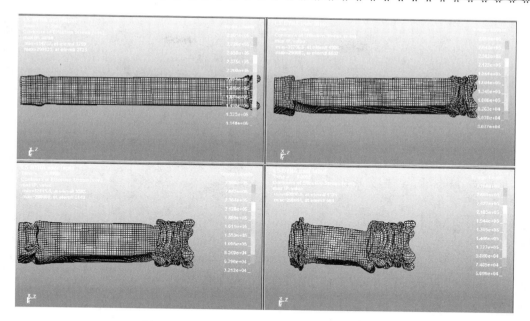

图 10-83　结构在不同时刻的等效应力分布情况

第 11 章　侵彻分析例题

侵彻是一类可通过 LS-DYNA 分析的典型非线性动力问题。本章以一个子弹击穿双层钢板的动力问题分析为例介绍侵彻分析的实现方法，内容包括问题描述、建立分析模型、第一次分析、重启动分析及后处理、分析的关键字文件等。

11.1　问题描述

一个直径 15 mm、长 45 mm 的子弹以 1 000 m/s 的初速度垂直射向两层钢板，钢板尺寸均为 150 mm×150 mm×8 mm，钢板间距为 55 mm，如图 11-1 所示。

子弹击穿钢板包括两个受力阶段：第一阶段为 0～6e−5 s 时间内击穿第一块钢板，第二阶段为在 6e−5 s～1.8e−4 s 时间内击穿第二块钢板。本例题计算过程中首先分析第一个阶段，然后以第一阶段结束的应力状态为起点，通过完全重启动分析来完成第二阶段分析。

本次分析将采用 ANSYS Workbench 中的显式动力学前处理系统建立分析模型并写出 K 文件，然后提交给 LS-DYNA 求解器进行求解，最后在 LS-PrePost 中对分析结果进行相关后处理操作。

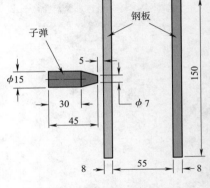

图 11-1　子弹及钢板
尺寸(单位:mm)

11.2　建立分析模型

11.2.1　创建工作系统及定义材料属性

按照如下步骤进行操作。

1. 启动 ANSYS Workbench 操作界面，选择 File＞Save，以"Bullet Penetration"作为名称保存分析项目文件。

2. 创建显式前处理系统

在 Workbench 的工具箱中选择 Component Systems 中的 Explicit Dynamics（LS-DYNA Export），将其拖至右侧的项目图解窗口中，如图 11-2所示。

3. 定义材料参数

（1）双击 A2 Engineering Data 单元格，进入

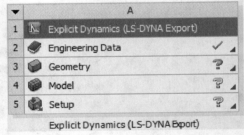

图 11-2　显式动力学分析系统

Engineering Data 界面；

（2）选择 Engineering Data Source 按钮🔳；

（3）在 Engineering Data Source 表格中选中 Explicit Materials；

（4）在 Outline of Explicit Materials 表格中，转动滚轮定位至 STEEL 1006，单击其右侧的
🔳，将其添加至当前材料；

（5）再次单击 Engineering Data Source 按钮🔳，可以看到此时的 Engineering Data 中包括
STEEL 1006 和 Structural Steel 两种材料；

（6）选中 STEEL 1006，然后双击窗口左侧的 Toolbox＞Failure＞Johnson Cook Failure，并在
STEEL1006 的材料明细表格中输入相关参数取值，D1：−0.8、D2：2.1、D3：−0.5、D4：0.0002、
D5：0.61、Melting Temperature：1400、Reference Strain Rate(/sec)：1，如图 11-3 所示；

（7）单击 Return To Project 或关闭 Engineering Data，返回 Workbench 界面。

	A	B	C	D	E
	Property	Value	Unit	✕	🔁
1					
2	Density	7896	kg m^-3 ▾		☐
3	Specific Heat	452	J kg^-1 C^-1 ▾		☐
4	⊟ Johnson Cook Strength			☐	
5	Strain Rate Correction	First-Order ▾			
6	Initial Yield Stress	3.5E+08	Pa ▾		☐
7	Hardening Constant	2.75E+08	Pa ▾		☐
8	Hardening Exponent	0.36			☐
9	Strain Rate Constant	0.022			☐
10	Thermal Softening Exponent	1			☐
11	Melting Temperature	1400	C ▾		☐
12	Reference Strain Rate (/sec)	1			☐
13	Shear Modulus	8.18E+10	Pa ▾		☐
14	⊟ Shock EOS Linear			☐	
15	Gruneisen Coefficient	2.17			☐
16	Parameter C1	4569	m s^-1 ▾		☐
17	Parameter S1	1.49			☐
18	Parameter Quadratic S2	0	s m^-1 ▾		☐
19	⊟ Johnson Cook Failure			☐	
20	Damage Constant D1	-0.8			☐
21	Damage Constant D2	2.1			☐
22	Damage Constant D3	-0.5			☐
23	Damage Constant D4	0.0002			☐
24	Damage Constant D5	0.61			☐
25	Melting Temperature	1400	C ▾		☐
26	Reference Strain Rate (/sec)	1			☐

Properties of Outline Row 3: STEEL 1006

图 11-3　STEEL 1006 材料属性

11.2.2　建立几何模型

按照如下步骤创建几何模型。

1. 启动 DM 并选择建模长度单位

双击 A3 Geometry 启动 DM,选择"mm"作为建模长度单位。

2. 绘制子弹草图

选中结构树中的 XY Plane,单击 Sketching 标签打开草图绘制工具箱,然后在 XY 平面上绘制子弹草图,具体操作如下:

(1)单击 Draw>Circle,以坐标原点为圆心绘制一个圆(鼠标放置于原点位置时会出现"P"字符);

(2)单击 Dimension>General,对圆环进行标注;

(3)在左侧 Details 中,输入圆直径为 15 mm。

3. 创建子弹实体

选择工具栏中的 Extrude 按钮,拉伸子弹草图创建子弹体的几何模型,具体操作如下:

(1)在 Details 中的 Geometry 项中选定子弹草图 Sketch1;

(2)确保 Operation 为 Add Material,Direction 为 Normal,Extent Type 为 Fixed;

(3)输入 FD1,Depth(>0)为 45 mm;

(4)单击工具栏中的 Generate 工具,完成子弹几何模型的创建,如图 11-4 所示。

图 11-4　创建子弹几何模型

4. 创建子弹尖端倒角

(1)选择 Create>Chamfer 菜单项目,在 Tree Outline 中增加一个 Chamfer1 分支;

(2)在 Chamfer1 分支的 Details 中,在 Geometry 中拾取一Z 方向单端端边;

(3)更改 Type 为 Left-Right;

(4)输入 FD1,Left Length(>0)为 15 mm,输入 FD2,Right Length(>0)为 4 mm;

(5)单击 Generate,完成倒角的穿件,如图 11-5 所示。

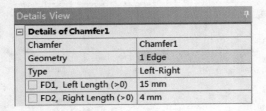

图 11-5　创建子弹尖端倒角

5. 创建钢板草绘平面

单击工具栏中的创建新平面工具 ，创建钢板草绘平面，具体设置如下：

（1）在 Base Plane 一项中选择结构树中的 XYPlane；

（2）更改 Transform 1(RMB)为 Offset Z，输入 FD1，Value 1 为一5 mm；

（3）单击工具栏中的 Generate 工具，完成钢板草绘平面的创建，如图 11-6 所示。

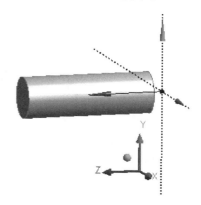

Details of Plane1	
Plane	Plane1
Sketches	1
Type	From Plane
Base Plane	XYPlane
Transform 1 (RMB)	Offset Z
☐ FD1, Value 1	-5 mm
Transform 2 (RMB)	None
Reverse Normal/Z-Axis?	No
Flip XY-Axes?	No
Export Coordinate System?	No

图 11-6　创建钢板草绘平面

6. 创建钢板草图

选中上一步创建的 Plane1，单击 Sketching 标签切换至草图模式并创建钢板草图，具体操作步骤如下：

（1）单击 Draw＞Rectangle，绘制一个矩形；

（2）单击 Constraints＞Symmetry，依次选择 Y 轴、矩形的两个竖直边，添加对称约束；

（3）单击 Constraints＞Symmetry，依次选择 X 轴、矩形的两个水平边，添加对称约束；

（4）单击 Dimension＞General，标注圆直径及矩形的两个边长；

（5）在左侧 Details 中，输入矩形横边长度、竖直边长度为 150 mm；如图 11-7 所示。

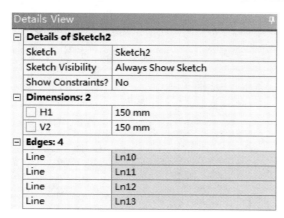

Details of Sketch2	
Sketch	Sketch2
Sketch Visibility	Always Show Sketch
Show Constraints?	No
Dimensions: 2	
☐ H1	150 mm
☐ V2	150 mm
Edges: 4	
Line	Ln10
Line	Ln11
Line	Ln12
Line	Ln13

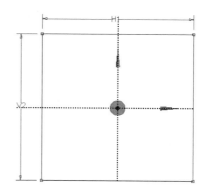

图 11-7　绘制钢板草图

7. 形成钢板实体

单击工具栏中的 Extrude 工具，拉伸钢板草图，创建钢板几何模型，具体操作如下：

（1）在 Details 中的 Geometry 项中选定钢板草图 Sketch2；

（2）确保 Operation 为 Add Material，Direction 为 Reversed，Extent Type 为 Fixed；

（3）输入 FD1，Depth（＞0）为 8 mm；

（4）单击工具栏中的 Generate 工具，完成钢板几何模型的创建，如图 11-8 所示；

Details View	
Details of Extrude2	
Extrude	Extrude2
Geometry	Sketch2
Operation	Add Material
Direction Vector	None (Normal)
Direction	Reversed
Extent Type	Fixed
☐ FD1, Depth (>0)	8 mm
As Thin/Surface?	No
Merge Topology?	Yes
Geometry Selection: 1	
Sketch	Sketch2

图 11-8　创建钢板几何模型

（5）单击 Create＞Body Transformation＞Translate；

（6）在 Details 中，将 Preserve Bodies 更改为 Yes；

（7）更改 Direction Definition 为 Coordinates，并输入 FD5，Z Offset 为－63 mm；

（8）单击 Generate，完成第二块钢板几何模型的创建，如图 11-9 所示。

Details View	
Details of Translate1	
Translate	Translate1
Preserve Bodies?	Yes
Bodies	1
Direction Definition	Coordinates
☐ FD3, X Offset	0 mm
☐ FD4, Y Offset	0 mm
☐ FD5, Z Offset	-63 mm

图 11-9　创建第二块钢板的几何模型

8. 创建 1/2 子弹及钢板几何模型

具体操作如下：

（1）单击 Create＞Slice；

（2）将 Slice Type 改为 Slice by Plane；

（3）在 Base Plane 中选择 YZPlane；

（4）Slice Targets 选择 All Bodies；

（5）单击 Generate，完成分割操作；

（6）在结构树中选中＋Z 方向的子弹及钢板模型，单击鼠标右键选择 Suppress Body，然后分别重命名剩余的子弹及钢板模型为 Bullet、Plate1 和 Plate2，如图 11-10 所示。

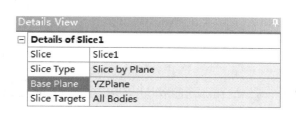
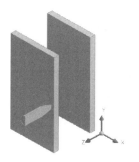

图 11-10　创建 1/2 子弹及钢板几何模型

9. 保存几何模型并退出 DM

保存几何模型，关闭 DM，返回 Workbench 界面。

11.2.3　网格划分

按照如下步骤进行网格划分操作。

1. 启动 Mechanical 界面

在 Workbench 中，双击 A4 Model 单元格，启动 Mechanical 界面。

2. Geometry 分支

依次分别选中结构树中的 Model＞Geometry，按 Ctrl 键选中子弹及钢板模型，并在 Details 中将 Material＞Assignment 改为"STEEL 1006"，如图 11-11 所示。

3. Connections 分支

选择结构树中的 Connections＞Body Interactions＞Body Interaction，然后将 Definition＞Type 改为 Frictional，输入 Friction Coefficient 为 0.15，Dynamic Coefficient 为 0.1，如图11-12 所示。如果 Connections 分支下包含 Contact Region 分支，将其全部抑制。

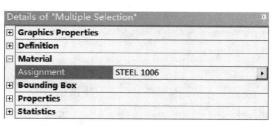

图 11-11　指派材料

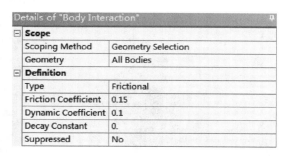

图 11-12　定义接触关系

4. 总体 Mesh 设置

选中结构树中的 Model＞Mesh 分支，在其 Details 中，确保 Sizing 下的 Use Advanced Size Function 为 Off，Relevance Center 为 Medium，其他选项采用缺省设置。

5. 局部 Mesh 尺寸设置

选中 Mesh 分支，在上下文工具栏中选择 Mesh Control＞Sizing，然后在加入的 Sizing 分支的 Details 中进行如下设置：

（1）在 Scope＞Geometry 中选择两个钢板；

（2）确保 Definition＞Type 为 Element Size，并输入 Element Size 为 2 mm，如图 11-13 所示；

（3）参照上一步操作，为子弹＋Z 方向的半圆面添加 Face Sizing 为 2 mm。

6. Mesh 方法设置

在工具栏中选择 Mesh Control＞Method，然后在加入的 Method 分支的 Details 中进行如下设置：

（1）在 Scope＞Geometry 中选择子弹模型；

（2）更改 Definition＞Method 为 MultiZone；

（3）更改 Surface Mesh Method 为 Uniform，如图 11-14 所示。

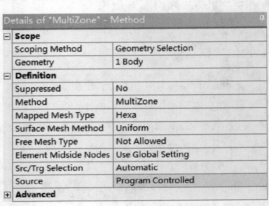

Details of "Body Sizing" - Sizing	
Scope	
Scoping Method	Geometry Selection
Geometry	2 Bodies
Definition	
Suppressed	No
Type	Element Size
☐ Element Size	2. mm
Behavior	Soft

图 11-13　钢板尺寸控制明细设置

Details of "MultiZone" - Method	
Scope	
Scoping Method	Geometry Selection
Geometry	1 Body
Definition	
Suppressed	No
Method	MultiZone
Mapped Mesh Type	Hexa
Surface Mesh Method	Uniform
Free Mesh Type	Not Allowed
Element Midside Nodes	Use Global Setting
Src/Trg Selection	Automatic
Source	Program Controlled
⊞ **Advanced**	

图 11-14　MultiZone 网格控制明细设置

7. 网格划分

鼠标右键单击结构树中的 Mesh 分支，选择 Generate Mesh 执行网格划分，离散后有限元模型如图 11-15 所示，共计包括 30 459 个节点，23 360 个单元。

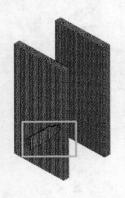
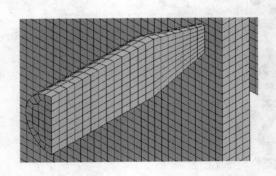

图 11-15　子弹及钢板有限元模型

8. 网格质量检测

更改 Mesh 分支 Details 下的 Statics＞Mesh Metric 为 Element Quality，可以看到当前网格全部为 8 节点六面体单元，如图 11-16 所示。

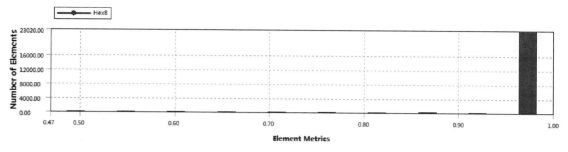

图 11-16　网格质量

9. 保存模型

单击 File＞Save Project，保存网格划分的结果。

11.3　第一次分析

11.3.1　分析设置及输出 k 文件

1. 分析设置

选中结构树的 Explicit Dynamics(A5)＞Analysis Settings，在其 Details 中进行如下设置：

(1)在 Step Controls＞End Time 中输入 6e－5 s；

(2)将 Maximum Energy Error(％)改为 0；

(3)在 Time Step Safety Factor 中输入 0.6；

(4)将 Damping Controls＞Quadratic Artificial Viscosity 改为 1；

(5)在 Output Controls＞Number of Points 中输入 200，其他选项保持缺省设置，如图11-17所示。

Details of "Analysis Settings"	
Step Controls	
Maximum Number of Cycles	10000000
End Time	6.e-005 s
Maximum Energy Error (%)	0.
Initial Time Step	Program Controlled
Maximum Time Step	Program Controlled
Time Step Safety Factor	0.6
Automatic Mass Scaling	No
Solver Controls	
Damping Controls	
Linear Artificial Viscosity	6.e-002
Quadratic Artificial Viscosity	1.
Hourglass Damping	Standard
Viscous Coefficient	0.1
Static Damping	0.
Erosion Controls	
Output Controls	
Save Results on	Equally Spaced Points
Number of points	200
Save Restart Files on	Cycles

图 11-17　求解设置

2. 定义初始速度

鼠标右键单击 Explicit Dynamics(A5)＞Initial Conditions，然后选择 Insert＞Velocity，在 Details 中进行如下设置：

（1）在 Scope＞Geometry 中选择子弹模型；

（2）确保 Define By 为 Components，并输入 Z Component 为－1 000 m/s，如图 11-18 所示。

Details of "Velocity"	
Scope	
Scoping Method	Geometry Selection
Geometry	1 Body
Definition	
Input Type	Velocity
Define By	Components
Coordinate System	Global Coordinate System
☐ X Component	0. m/s
☐ Y Component	0. m/s
☐ Z Component	-1000. m/s
Suppressed	No

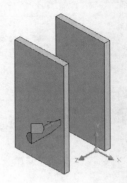

图 11-18　定义子弹初速度

3. 施加周边固定边界条件

选中 Explicit Dynamics（A5），在上下文工具栏中单击 Supports＞Fixed Support，在 Details 中的 Geometry 下选择两个钢板除剖分面外的 6 个侧面。

4. 施加对称面边界条件

在上下文工具栏中单击 Supports＞Displacement，在 Details 中的 Geometry 下选择两个钢板及子弹的剖分面，然后更改 Definition＞Define By 为 Components，并输入 X Component 为 0，如图 11-19 所示。

Details of "Displacement"	
Scope	
Scoping Method	Geometry Selection
Geometry	3 Faces
Definition	
Type	Displacement
Define By	Components
Coordinate System	Global Coordinate System
☐ X Component	0. m (ramped)
Y Component	Free
Z Component	Free
Suppressed	No

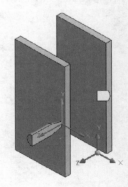

图 11-19　施加对称面的约束

5. 抑制 Plate2

因首次分析时的分析对象仅包括子弹及第一块钢板，故在结构树中选中 Plate2，单击鼠标右键选择 Suppress Body，将其抑制。

6. 输出 k 文件

鼠标右键单击结构树中的 Explicit Dynamics（A5），选择 Solve，此时会提示"LS-DYNA keyword file has been created"。

7. 建立工作路径并复制 k 文件

（1）在 Workbench 中，确保 View>Files 处于勾选状态，在窗口下方的表格中右键单击名为"LSDYNAexport. k"的单元格并选择 Open Containing Folder，打开其所在目录。

（2）新创建一个名为"First"的文件夹作为工作目录（路径中不包括中文字符），然后将上一步中的 LSDYNAexport. k 文件拷贝至该文件夹中。

8. 退出 Workbench

单击 File>Save Project，保存分析项目，关闭 Workbench。

11. 3. 2　LS-DYNA 求解

按照如下步骤进行求解。

1. 启动 Mechanical APDL Product Launcher

通过开始菜单的 ANSYS 程序组，启动 Mechanical APDL Product Launcher。

2. 选择分析类型

在 Product Launcher 中，Simulation Environment 栏选择 LS-DYNA Solver，License 选择为 ANSYS LS-DYNA，Analysis Type 选择 Typical LS-DYNA Analysis。

3. File Management 标签

在 File Management 标签下，Working Directory 设定为关键字文件所在的目录，Keyword Input File 中指向工作目录下的 LSDYNAexport. k 文件，如图 11-20 所示。

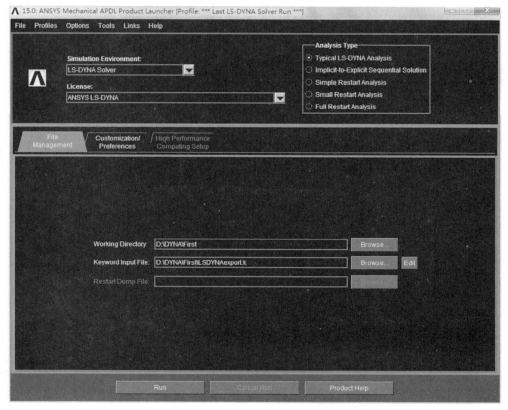

图 11-20　ANSYS 启动窗口

4. 开始计算

点 Mechanical APDL Product Launcher 左下方的 Run 按钮,即可将关键字文件递交 LS-DYNA 求解程序并开始计算。

5. 求解过程监控

在求解过程中,可以通过程序的输出窗口观察到单元失效的过程,采用 SW2 选择开关可以获取实时信息,图 11-21 为计算中单元失效时,屏幕输出窗口的显示内容:

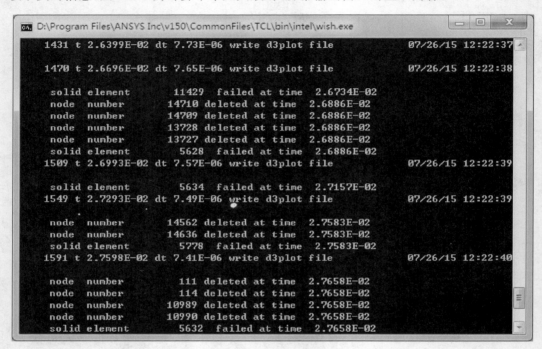

图 11-21　单元失效时的输出信息

求解完成后,屏幕输出窗口提示 Normal Termination !,按任意键退出。

11.3.3　结果分析

本节将利用 LS-PrePost 程序进行后处理操作。

1. 启动 LS-PrePost-4.0

通过开始菜单启动 LS-PrePost-4.0 程序。

2. 导入结果文件

在菜单中单击 File＞Open＞Binary Plot,打开工作目录下的二进制结果文件 D3plot,将结果信息读入 LS-PrePost 后处理器,在绘图区域出现计算模型。

3. 观察侵彻过程的动画

通过动画播放控制台,可观察侵彻的整个动态过程。

单击菜单中的 FEM＞Model and Part＞Split Window,在 Split Window 面板的 Window Configuration 选项中选择 2×2 复选框,在 Draw to Subwindow 选项中,选择所需的 Subwindow,在动画控制台中选择各个切分窗口中要显示的结果子步。

图 11-22 为子弹与钢板接触过程的一系列时间步的结果：

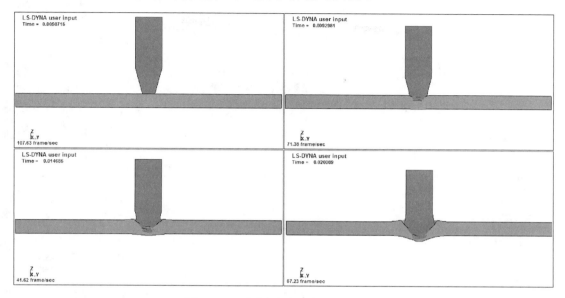

图 11-22　子弹与钢板的侵蚀接触过程

图 11-23 为子弹击穿钢板前后的几个时间步的结果：

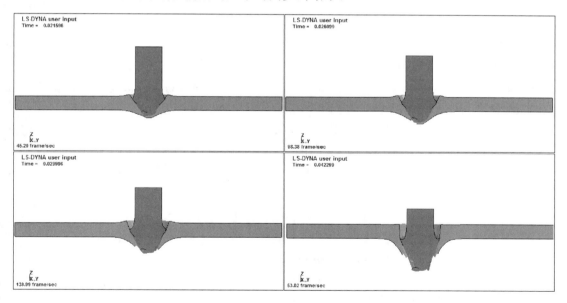

图 11-23　子弹击穿钢板前后的变形情况

4. 观察子弹内的等效应力分布

依次选中各个切分窗口并进行如下的操作：

（1）单击菜单中的 FEM＞Model and Part＞Assembly and Select Part，在 Part 标签下选中 1Bullet，然后单击 Done；

（2）单击菜单中的 FEM＞Post＞Fringe Component，在 Fringe Component 面板中，选择

Stress 下的 Von Mises Stress，点 Done 按钮；利用动画播放控制台，选择所需显示的子步结果。

图 11-24 为一系列不同时刻子弹体内 Von Mises 等效应力等值线分布云图：

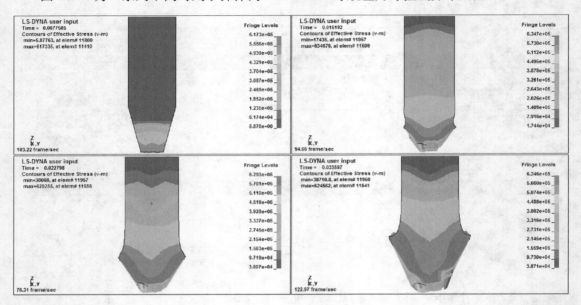

图 11-24　Von-Mises 应力分布

5. 观察靶板的应力变化情况

依次选中各个切分窗口并进行如下的操作：

(1)单击菜单中的 FEM＞Model and Part＞Assembly and Select Part，在 Part 标签下选中 2Plate1，然后单击 Done；

(2)单击菜单中的 FEM＞Post＞Fringe Component，在 Fringe Component 面板中，选择 Stress 下的 Von Mises Stress，点 Done 按钮；

(3)单击菜单中的 FEM＞Model and Part＞Reflect Model，选中 Reflect about YZ plane 后单击 Done，将半个钢板镜像复制；

(4)利用动画播放控制台，选择所需显示的子步结果。

图 11-25 为一系列不同时刻钢板内 Von Mises 等效应力等值线分布云图：

6. 观察子弹侵彻过程的塑性应变变化

(1)单击菜单中的 FEM＞Model and Part＞Assembly and Select Part，在 Part 标签下选中 1Bullet 和 2Plate1，然后单击 Done；

(2)单击菜单中的 FEM＞Model and Part＞Reflect Model，取消模型镜像；

(3)单击菜单中的 FEM＞Post＞Fringe Component，在 Fringe Component 面板中，选择 Stress 下的 Plastic Strain，点 Done 按钮；

(4)利用动画播放控制台，选择所需显示的子步结果；

(5)单击菜单中的 File＞Movie，设定精度、保存路径及名称后单击 Start 按钮，将输出子弹侵彻过程塑性应变变化动画。

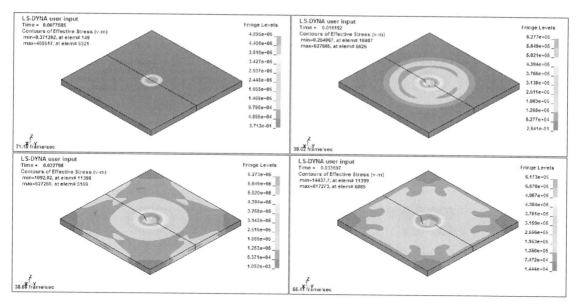

图 11-25　钢板中的应力分布

图 11-26 为一系列不同时刻子弹侵彻钢板时的塑性应变分布云图：

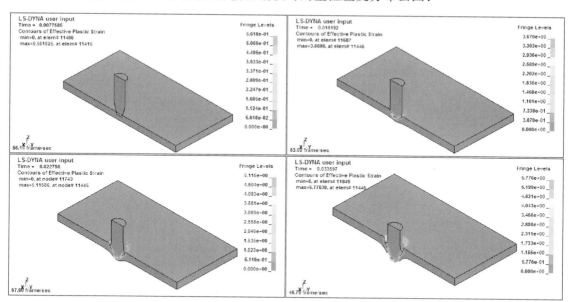

图 11-26　子弹侵彻钢板时的塑性应变分布云图

7. 观察子弹体侵彻前后的速度变化历程

可以观察子弹上选定节点的速度时间历程曲线，以分析侵彻钢板前后子弹的速度变化情况。

比如：选择程序主菜单的 FEM＞Post＞History，在 History 面板中，选中 Nodal 复选框，在绘图项目列表中选择 Z-velocity，然后在图形显示窗口中拾取子弹剖面中间区域的一个节点,最后单击 Plot 按钮,此时弹出 PlotWindow-1 窗口中绘出了该点的 Z 向速度时间历程,如图 11-27 所示。

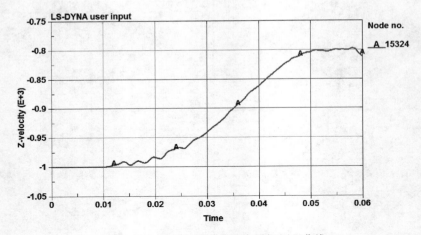

图 11-27　某节点的 Z 向速度时间历程曲线

8. 观察子弹体在侵彻过程中的加速度历程

还可以观察子弹上选定节点的加速度时间历程曲线,以分析侵彻钢板前后子弹的加速度变化情况。

在 History 面板中的绘图项目列表中选择 Z-acceleration,点面板最下面的 Plot 按钮,将弹出 PlotWindow-1 窗口,该点的 Z 向加速度时间历程如图 11-28 所示。

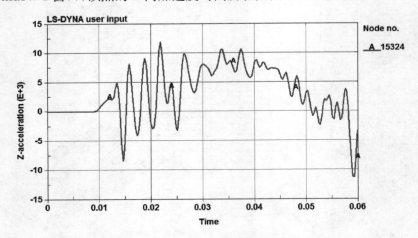

图 11-28　某节点的 Z 向加速度时间历程曲线

9. 观察子弹侵彻过程中的能量变化

单击主菜单的 FEM>Post>ASCII,在 ASCII 面板中选中 glstat＊,单击 File 打开工作目录中的 glstat 文件,在绘图列表中 1-Kinetic Energy、2-Internal Energy、3-Total Energy、6-Hourglass Energy,然后单击 Plot 按钮,此时将弹出 PlotWindow-1 窗口并绘出子弹侵彻钢板过程中的能量变化曲线,如图 11-29 所示。

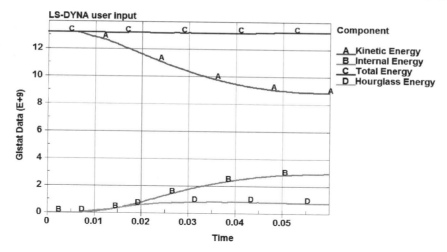

图 11-29　子弹侵彻过程中的能量变化曲线

11.4　重启动分析

11.4.1　分析设置及输出 k 文件

按照如下此步骤进行操作。

1. 打开先前创建的 Workbench 分析项目 wbpj 文件。

2. 启动 Mechanical 程序

在 Workbench 的 Project Schematic 中,双击 A5 Setup 单元格启动 Mechanical 程序。

3. 解除 Plate2 的抑制

在结构树中右键单击 Model>Geometry>Plate2,选择 Unsuppress Body,解除第二块钢板的抑制。

4. 修改分析时间

在 Explicit Dynamic(A5)> Analysis Settings> Step Controls> End Time 中输入 1.8e−4 s,其他选项与先前设置一致。

5. 导出 k 文件

鼠标右键单击结构树中的 Explicit Dynamics(A5),选择 Solve,此时会提示"LS-DYNA keyword file has been created"。

6. 建立重启动工作路径并复制文件

(1)在 Workbench 中,确保 View>Files 处于勾选状态,在窗口下方的表格中右键单击名为"LSDYNAexport.k"的单元格并选择 Open Containing Folder,打开其所在目录。

(2)新创建一个名为"Restart"的文件夹作为工作目录(路径中不包括中文字符),然后将上一步中的 LSDYNAexport.k 文件拷贝至该文件夹中。

(3)打开第一次分析目录"First"文件夹,拷贝"d3dump01"文件至新的工作目录"Restart"文件夹下。

7. 修改 k 文件

　　打开 Restart 文件夹下的 LSDYNAexport. k 文件,在文件末尾"＊End"命令前添加一行命令"＊STRESS_INITIALIZATION",该命令用于初始化子弹及第一块钢板的应力状态,保存并关闭 k 文件。

11.4.2　执行重启动分析

　　按照如下步骤进行重启动分析。

　　1. 启动 Mechanical APDL Product Launcher

　　通过开始菜单的 ANSYS 程序组,启动 Mechanical APDL Product Launcher。

　　2. 选择分析类型及文件

　　(1)完全重启动类型选择

　　选择 Simulation Environment 为 LS-DYNA Solver,License 选择为 ANSYS LS-DYNA,Analysis Type 选择 Full Restart Analysis。

　　(2)File Management 标签

　　在 File Management 标签下,Working Directory 设定为关键字文件所在的目录,Keyword Input File 中指向工作目录下的 LSDYNAexport. k 文件,Restart Dump File 指向拷贝至工作目录的 d3dump01 文件,如图 11-30 所示。

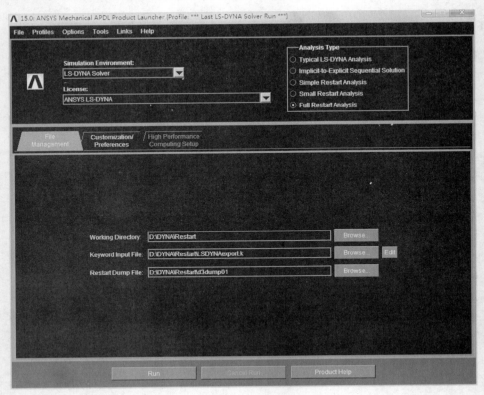

图 11-30　ANSYS 启动窗口

　　3. 重启动分析

　　按下 Mechanical APDL Product Launcher 左下方的 Run 按钮,开始重启动分析。在求解

过程中同样可以通过程序的输出窗口观察到单元失效的过程。采用 SW2 选择开关可以获取实时信息。求解完成后，屏幕输出窗口提示 Normal Termination !，按任意键退出。

11.4.3　重启动分析后处理

按照如下步骤基于 LS-PrePost 程序进行后处理操作。

1. 启动 LS-PrePost-4.0

通过开始菜单启动 LS-PrePost-4.0 程序。

2. 导入结果文件

在菜单中单击 File＞Open＞Binary Plot，打开工作目录下的二进制结果文件 D3plotaa，将结果信息读入 LS-PrePost 后处理器，在绘图区域出现计算模型，如图 11-31 所示。

3. 观察侵彻的动态过程

单击菜单中的 FEM＞Model and Part＞Split Window，在 Split Window 面板的 Window Configuration 选项中选择 2×2 复选框，在 Draw to Subwindow 选项中，选择所需的 Subwindow，在动画控制台中选择各个切分窗口中要显示的结果步。

图 11-32 为子弹与第二块钢板接触过程的一系列时间步的结果。

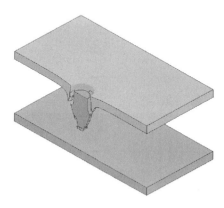

图 11-31　导入 LS-PrePost 的初始模型

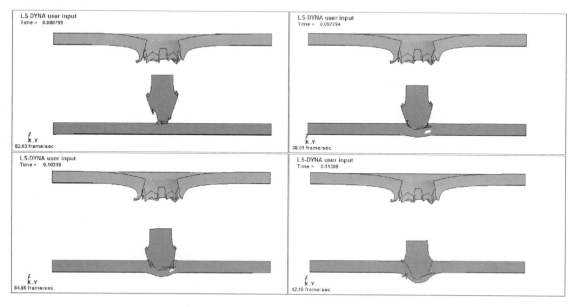

图 11-32　子弹与钢板的侵蚀接触过程

图 11-33 为子弹击穿钢板前后的几个时间步的结果。

4. 观察子弹内的等效应力分布

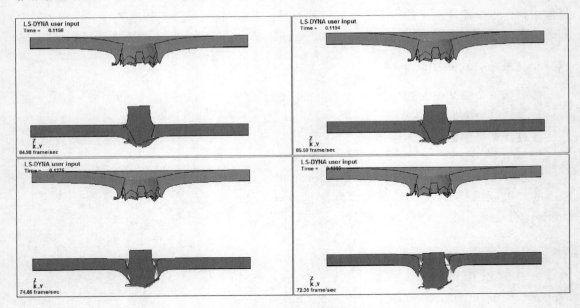

图 11-33   子弹击穿钢板前后的变形情况

依次选中各个切分窗口并进行如下的操作：

（1）单击菜单中的 FEM＞Model and Part＞Assembly and Select Part，在 Part 标签下选中 1Bullet，然后单击 Done。

（2）单击菜单中的 FEM＞Post＞Fringe Component，在 Fringe Component 面板中，选择 Stress 下的 Von Mises Stress，点 Done 按钮；利用动画播放控制台，选择所需显示的子步结果。

图 11-34 为一系列不同时刻子弹体内 Von Mises 等效应力等值线分布云图。

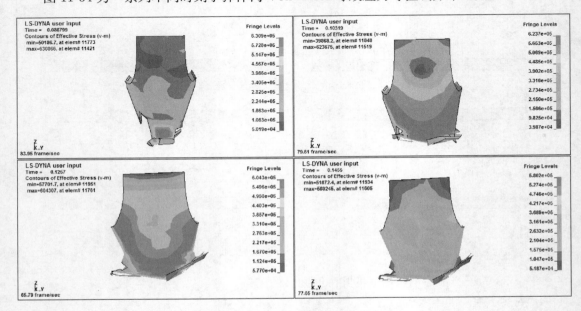

图 11-34   子弹中的等效应力分布

5. 观察靶板的应力变化情况

依次选中各个切分窗口并进行如下的操作：

（1）单击菜单中的 FEM＞Model and Part＞Assembly and Select Part，在 Part 标签下选中 3Plate2，然后单击 Done。

（2）单击菜单中的 FEM＞Post＞Fringe Component，在 Fringe Component 面板中，选择 Stress 下的 Von Mises Stress，点 Done 按钮。

（3）单击菜单中的 FEM＞Model and Part＞Reflect Model，选中 Reflect about YZ plane 后单击 Done，将半个钢板镜像复制。利用动画播放控制台，选择所需显示的子步结果。图 11-35 为一系列不同时刻钢板内 Von Mises 等效应力等值线分布云图。

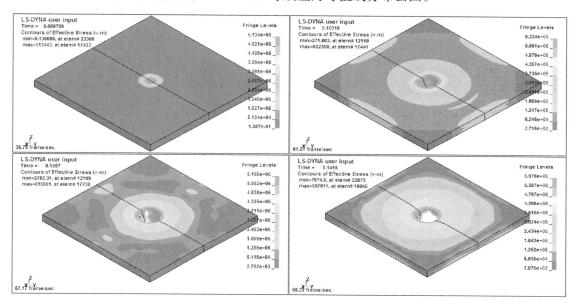

图 11-35　钢板中的应力分布

6. 观察子弹侵彻过程的塑性应变变化

（1）单击菜单中的 FEM＞Model and Part＞Assembly and Select Part，在 Part 标签下选中 1Bullet 和 3Plate2，然后单击 Done。

（2）单击菜单中的 FEM＞Model and Part＞Reflect Model，取消模型镜像。

（3）单击菜单中的 FEM＞Post＞Fringe Component，在 Fringe Component 面板中，选择 Stress 下的 Plastic Strain，点 Done 按钮。

（4）利用动画播放控制台，选择所需显示的子步结果。

（5）单击菜单中的 File＞Movie，设定精度、保存路径及名称后单击 Start 按钮，将输出子弹侵彻过程塑性应变变化动画。图 11-36 为一系列不同时刻子弹侵彻钢板时的塑性应变分布云图。

7. 观察子弹体侵彻前后的速度变化历程

可以观察子弹上选定节点的速度时间历程曲线，以分析侵彻钢板前后子弹的速度变化情况。比如：选择程序主菜单的 FEM＞Post＞History，在 History 面板中，选中 Nodal 复选框，在绘图项目列表中选择 Z-velocity，然后在图形显示窗口中拾取子弹剖面中间区域的一个节

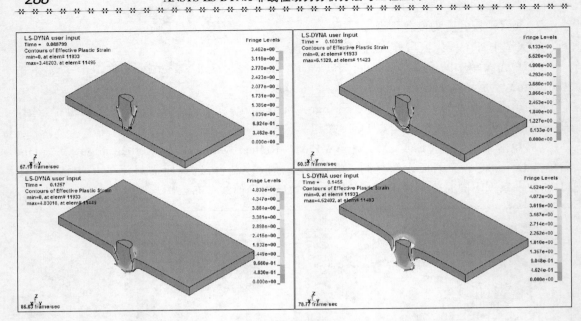

图 11-36   子弹侵彻钢板时的塑性应变分布云图

点,最后单击 Plot 按钮,此时弹出 PlotWindow-1 窗口中绘出了该点的 Z 向速度时间历程,如图 11-37 所示。

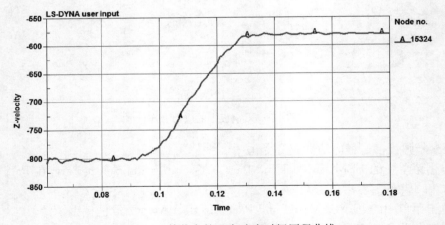

图 11-37   某节点的 Z 向速度时间历程曲线

8. 观察子弹体在侵彻过程中的加速度历程

观察子弹上选定节点的加速度时间历程曲线,可以分析侵彻钢板前后子弹的加速度变化情况。在 History 面板中的绘图项目列表中选择 Z-acceleration,点面板最下面的 Plot 按钮,将弹出 PlotWindow-1 窗口,该点的 Z 向加速度时间历程如图 11-38 所示。

9. 观察子弹侵彻过程中的能量变化

单击主菜单的 FEM>Post>ASCII,在 ASCII 面板中选中 glstat *,单击 File 打开工作目录中的 glstat 文件,在绘图列表中 1-Kinetic Energy、2-Internal Energy、3-Total Energy、6-Hourglass Energy,然后单击 Plot 按钮,此时将弹出 PlotWindow-1 窗口并绘出子弹侵彻钢

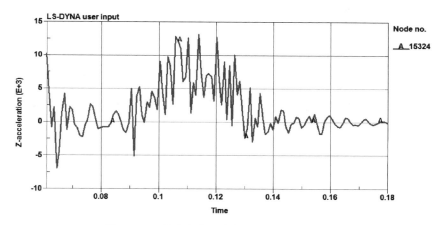

图 11-38　某节点的 Z 向加速度时间历程曲线

板过程中的能量变化曲线，如图 11-39 所示。

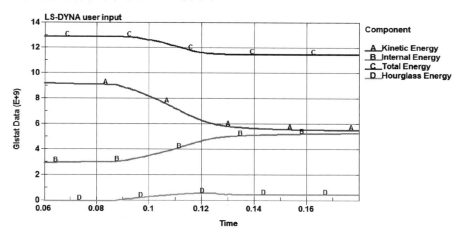

图 11-39　子弹侵彻过程中的能量变化曲线

11.5　关键字文件

本节给出两次分析的关键字文件，以便对照进行编辑和修改。

11.5.1　第一次分析的关键字文件

* KEYWORD

* TITLE

$ Created with ANSYS Workbench v15. 0

$

$ Units：mm，mg，ms，mN，K

$

```
* DATABASE_FORMAT
$  1IFORM  2IBINARY
        0
$$$$$$$$$$$$$$$$$$$$$$$$$$$$$$$$$$$$$$$$$$$$$$$$$$$$$$$$$$$$$$$$$$$$$$$$$$$$$$
$                           NODE DEFINITIONS                             $
$$$$$$$$$$$$$$$$$$$$$$$$$$$$$$$$$$$$$$$$$$$$$$$$$$$$$$$$$$$$$$$$$$$$$$$$$$$$$$
$
* NODE
$  1NID              2X              3Y              4Z  5TC  6RC
      1        −1.97368        −73             −7
      2        −1.97368        −73             −9
. . . . . . . . . . . . . . . . . . . . . . . . . . . . . . . . . . . . . .
  15639        −3.75          −6.49519          45
$
$$$$$$$$$$$$$$$$$$$$$$$$$$$$$$$$$$$$$$$$$$$$$$$$$$$$$$$$$$$$$$$$$$$$$$$$$$$$$$
$                         ELEMENT DEFINITIONS                            $
$$$$$$$$$$$$$$$$$$$$$$$$$$$$$$$$$$$$$$$$$$$$$$$$$$$$$$$$$$$$$$$$$$$$$$$$$$$$$$
$
* ELEMENT_SOLID
$  1EID  2PID    N1     N2     N3     N4     N5     N6     N7     N8
  11401    1  14821  14822  14824  14823  14825  14826  14828  14827
. . . . . . . . . . . . . . . . . . . . . . . . . . . . . . . . . . . . . .
  11400    2   8214  14302  14072  13917  13690  13765  13916  13915
$
$
$$$$$$$$$$$$$$$$$$$$$$$$$$$$$$$$$$$$$$$$$$$$$$$$$$$$$$$$$$$$$$$$$$$$$$$$$$$$$$
$                         SECTION DEFINITIONS                            $
$$$$$$$$$$$$$$$$$$$$$$$$$$$$$$$$$$$$$$$$$$$$$$$$$$$$$$$$$$$$$$$$$$$$$$$$$$$$$$
$
* SECTION_SOLID
$  1SECID  2ELFORM      3AET
       1       1
* SECTION_SOLID
$  1SECID  2ELFORM      3AET
       2       1
$
$
$$$$$$$$$$$$$$$$$$$$$$$$$$$$$$$$$$$$$$$$$$$$$$$$$$$$$$$$$$$$$$$$$$$$$$$$$$$$$$
$                        MATERIAL DEFINITIONS                            $
$$$$$$$$$$$$$$$$$$$$$$$$$$$$$$$$$$$$$$$$$$$$$$$$$$$$$$$$$$$$$$$$$$$$$$$$$$$$$$
$
* MAT_JOHNSON_COOK
$  1MID    2RO       3G       4E       5PR      6DTF     7VP  8RATEOP
```

```
         1    7.896 8.18e+007        0         0
$        1A        2B        3N        4C        5M       6TM       7TR      8EPSO
    350000    275000      0.36     0.022         1   1673.15                15         1
$        1CP       2PC     3SPALL      4IT       5D1       6D2       7D3       8D4
       452         0       2.0         0      -0.8       2.1      -0.5    0.0002
$        1D5     2C2/P
      0.61         1
$
$
$$$$$$$$$$$$$$$$$$$$$$$$$$$$$$$$$$$$$$$$$$$$$$$$$$$$$$$$$$$$$$$$$$$$$$$$$$$$$$$$$$$$$$$
$                          EOS DEFINITIONS                                $
$$$$$$$$$$$$$$$$$$$$$$$$$$$$$$$$$$$$$$$$$$$$$$$$$$$$$$$$$$$$$$$$$$$$$$$$$$$$$$$$$$$$$$$
$
*EOS_GRUNEISEN
$     1EOSID        2C       3S1       4S2       5S3    6GAMAO        7A        8E0
         1      4569      1.49         0         0      2.17         0         0
$        1V0
         0
$
$
$$$$$$$$$$$$$$$$$$$$$$$$$$$$$$$$$$$$$$$$$$$$$$$$$$$$$$$$$$$$$$$$$$$$$$$$$$$$$$$$$$$$$$$
$                          PARTS DEFINITIONS                              $
$$$$$$$$$$$$$$$$$$$$$$$$$$$$$$$$$$$$$$$$$$$$$$$$$$$$$$$$$$$$$$$$$$$$$$$$$$$$$$$$$$$$$$$
$
*PART
$   HEADING
BUllET
$     1PID     2SECID      3MID     4EOSID     5HGID     6GRAV   7ADPORT     8TMID
         1         1         1         1         0
*PART
$   HEADING
PLATE1
$     1PID     2SECID      3MID     4EOSID     5HGID     6GRAV   7ADPORT     8TMID
         2         2         1         1         0
$
$
$$$$$$$$$$$$$$$$$$$$$$$$$$$$$$$$$$$$$$$$$$$$$$$$$$$$$$$$$$$$$$$$$$$$$$$$$$$$$$$$$$$$$$$
$                          LOAD DEFINITIONS                               $
$$$$$$$$$$$$$$$$$$$$$$$$$$$$$$$$$$$$$$$$$$$$$$$$$$$$$$$$$$$$$$$$$$$$$$$$$$$$$$$$$$$$$$$
$
*DEFINE_CURVE
$     1LCID     2SIDR      3SFA      4SFO     5OFFA     6OFFO   7DATTYP
         1
```

```
$                       1A                  2O
                        0               1e+011
                     0.06               1e+011
                      0.6               1e+011
```

* DEFINE_CURVE

```
$    1LCID    2SIDR     3SFA     4SFO    5OFFA   6OFFO  7DATTYP
         2
$                       1A                  2O
                        0                   0
                     0.06                   0
                      0.6                   0
$
$
$$$$$$$$$$$$$$$$$$$$$$$$$$$$$$$$$$$$$$$$$$$$$$$$$$$$$$$$$$$$$$$$$$$$$$$$$$$$$$$$$
$                           CONTACT DEFINITIONS                              $
$$$$$$$$$$$$$$$$$$$$$$$$$$$$$$$$$$$$$$$$$$$$$$$$$$$$$$$$$$$$$$$$$$$$$$$$$$$$$$$$$
$
```

* CONTACT_AUTOMATIC_SINGLE_SURFACE

```
$    1SSID    2MSID   3SSTYP   4MSTYP  5SBOXID  6MBOXID     7SPR      8MPR
         0        0        5        0                          1         1
$      1FS      2FD      3DC      4VC     5VDC  6PENCHK      7BT       8DT
      0.15      0.1        0        0       10
$     1SFS     2SFM     3SST     4MST    5SFST    6SFMT     7FSF      8VSF

$    1SOFT   2SOFSCL  3LCIDAB  4MAXPAR  5SBOPT   6DEPTH    7BSORT
8FRCFRQ
         2                                           3         5
$
$
$$$$$$$$$$$$$$$$$$$$$$$$$$$$$$$$$$$$$$$$$$$$$$$$$$$$$$$$$$$$$$$$$$$$$$$$$$$$$$$$$
$                            CONTROL OPTIONS                                 $
$$$$$$$$$$$$$$$$$$$$$$$$$$$$$$$$$$$$$$$$$$$$$$$$$$$$$$$$$$$$$$$$$$$$$$$$$$$$$$$$$
$
```

* CONTROL_TERMINATION

```
$  1ENDTIM  2ENDCYC   3DTMIN  4ENDENG  5ENDMAS
     0.06  10000000     0.01        0        0
```

* CONTROL_TIMESTEP

```
$  1DTINIT  2TSSFAC    3ISDO   4TSLIMT   5DT2MS   6LCTM   7ERODE  8MS1ST
         0      0.6        0        0        0        1        1        0
```

* CONTROL_HOURGLASS

```
$     1IHQ      2QH
         1      0.1
```

* CONTROL_BULK_VISCOSITY

```
$      1Q1     2Q2    3TYPE
       1      0.06      -2
* CONTROL_CONTACT
$  1SLSFAC 2RWPNAL 3ISLCHK 4SHLTHK 5PENOPT 6THKCHG 7ORIEN 8ENMASS
       0       0       1       1       1       0       2       0
$  1USRSTRC 2USRFRC 3NSBCS 4INTERM 5XPENE 6SSTHK 7ECDT 8TIEDPRJ

$  1SFRIC   2DFRIC   3EDC    4VFC    5TH   6TH_SF 7PEN_SF

$  1IGNORE 2FRCENG 3SKIPRWG 4OUTSEG 5SPOTSTP 6SPOTDEL 7SPOTTHIN
       2       0       0       1       0       1      0.5
* CONTROL_SOLID
$  1ESORT 2FMATRX 3NIPTETS 4SWLOCL
       1
* DAMPING_GLOBAL
$   1LCID 2VALDMP   3STX    4STY    5STZ    6SRX    7SRY    8SRZ
       0       0
* CONTROL_ENERGY
$   1HGEN   2RWEN 3SLNTEN  4RYLEN
       2       1       2       2
* CONTROL_ACCURACY
$   1OSU    2INN 3PIDOSU
       1       4
$
$
$$$$$$$$$$$$$$$$$$$$$$$$$$$$$$$$$$$$$$$$$$$$$$$$$$$$$$$$$$$$$$$$$$$$$$$$$$$$$$$$
$                          TIME HISTORY                              $
$$$$$$$$$$$$$$$$$$$$$$$$$$$$$$$$$$$$$$$$$$$$$$$$$$$$$$$$$$$$$$$$$$$$$$$$$$$$$$$$
$
* DATABASE_GLSTAT
$    1DT 2BINARY  3LCUR  4IOOPT  5DTHFF  6BINHF
  0.0003
* DATABASE_MATSUM
$    1DT 2BINARY  3LCUR  4IOOPT  5DTHFF  6BINHF
  0.0003
* DATABASE_NODOUT
$    1DT 2BINARY  3LCUR  4IOOPT  5DTHFF  6BINHF
  0.0003
* DATABASE_ELOUT
$    1DT 2BINARY  3LCUR  4IOOPT  5DTHFF  6BINHF
  0.0003
* DATABASE_BINARY_D3PLOT
$    1DT   2LCDT   3BEAM  4NPLTC
```

```
     0.0003
 * DATABASE_BINARY_RUNRSF
$        1DT       2NR
     5000
$
$
$$$$$$$$$$$$$$$$$$$$$$$$$$$$$$$$$$$$$$$$$$$$$$$$$$$$$$$$$$$$$$$$$$$$$$$$$$$$$$$
$                      INITIAL VELOCITY DEFINITIONS                         $
$$$$$$$$$$$$$$$$$$$$$$$$$$$$$$$$$$$$$$$$$$$$$$$$$$$$$$$$$$$$$$$$$$$$$$$$$$$$$$$
$
 * INITIAL_VELOCITY_GENERATION
$        1ID     2STYP    3OMEGA       4VX       5VY       6VZ     7IVATN
         1         2         0         0         0     -1000         0
$        1XC       2YC       3ZC       4NX       5NY       6NZ
          0         0         0         0         0         0
$
$
$$$$$$$$$$$$$$$$$$$$$$$$$$$$$$$$$$$$$$$$$$$$$$$$$$$$$$$$$$$$$$$$$$$$$$$$$$$$$$$
$                              LIST SETS                                    $
$$$$$$$$$$$$$$$$$$$$$$$$$$$$$$$$$$$$$$$$$$$$$$$$$$$$$$$$$$$$$$$$$$$$$$$$$$$$$$$
 * SET_NODE_LIST
$       1SID      2DA1      3DA2      4DA3      5DA4
          1
$      1NID1     2NID2     3NID3     4NID4     5NID5     6NID6     7NID7     8NID8
      13765     13766     13767     13768     13769     13770     13771     13772
    .......................................................................
      14517     14518     14519     14520     14521     14522     14523     14524
 * SET_NODE_LIST
$       1SID      2DA1      3DA2      4DA3      5DA4
          2
$      1NID1     2NID2     3NID3     4NID4     5NID5     6NID6     7NID7     8NID8
      13691     13692     13693     13694     13695     13696     13697     13698
    .......................................................................
      15603     15604     15605     15613     15614     15618     15622     15636
      15637
$
$
$$$$$$$$$$$$$$$$$$$$$$$$$$$$$$$$$$$$$$$$$$$$$$$$$$$$$$$$$$$$$$$$$$$$$$$$$$$$$$$
$                          BOUNDARY CONDITIONS                             $
$$$$$$$$$$$$$$$$$$$$$$$$$$$$$$$$$$$$$$$$$$$$$$$$$$$$$$$$$$$$$$$$$$$$$$$$$$$$$$$
$
 * BOUNDARY_PRESCRIBED_MOTION_SET_ID
$    1KeyID  2HEADING
```

1Displacement

$	1ID	2DOF	3VAD	4LCID	5SF	6VID	7DEATH	8BIRTH
	2	1	2	2	1.000	0	0	0

* BOUNDARY_SPC_SET

$	1NSID	2CID	3DOFX	4DOFY	5DOFZ	6DOFRX	7DOFRY	8DOFRZ
	1	0	1	1	1	1	1	1

* END

11.5.2 重启动分析的关键字文件

* KEYWORD

* TITLE

$ Created with ANSYS Workbench v15.0

$

$ Units:mm,mg,ms,mN,K

$

* DATABASE_FORMAT

$	1IFORM	2IBINARY
	0	

$

$

$$

$ NODE DEFINITIONS $

$$

$

* NODE

$	1NID	2X	3Y	4Z	5TC	6RC
	1	−1.97368	−73	−7		
	2	−1.97368	−73	−9		

....

| 30459 | 0 | −73 | −68 | | | |

$

$

$$

$ ELEMENT DEFINITIONS $

$$

$

* ELEMENT_SOLID

$	1EID	2PID	N1	N2	N3	N4	N5	N6	N7	N8
	11401	1	14821	14822	14824	14823	14825	14826	14828	14827

....

| 23360 | 3 | 23853 | 29941 | 29711 | 29556 | 29329 | 29404 | 29555 | 29554 |

$

```
$
$$$$$$$$$$$$$$$$$$$$$$$$$$$$$$$$$$$$$$$$$$$$$$$$$$$$$$$$$$$$$$$$$$$$$$$$$$$$$$
$                         SECTION DEFINITIONS                            $
$$$$$$$$$$$$$$$$$$$$$$$$$$$$$$$$$$$$$$$$$$$$$$$$$$$$$$$$$$$$$$$$$$$$$$$$$$$$$$
$
* SECTION_SOLID
$   1SECID  2ELFORM      3AET
        1        1
* SECTION_SOLID
$   1SECID  2ELFORM      3AET
        2        1
* SECTION_SOLID
$   1SECID  2ELFORM      3AET
        3        1
$
$
$$$$$$$$$$$$$$$$$$$$$$$$$$$$$$$$$$$$$$$$$$$$$$$$$$$$$$$$$$$$$$$$$$$$$$$$$$$$$$
$                         MATERIAL DEFINITIONS                           $
$$$$$$$$$$$$$$$$$$$$$$$$$$$$$$$$$$$$$$$$$$$$$$$$$$$$$$$$$$$$$$$$$$$$$$$$$$$$$$
$
* MAT_JOHNSON_COOK
$    1MID      2RO       3G       4E      5PR      6DTF     7VP  8RATEOP
        1    7.896  8.18e+007        0        0
$     1A       2B       3N       4C       5M      6TM      7TR     8EPSO
   350000   275000     0.36    0.022        1  1673.15       15        1
$     1CP      2PC    3SPALL     4IT      5D1      6D2      7D3      8D4
      452        0      2.0        0     -0.8      2.1     -0.5   0.0002
$     1D5     2C2/P
     0.61        1
$
$
$$$$$$$$$$$$$$$$$$$$$$$$$$$$$$$$$$$$$$$$$$$$$$$$$$$$$$$$$$$$$$$$$$$$$$$$$$$$$$
$                          EOS DEFINITIONS                               $
$$$$$$$$$$$$$$$$$$$$$$$$$$$$$$$$$$$$$$$$$$$$$$$$$$$$$$$$$$$$$$$$$$$$$$$$$$$$$$
$
* EOS_GRUNEISEN
$  1EOSID       2C      3S1      4S2      5S3    6GAMAO      7A      8E0
        1     4569     1.49        0        0      2.17        0        0
$     1V0
        0
$
$
$$$$$$$$$$$$$$$$$$$$$$$$$$$$$$$$$$$$$$$$$$$$$$$$$$$$$$$$$$$$$$$$$$$$$$$$$$$$$$
```

```
$                            PARTS DEFINITIONS                              $
$$$$$$$$$$$$$$$$$$$$$$$$$$$$$$$$$$$$$$$$$$$$$$$$$$$$$$$$$$$$$$$$$$$$$$$$$$$$$$$
$
* PART
$    HEADING
BUllET
$     1PID     2SECID     3MID     4EOSID     5HGID     6GRAV   7ADPORT   8TMID
       1         1         1         1          0
* PART
$    HEADING
PLATE1
$     1PID     2SECID     3MID     4EOSID     5HGID     6GRAV   7ADPORT   8TMID
       2         2         1         1          0
* PART
$    HEADING
PLATE2
$     1PID     2SECID     3MID     4EOSID     5HGID     6GRAV   7ADPORT   8TMID
       3         3         1         1          0
$
$
$$$$$$$$$$$$$$$$$$$$$$$$$$$$$$$$$$$$$$$$$$$$$$$$$$$$$$$$$$$$$$$$$$$$$$$$$$$$$$$$$
$                            LOAD DEFINITIONS                                $
$$$$$$$$$$$$$$$$$$$$$$$$$$$$$$$$$$$$$$$$$$$$$$$$$$$$$$$$$$$$$$$$$$$$$$$$$$$$$$$$$
$
* DEFINE_CURVE
$    1LCID   2SIDR    3SFA    4SFO    5OFFA    6OFFO   7DATTYP
       1
$              1A              2O
              0             1e+011
             0.18           1e+011
             1.8            1e+011
* DEFINE_CURVE
$    1LCID   2SIDR    3SFA    4SFO    5OFFA    6OFFO   7DATTYP
       2
$              1A              2O
              0               0
             0.18             0
             1.8              0
$
$
$$$$$$$$$$$$$$$$$$$$$$$$$$$$$$$$$$$$$$$$$$$$$$$$$$$$$$$$$$$$$$$$$$$$$$$$$$$$$$$$$
$                          CONTACT DEFINITIONS                              $
$$$$$$$$$$$$$$$$$$$$$$$$$$$$$$$$$$$$$$$$$$$$$$$$$$$$$$$$$$$$$$$$$$$$$$$$$$$$$$$$$
```

```
$
 * CONTACT_AUTOMATIC_SINGLE_SURFACE
$     1SSID    2MSID    3SSTYP    4MSTYP  5SBOXID 6MBOXID      7SPR      8MPR
         0        0        5        0                          1         1
$      1FS      2FD      3DC      4VC    5VDC  6PENCHK      7BT      8DT
      0.15      0.1        0        0     10
$     1SFS    2SFM    3SST    4MST    5SFST    6SFMT    7FSF    8VSF

$     1SOFT  2SOFSCL  3LCIDAB  4MAXPAR    5SBOPT    6DEPTH    7BSORT
8FRCFRQ
         2                               3         5
$
$
$$$$$$$$$$$$$$$$$$$$$$$$$$$$$$$$$$$$$$$$$$$$$$$$$$$$$$$$$$$$$$$$$$$$$$$$$$$$$$$$$$$
$                              CONTROL OPTIONS                              $
$$$$$$$$$$$$$$$$$$$$$$$$$$$$$$$$$$$$$$$$$$$$$$$$$$$$$$$$$$$$$$$$$$$$$$$$$$$$$$$$$$$
$
 * CONTROL_TERMINATION
$  1ENDTIM  2ENDCYC    3DTMIN  4ENDENG  5ENDMAS
      0.18  10000000      0.01        0         0
 * CONTROL_TIMESTEP
$  1DTINIT  2TSSFAC  3ISDO  4TSLIMT   5DT2MS    6LCTM    7ERODE   8MS1ST
         0      0.6      0        0        0        1        1         0
 * CONTROL_HOURGLASS
$     1IHQ      2QH
         1      0.1
 * CONTROL_BULK_VISCOSITY
$     1Q1     2Q2   3TYPE
         1    0.06    -2
 * CONTROL_CONTACT
$ 1SLSFAC  2RWPNAL  3ISLCHK  4SHLTHK  5PENOPT  6THKCHG  7ORIEN  8ENMASS
         0        0        1        1        1        0        2        0
$ 1USRSTRC 2USRFRC 3NSBCS 4INTERM 5XPENE 6SSTHK 7ECDT 8TIEDPRJ

$  1SFRIC   2DFRIC     3EDC    4VFC     5TH   6TH_SF  7PEN_SF

$  1IGNORE 2FRCENG 3SKIPRWG 4OUTSEG 5SPOTSTP 6SPOTDEL 7SPOTTHIN
         2        0        0        1        0        1       0.5
 * CONTROL_SOLID
$  1ESORT  2FMATRX  3NIPTETS  4SWLOCL
         1
 * DAMPING_GLOBAL
$   1LCID 2VALDMP    3STX    4STY    5STZ    6SRX    7SRY    8SRZ
```

```
         0        0
  * CONTROL_ENERGY
  $      1HGEN     2RWEN   3SLNTEN    4RYLEN
         2         1        2          2
  * CONTROL_ACCURACY
  $      1OSU     2INN   3PIDOSU
         1         4
  $
  $
  $$$$$$$$$$$$$$$$$$$$$$$$$$$$$$$$$$$$$$$$$$$$$$$$$$$$$$$$$$$$$$$$$$$$$$$$$$$$$$$$$
  $                        TIME HISTORY                              $
  $$$$$$$$$$$$$$$$$$$$$$$$$$$$$$$$$$$$$$$$$$$$$$$$$$$$$$$$$$$$$$$$$$$$$$$$$$$$$$$$$
  $
  * DATABASE_GLSTAT
  $      1DT 2BINARY    3LCUR   4IOOPT    5DTHFF   6BINHF
     0.0009
  * DATABASE_MATSUM
  $      1DT 2BINARY    3LCUR   4IOOPT    5DTHFF   6BINHF
     0.0009
  * DATABASE_NODOUT
  $      1DT 2BINARY    3LCUR   4IOOPT    5DTHFF   6BINHF
     0.0009
  * DATABASE_ELOUT
  $      1DT 2BINARY    3LCUR   4IOOPT    5DTHFF   6BINHF
     0.0009
  * DATABASE_BINARY_D3PLOT
  $      1DT    2LCDT    3BEAM    4NPLTC
     0.0009
  * DATABASE_BINARY_RUNRSF
  $      1DT     2NR
     5000
  $
  $
  $$$$$$$$$$$$$$$$$$$$$$$$$$$$$$$$$$$$$$$$$$$$$$$$$$$$$$$$$$$$$$$$$$$$$$$$$$$$$$$$$
  $                  INITIAL VELOCITY DEFINITIONS                       $
  $$$$$$$$$$$$$$$$$$$$$$$$$$$$$$$$$$$$$$$$$$$$$$$$$$$$$$$$$$$$$$$$$$$$$$$$$$$$$$$$$
  $
  * INITIAL_VELOCITY_GENERATION
  $      1ID    2STYP   3OMEGA      4VX      5VY      6VZ      7IVATN
         1         2        0         0        0    -1000        0
  $      1XC    2YC    3ZC     4NX     5NY     6NZ
         0        0        0        0        0        0
  $
```

```
$
$$$$$$$$$$$$$$$$$$$$$$$$$$$$$$$$$$$$$$$$$$$$$$$$$$$$$$$$$$$$$$$$$$$$$$$$$$$$
$                              LIST SETS                                 $
$$$$$$$$$$$$$$$$$$$$$$$$$$$$$$$$$$$$$$$$$$$$$$$$$$$$$$$$$$$$$$$$$$$$$$$$$$$$
$
* SET_NODE_LIST
$    1SID    2DA1      3DA2      4DA3      5DA4
      1
$   1NID1    2NID2     3NID3     4NID4     5NID5     6NID6     7NID7     8NID8
   13765    13766     13767     13768     13769     13770     13771     13772
.......................................................................
   30156    30157     30158     30159     30160     30161     30162     30163
* SET_NODE_LIST
$    1SID    2DA1      3DA2      4DA3      5DA4
      2
$   1NID1    2NID2     3NID3     4NID4     5NID5     6NID6     7NID7     8NID8
   13691    13692     13693     13694     13695     13696     13697     13698
.......................................................................
   30455    30456     30457     30458     30459
$
$$$$$$$$$$$$$$$$$$$$$$$$$$$$$$$$$$$$$$$$$$$$$$$$$$$$$$$$$$$$$$$$$$$$$$$$$$$$
$                        BOUNDARY CONDITIONS                             $
$$$$$$$$$$$$$$$$$$$$$$$$$$$$$$$$$$$$$$$$$$$$$$$$$$$$$$$$$$$$$$$$$$$$$$$$$$$$
$
* BOUNDARY_PRESCRIBED_MOTION_SET_ID
$  1KeyID   2HEADING
      1Displacement
$    1ID     2DOF      3VAD      4LCID     5SF       6VID    7DEATH   8BIRTH
      2       1         2         2      1.000       0         0        0
* BOUNDARY_SPC_SET
$   1NSID    2CID     3DOFX     4DOFY     5DOFZ    6DOFRX   7DOFRY   8DOFRZ
      1       0         1         1         1         1        1        1
* STRESS_INITIALIZATION
* END
```

第 12 章　多体动力学分析例题：凸轮机构

　　LS-DYNA 求解器具备刚体运动及多体动力学分析能力。本章以一个凸轮机构的动力学分析为例介绍 LS-DYNA 的多体动力学分析实现方法，内容包括问题描述、建立分析模型、施加边界条件、分析设置、求解以及后处理。

12.1　问题描述

　　某凸轮简化结构如图 12-1 所示，该机构由凸轮、从动件和缓冲弹簧三个部件构成；凸轮以 100 r/min 的转速逆时针旋转，从而推动从动件实现其竖直方向的往复运动；此外，从动件两侧面还受到竖直向下的力 1 000 N。

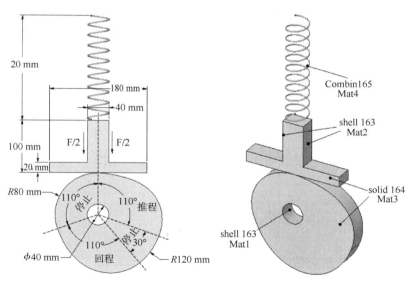

图 12-1　凸轮机构示意图

　　该凸轮机构的基本参数如表 12-1 所示。

表 12-1　凸轮机构基本参数表

参数	基圆半径	凸轮厚度	行程	推程运动角	远休止角	回程运动角	近休止角
值	80 mm	30 mm	40 mm	110°	30°	110°	110°

　　凸轮机构的运动过程由四个工作阶段组成，从动件运动规律遵循正弦曲线，该机构的运动过程和运动曲线如图 12-1 和图 12-2 所示。

　　其中，推程的运动方程式为：$s = 0.04\left[\dfrac{18\theta}{11\pi} - \dfrac{1}{2\pi}\sin\dfrac{36\theta}{11}\right]$，回程的运动方程式为：$s = 0.04$

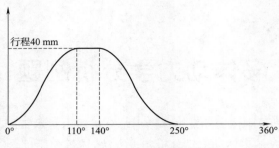

图 12-2 凸轮机构运动曲线图

$\left[1-\dfrac{18\theta}{11\pi}+\dfrac{1}{2\pi}\sin\dfrac{36\theta}{11}\right]$，式中 θ 的单位为弧度。

本次分析中将采用 Solid164 单元模拟凸轮及从动件本体，Combi165 单元模拟弹簧，因 Solid164 单元仅具有 X、Y、Z 三个方向的平动自由度，故引入六自由度的 Shell163 单元以便于凸轮转动速度及从动件竖向力的加载。

鉴于凸轮结构比较复杂，分析前将首先利用 ANSYS DM 通过点拟合的方式创建凸轮及从动件几何模型，然后将其导入 ANSYS APDL 分析环境进行后续的建模、离散、加载及输出 k 文件等操作，最后提交 k 文件至 ANSYS/LS-DYNA 求解器求解，并在 LS-PrePost 中完成相关的后处理操作。

12.2 建立分析模型

12.2.1 建立几何模型

本节将利用 ANSYS DM 模块建立凸轮及从动件的几何模型，并输出名为"tulun. x_t"的模型文件，具体操作步骤如下。

1. 启动 ANSYS Workbench

通过开始菜单的 ANSYS 程序组启动 ANSYS Workbench。

2. 创建几何组件

在 Workbench 窗口左侧的 Toolbox＞Component Systems 中，拖动 Geometry 组件系统至右侧的项目图解窗口中，如图 12-3 所示。

3. 启动 DM 并指定建模单位

双击 A2 Geometry 单元格进入 DM，选择"mm"作为建模的长度单位。

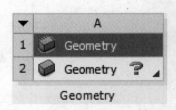

图 12-3 DM 组件系统

4. 准备坐标文件

可以通过前一节中凸轮基本参数和推/回程方程式推导出凸轮外轮廓点的坐标值，然后每隔 5°写出凸轮外轮廓点的坐标值并写入"Point. txt"文件，文件具体内容如下。

```
1  1   6.9746  79.7201  0
1  2  13.9256  78.9762  0
1  3  20.8720  77.8954  0
```

1	4	27.8684	76.5679	0
1	5	34.9884	75.0328	0
1	6	42.3038	73.2724	0
1	7	49.8647	71.2141	0
1	8	57.6800	68.7404	0
1	9	65.7056	65.7056	0
1	10	73.8377	61.9572	0
1	11	81.9152	57.3576	0
1	12	89.7304	51.8059	0
1	13	97.0458	45.2532	0
1	14	103.6160	37.7131	0
1	15	109.2111	29.2630	0
1	16	113.6392	20.0377	0
1	17	116.7645	10.2156	0
1	18	118.5182	0.0000	0
1	19	118.9025	−10.4026	0
1	20	117.9853	−20.8040	0
1	21	115.8873	−31.0519	0
1	22	112.7631	−41.0424	0
1	23	108.7569	−50.7142	0
1	24	103.9231	−60.0000	0
1	25	98.2982	−68.8292	0
1	26	91.9253	−77.1345	0
1	27	84.8528	−84.8528	0
1	28	77.1345	−91.9253	0
1	29	68.8151	−98.2781	0
1	30	59.9027	−103.7546	0
1	31	50.4423	−108.1739	0
1	32	40.5356	−111.3706	0
1	33	30.3363	−113.2166	0
1	34	20.0377	−113.6392	0
1	35	9.8542	−112.6334	0
1	36	0.0000	−110.2658	0
1	37	−9.3325	−106.6707	0
1	38	−17.9920	−102.0377	0
1	39	−25.8819	−96.5926	0
1	40	−32.9667	−90.5753	0
1	41	−39.2704	−84.2158	0
1	42	−44.8671	−77.7121	0
1	43	−49.8647	−71.2141	0
1	44	−54.3848	−64.8133	0
1	45	−58.5410	−58.5410	0

```
1   46   −62.4187   −52.3755   0
1   47   −66.0591   −46.2551   0
1   48   −69.4505   −40.0973   0
1   49   −72.5269   −33.8199   0
1   50   −75.1754   −27.3616   0
1   51   −77.2741   −20.7055   0
1   52   −78.7846   −13.8919   0
1   53   −79.6956   −6.9725    0
1   54   −80.0000   0.0000     0
1   55   −79.6956   6.9725     0
1   56   −78.7846   13.8918    0
1   57   −77.2741   20.7055    0
1   58   −75.1754   27.3616    0
1   59   −72.5046   33.8095    0
1   60   −69.2820   40.0000    0
1   61   −65.5322   45.8861    0
1   62   −61.2836   51.4230    0
1   63   −56.5685   56.5685    0
1   64   −51.4230   61.2836    0
1   65   −45.8861   65.5322    0
1   66   −40.0000   69.2820    0
1   67   −33.8095   72.5046    0
1   68   −27.3616   75.1754    0
1   69   −20.7055   77.2741    0
1   70   −13.8919   78.7846    0
1   71   −6.9725    79.6956    0
1   72   0.0000     80.0000    0
1   0
```

　　此文件基本解释如下：第 1 列表示曲线编号，第 2 列为点编号，第 3～5 列为相应点的 X、Y、Z 轴坐标值，列列之间用空格键或 TAB 键隔开，最后一行为 0 表示该曲线为闭合曲线。

　　5. 创建凸轮轮廓 3D 曲线

　　在 DM 的主菜单中单击 Concept＞3D Curve，然后在 Details 中进行如下设置：

　　(1)更改 Definition 为 From Coordinates File。

　　(2)在 Coordinates File 中指定名为"Point. txt"的文件(路径中不包括中文字符)。

　　(3)确保 Coordinates Unit 为 Millimeter。

　　(4)确保 Base Plane 为 XYPlane。

　　(5)单击 Generate 按钮，图形显示窗口中将绘出凸轮的外轮廓曲线，如图 12-4 所示。

　　6. 创建轮的表面

　　单击主菜单中的 Concept＞Surfaces From Edges，然后在 Details 中的 Edges 项中选择上一步创建的曲线，单击 Generate 按钮创建表面。

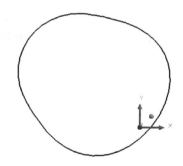

图 12-4　创建凸轮轮廓曲线

7. 创建体

单击主菜单中的 Create＞Extrude，然后在 Details 中进行如下设置：

（1）Geometry 项中选择上一步创建的表面。

（2）先在结构树中选中 ZXPlane，然后在 Direction Vector 项中选择 Z 轴。

（3）更改 Direction 为 Both-Symmetric。

（4）确保 Extent Type 为 Fixed，输入 FD1，Depth（＞0）为 15 mm。

（5）单击 Generate 按钮，完成凸轮基本模型的创建，如图 12-5 所示。

图 12-5　创建凸轮基本模型

8. 面合并

单击主菜单中的 Tools＞Merge，然后在 Details 中将 Merge Type 改为 Faces，并在 Faces 中选中凸轮被分割的两个侧面，单击 Generate 按钮，完成面合并操作。

9. 创建开孔草绘

在结构树中选中 XYPlane，单击 Sketching 标签，然后进行如下操作：

（1）单击 Draw＞Circle，以坐标原点为圆心绘制一个圆（出现"P"字符）。

（2）单击 Dimensions＞General，对圆进行标注并在 Details 中输入圆直径为 40 mm。

10. 凸轮中心开圆孔

单击主菜单中的 Create＞Extrude，然后在 Details 中进行如下设置：

（1）在 Geometry 项中选择上一步创建的圆草图。

（2）更改 Operation 为 Cut Material。

（3）更改 Direction 为 Both-Symmetric。

（4）更改 Extent Type 为 Through All。

（5）单击 Generate 按钮，创建凸轮中心圆孔，如图 12-6 所示。

Details of Extrude4	
Extrude	Extrude4
Geometry	Sketch3
Operation	Cut Material
Direction Vector	None (Normal)
Direction	Both - Symmetric
Extent Type	Through All
As Thin/Surface?	No
Target Bodies	All Bodies
Merge Topology?	Yes
Geometry Selection: 1	
Sketch	Sketch3

图 12-6　创建凸轮中心圆孔

11. 创建平面

在结构树中选中 ZXPlane，单击主菜单中的 Create＞New Plane，然后在 Details 中进行如下设置：

（1）更改 Transform 1（RMB）为 Offset Global Y。

（2）输入 FD1，Value 1 为 80 mm。

（3）单击 Generate 按钮，完成 Plane1 的创建，如图 12-7 所示。

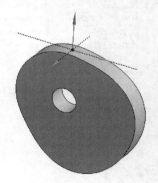

Details of Plane1	
Plane	Plane1
Sketches	1
Type	From Plane
Base Plane	ZXPlane
Transform 1 (RMB)	Offset Global Y
FD1, Value 1	80 mm
Transform 2 (RMB)	None
Reverse Normal/Z-Axis?	No
Flip XY-Axes?	No
Export Coordinate System?	No

图 12-7　创建 Plan1

12. 创建从动件草图

在结构树中选中上一步创建的 Plane1，单击 Sketching 标签，然后进行如下操作：

（1）单击 Draw＞Rectangle，绘制一个矩形。

（2）单击 Constraints＞Symmetry，首先选中 Z 轴作为对称轴，然后选择 Z 轴两侧的矩形边，建立两者相对 Z 轴的对称关系。

（3）单击 Constraints＞Symmetry，首先选中 X 轴作为对称轴，然后选择 X 轴两侧的矩形边，建立两者相对 X 轴的对称关系。

（4）单击 Dimensions＞General，标注矩形的长、宽，并在 Details 中输入值为 180 mm、

30 mm。

13. 创建从动件底座

单击主菜单中的 Create>Extrude,然后在 Details 中进行如下设置:

(1)在 Geometry 项中选择上一步创建的草图。

(2)确保 Operation 为 Add Material、Direction 为 Normal(结合图形显示窗口中的方向)。

(3)更改 Extent Type 为 Fixed,输入 FD1,Depth(>0)为 20 mm。

(4)单击 Generate 按钮,完成从动件底座的创建,如图 12-8 所示。

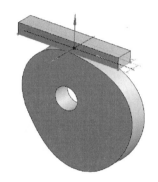

图 12-8　创建从动件底座

14. 创建草图

在结构树中选中 Plane1,然后单击 New Sketch 工具,创建一个新的草图,单击 Sketching 标签,然后进行如下操作:

(1)单击 Draw>Rectangle,绘制一个矩形。

(2)单击 Constraints>Symmetry,首先选中 Z 轴作为对称轴,然后选择 Z 轴两侧的矩形边,建立两者相对 Z 轴的对称关系。

(3)单击 Constraints>Symmetry,首先选中 X 轴作为对称轴,然后选择 X 轴两侧的矩形边,建立两者相对 X 轴的对称关系。

(4)单击 Dimensions>General,标注矩形的长、宽,并在 Details 中输入值为 40 mm、30 mm。

15. 创建从动件底座上的拉伸体

单击主菜单中的 Create>Extrude,然后在 Details 中进行如下设置:

(1)在 Geometry 项中选择上一步创建的草图。

(2)确保 Operation 为 Add Material、Direction 为 Normal(结合图形显示窗口中的方向)。

(3)更改 Extent Type 为 Fixed,输入 FD1,Depth(>0)为 100 mm。

(4)单击 Generate 按钮,完成从动件几何模型的创建,如图 12-9 所示。

16. 导出几何模型

展开结构树中最后一项,选中除凸轮及从动件外的其他对象,单击鼠标右键选择 Suppress Body 将其抑制,仅保留凸轮及从动件。选择主菜单中的 File>Export,在弹出的对话框中选择保存路径,输入"tulun"作为文件名,更改保存类型为"Parasolid Text"。

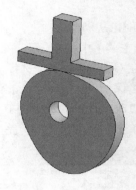

Details View	
Details of Extrude3	
Extrude	Extrude3
Geometry	Sketch2
Operation	Add Material
Direction Vector	None (Normal)
Direction	Normal
Extent Type	Fixed
☐ FD1, Depth (>0)	100 mm
As Thin/Surface?	No
Merge Topology?	Yes
Geometry Selection: 1	
Sketch	Sketch2

图 12-9　创建从动件几何模型

12.2.2　网格划分

本节包括以下几项操作内容：导入并对凸轮及从动件的几何模型进行离散，建立弹簧的有限元模型等内容。具体操作步骤如下：

1. 启动 Mechanical APDL

（1）由 Windows 程序组启动 Mechanical APDL Product Launcher。

（2）在 Product Launcher 中，Simulation Environment 栏中选择 ANSYS，License 选择为 ANSYS LS-DYNA。

（3）在 File Management 标签下，Working Directory 中设定工作路径（不包括中文字符），输入 Job Name 为 tulun，然后单击左下角的 Run 按钮，启动程序。

2. 导入凸轮及从动件几何模型

（1）单击菜单 File ＞ Import ＞ PARA，在弹出窗口的 Directories 中定位至上一节输出的"tunlun. x_t"文件所在的文件夹，然后在 File Name 中选中"tunlun. x_t"文件，单击 OK。

（2）初次导入后模型显示为线框形式，单击菜单 PlotCtrls＞Style＞Solid Model Facets，在弹出的对话框中更改 Style of area and volume plots 为 Normal Faceting。

（3）单击菜单 Plot＞Replot，此时窗口中绘出凸轮及从动件的几何模型，如图 12-10 所示。

3. 模型简化

为了排除几何模型问题对后续网格划分质量的影响，此处将对模型质量进行检查并作相应的简化处理。

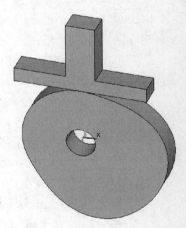

图 12-10　导入后的模型

（1）在左侧的主菜单中依次单击 Preprocessor＞Numbering Ctrls＞Merge Items，在弹出的对话框中将 Label Type of item to be merge 改为 All，然后单击 OK，合并重合对象。

（2）单击菜单 Plot＞Plot Lines 显示所有边线，单击 PlotCtrls＞Numbering，在绘图变化控制面板中勾选 LINE Line numbers，然后单击 OK，此时将绘出所有边线并以号码及颜色区分开来，如图 12-11 所示。

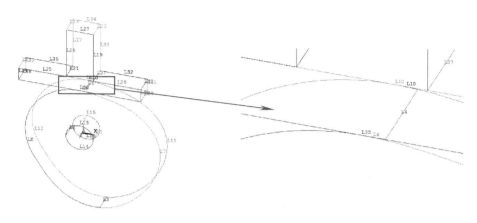

图 12-11　显示模型边线编号

从图 12-11 可以看出，凸轮左前侧边线被分割成了两段，分别为 L8 和 L6（小边线），后前侧边线亦被分成了 L12 和 L10（小边线），这会影响后续的网格划分质量。

（3）在左侧的主菜单中依次单击 Preprocessor＞Modeling＞Operate＞Booleans＞Add＞Lines，拾取 L8 和 L6，然后单击 OK，在弹出的对话框中再次单击 OK，合并这两条线。

（4）参照上一步操作，合并 L12 和 L10。

（5）单击菜单 Plot＞Plot Volumes 显示实体，单击 PlotCtrls＞Numbering，取消勾选"LINE Line numbers"，关闭线编号显示，然后单击 OK。

4. 创建单元类型

（1）单击主菜单 Preprocessor＞Element Type＞Add/Edit/Delete，在弹出的对话框中单击 Add 按钮，再在单元类型库左侧分类选中 LS-DYNA Explicit，右侧选中 Thin Shell 163，输入 Element type reference number 为 1，然后单击 Apply，创建单元类型 1(Shell163)，如图 12-12 所示。

（2）依次更改 Element type reference number 为 2～5，创建单元类型 2(Shell163)、单元类型 3(Solid164)、单元类型 4(Solid164)、单元类型 5(Combi165)，最后单击 OK。

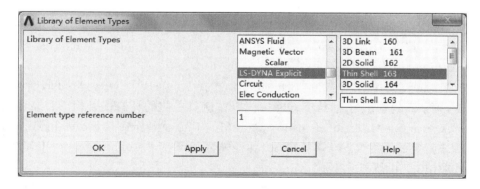

图 12-12　创建单元类型

5. 定义实常数

（1）单击主菜单 Preprocessor＞Real Constants，在弹出的对话框中选择 Add…，然后选中

Type 1 SHELL163 并单击 OK, 再次单击 OK 确认实常数号为 1, 在实常数定义窗口中的 Thickness at node 1 T1 中输入 0.000 1, 其他选项取缺省值, 单击 OK, 完成实常数 1 的定义, 如图 12-13 所示。

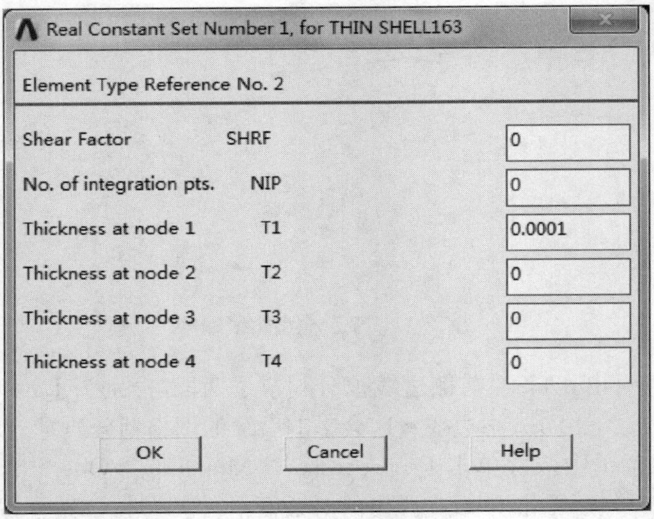

图 12-13　定义实常数

（2）重复上一步操作, 为 COMBI165 单元创建编号为 2 的实常数, 相关设置均采用缺省设置。

6. 创建新材料

（1）单击主菜单 Preprocessor＞Material Props＞Material Models, 出现 Define Material Model Behavior 窗口, 在窗口右侧的材料模型树形目录中, 依次选择 LS-DYNA→Rigid Material, 在弹出的 Rigid Properties for Material Number 1 对话框中输入材料的密度 (DENS) 为 7 860, 弹性模量 (EX) 为 2.1e+11, 泊松比 (NUXY) 为 0.3, 在下方 Translational Constraint Parameter 的下拉菜单中选择 All disps, Rotational Constraint Parameter 的下拉菜单中选择 X and Y rotate, 点 OK 关闭该对话框, 完成材料 1 的创建, 如图 12-14 所示。

（2）在 Define Material Model Behavior 中选择 Material＞New Model, 弹出 Define Material ID, 确认新材料编号为 2, 点 OK 按钮。重复上面操作, 但在 Translational Constraint Parameter 的下拉菜单中选择 Z and X disps, Rotational Constraint Parameter 的下拉菜单中选择 All rotations, 如图 12-15 所示。

（3）在 Define Material Model Behavior 中选择 Material＞New Model, 弹出 Define Material ID, 确认新材料编号为 3, 点 OK 按钮。在窗口右侧的材料模型树形目录中, 依次选择 LS-DYNA→Linear→Elastic→Isotropic, 在弹出的 Linear Isotropic for Material Number 3 对话框中输入材料的密度 (DENS) 为 7 860, 弹性模量 (EX) 为 2.1e11, 泊松比 (NUXY) 为 0.3, 单击 OK, 如图 12-16 所示。

（4）在 Define Material Model Behavior 中选择 Material＞New Model, 弹出 Define Material ID, 确认新材料编号为 4, 点 OK 按钮。在窗口右侧的材料模型树形目录中, 依次选择 LS-DYNA→Discrete Element Properties→Spring→Linear Elastic, 在弹出的 Linear Elastic Spring Material Properties for Material Number 4 对话框中输入 Spring Constant 为 5 000, 单

击 OK,如图 12-17 所示。

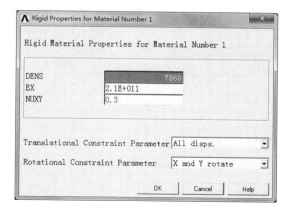

图 12-14　定义材料 1

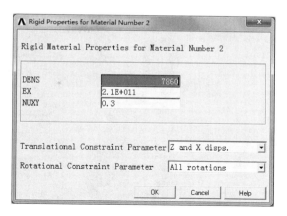

图 12-15　定义材料 2

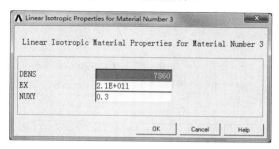

图 12-16　定义材料 3

图 12-17　定义材料 4

7. 网格划分

(1)单击主菜单 Preprocessor>Meshing>Mesh Tool,在打开的 MeshTool 对话框中,将 Element Attributes 改为 Areas,然后单击 Set,在窗口中拾取凸轮圆孔处的两个半圆柱面并单击 OK,在弹出的 Area Attributes 对话框中更改 MAT 为 1,REAL 为 1,Type 为 1 SHELL163,然后单击 OK,如图 12-18(a)、(b)所示。

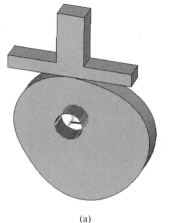

(a)

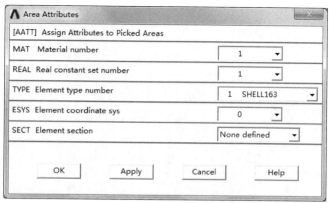

(b)

图 12-18　为凸轮圆孔面指派单元属性

（2）参照上一步操作，为从动件两个侧面指派单元属性，其中 MAT 为 2，REAL 为 1，TYPE 为 2 SHELL163，如图 12-19（a）、（b）所示。

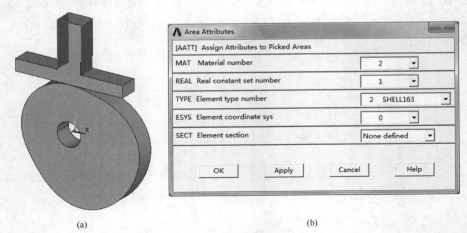

(a)　　　　　　　　　　　　(b)

图 12-19　为从动件侧面指派单元属性

（3）在 MeshTool 对话框中，将 Element Attributes 改为 Volume，然后单击 Set，在窗口中拾取凸轮并单击 OK，在弹出的 Volume Attributes 对话框中更改 MAT 为 3，REAL 为 1，TYPE 为 3 SOLID164，然后单击 OK。

（4）参照上一步操作，为从动件指派单元属性，其中，MAT 为 3，REAL 为 1，TYPE 为 4 SOLID164。

（5）在 MeshTool 对话框中，单击 Size Controls：Global 右侧的 Set，弹出 Global Element Sizes 对话框，在 SIZE Element edge length 中输入 0.01，然后单击 OK。

（6）在 MeshTool 对话框中，单击 Size Controls：Lines 右侧的 Set，弹出 Element Size on Picked Lines 对话框，在窗口中拾取凸轮圆孔处的两条直边和从动件上部沿厚度方向的四条边，然后单击 OK，此时弹出 Element Sizes on picked Lines 对话框，在 NDIV No. of element divisions 中输入 4，然后单击 OK，如图 12-20 所示。

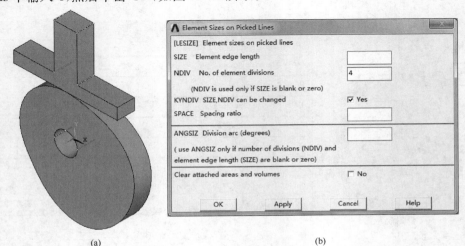

(a)　　　　　　　　　　　　(b)

图 12-20　指定边线划分份数

8. 建立弹簧单元

按照如下的操作步骤建立弹簧单元。

(1)单击主菜单 Preprocessor＞Modeling＞Create＞Nodes＞In Active CS,弹出 Create Nodes in Active Coordinate System 对话框,在 NODE Node number 中输入 10 000,X,Y,Z Location in active CS 输入 0,0.38,0,如图 12-21 所示。

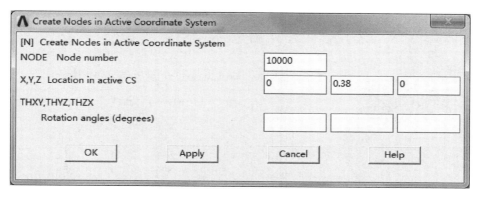

图 12-21　创建节点

(2)单击主菜单 Preprocessor＞Modeling＞Create＞Elements＞Elem Attributes,在弹出的对话框中更改 TYPE 为 5 COMBI165,MAT 为 4,REAL 为 2,然后单击 OK,如图 12-22 所示。

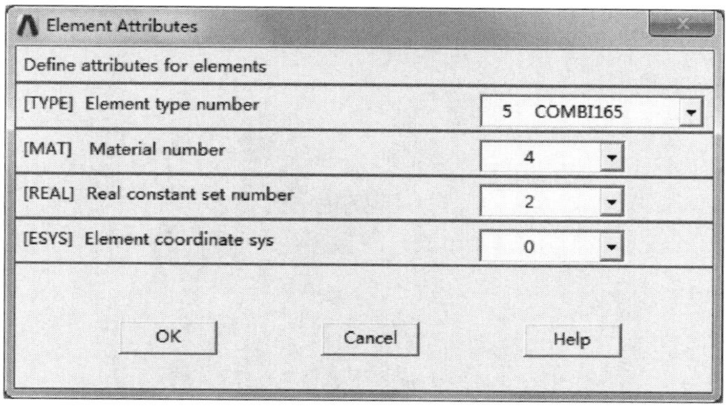

图 12-22　定义弹簧属性

(3)单击主菜单 Preprocessor＞Modeling＞Create＞Elements＞Auto Numbered,在窗口中依次拾取节点 10 000 和从动件顶面中间节点,然后单击 OK,完成弹簧的创建,单击 Plot＞Plot Elements,绘制凸轮机构的有限元模型,如图 12-23 所示。

9. 建立 Part 表

(1)单击主菜单 Preprocessor＞LS-DYNA Options＞Part Options,弹出 Part Data Written for LS-DYNA 对话框,确保 Option 项中的 Create all parts 被选中,然后单击 OK,弹出建立的 PART 信息列表文本窗口(图 12-24),将其关闭,返回图形用户界面。

(2)从图 12-25 基于 PART 显示的模型中可以看出,凸轮圆孔柱面为 PART1,从动件侧面为 PART2,从动件为 PART3,凸轮为 PART4,弹簧为 PART5。

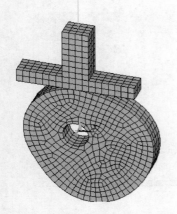

图 12-23 凸轮机构的有限元模型

```
USED:  used in number of selected elements

    PART       MAT       TYPE       REAL       USED

     1         1          1          1          56
     2         2          2          1          64
     3         3          4          1         272
     4         3          3          1        1604
     5         4          5          2           1
```

图 12-24 Part 列表

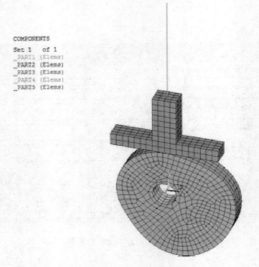

```
COMPONENTS
Set 1  of 1
_PART1 (Elems)
_PART2 (Elems)
_PART3 (Elems)
_PART4 (Elems)
_PART5 (Elems)
```

图 12-25 基于 PART 显示的模型

10. 定义接触关系

(1)单击主菜单 Preprocessor＞LS-DYNA Options＞Contact＞Define Contact,弹出 Contact Parameter Definitions 对话框,在 Contact Type 中选择 Surface to Surf 和 General,即通用面-面接触算法 STS。接触面之间的静、动摩擦系数均输入 0.10 和 0.10。

(2)以上参数设置完成后,单击 Contact Parameter Definitions 对话框的 OK 按钮,弹出 Contact Options 对话框,接触部件和目标面部件号分别选择 4 和 3,点 OK 关闭该对话框。

12.3　施加边界条件

1. 定义数组

（1）单击 Parameters＞Array Parameters＞Define/Edit…，弹出 Array Parameters 对话框，单击 Add…按钮，弹出 Add New Array Parameter 对话框，输入 Par Parameter name 为 Time，确保 Type Parameter type 为 Array，I,J,K No. of rows,cols,planes 为 2,1,1，然后单击 Apply。

（2）更改 Par Parameter name 为 Force，再次单击 Apply。

（3）更改 Par Parameter name 为 R-VE，再次单击 Apply，至此完成了三个名称分别 Time、Force 和 R_VE 的 2×1 的数组，如图 12-26 所示。

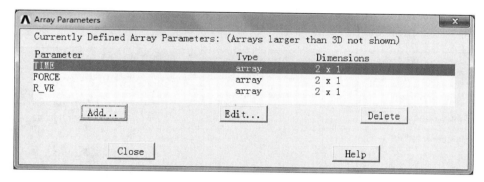

图 12-26　定义数组

（4）在图 12-26 所示的 Array Parameter 对话框中选中 TIME 数组，然后单击 Edit…，在弹出的 Array Parameter TIME 对话框中输入 0 和 0.65，然后单击 File＞Apply/Quite，如图 12-27所示。

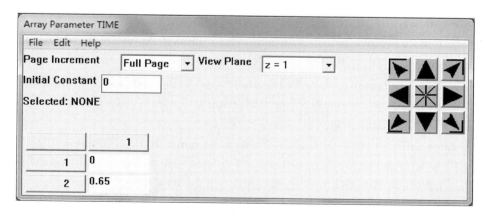

图 12-27　定义时间数组

（5）参照上一步操作，对 Force 数组进行编辑，如图 12-28 所示。

（6）参照上一步操作，对 R_VE 数组进行编辑，前文中提到，凸轮转速为 100 r/min，约为

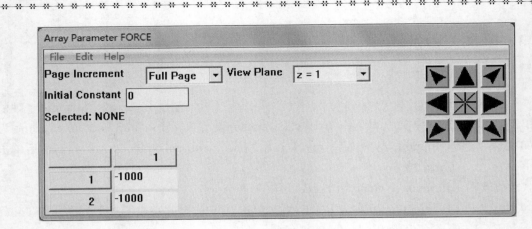

图 12-28 定义载荷数组

10.47 rad/s,故详细定义如图 12-29 所示。

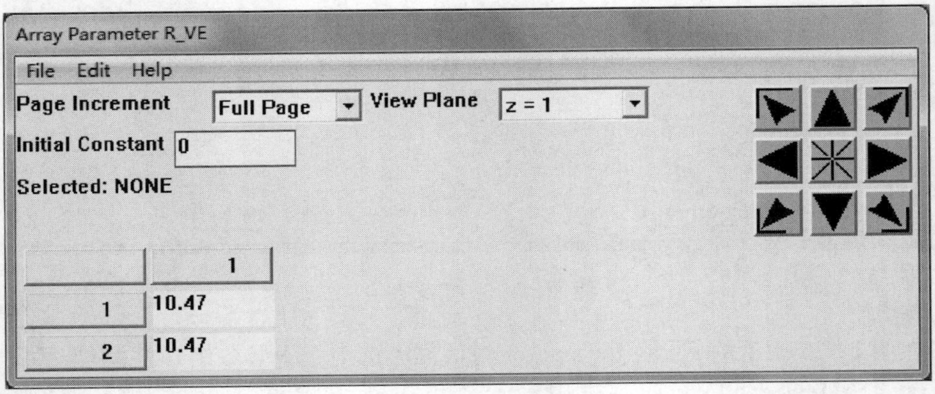

图 12-29 定义转速数组

2. 施加边界条件及载荷

(1)单击主菜单 Preprocessor>Solution>Constraints>Apply>On Nodes,弹出 Apply U,ROT on Nodes 对话框,在其中输入 10 000,单击 OK。

(2)在弹出对话框的 Lab2 DOFs to be constrained 中选中 ALL DOF,然后单击 OK。

(3)单击主菜单 Preprocessor>Solution>Loading Options>Specify Loads,弹出 Specify Loads for LS-DYNA Explicit 对话框。

(4)在 Load Labels 中选中 RBOZ,在 Component name or PART number 的下拉菜单中选择 1,在 Parameter name for time values:的下拉菜单中选择 Time,在 Parameter name for Data Values:的下拉菜单中选择 R_VE,然后单击 Apply,如图 12-30 所示。

(5)在 Load Labels 中选中 RBFY,在 Component name or PART number 的下拉菜单中选择 2,在 Parameter name for time values:的下拉菜单中选择 Time,在 Parameter name for Data Values:的下拉菜单中选择 FORCE,然后单击 OK。

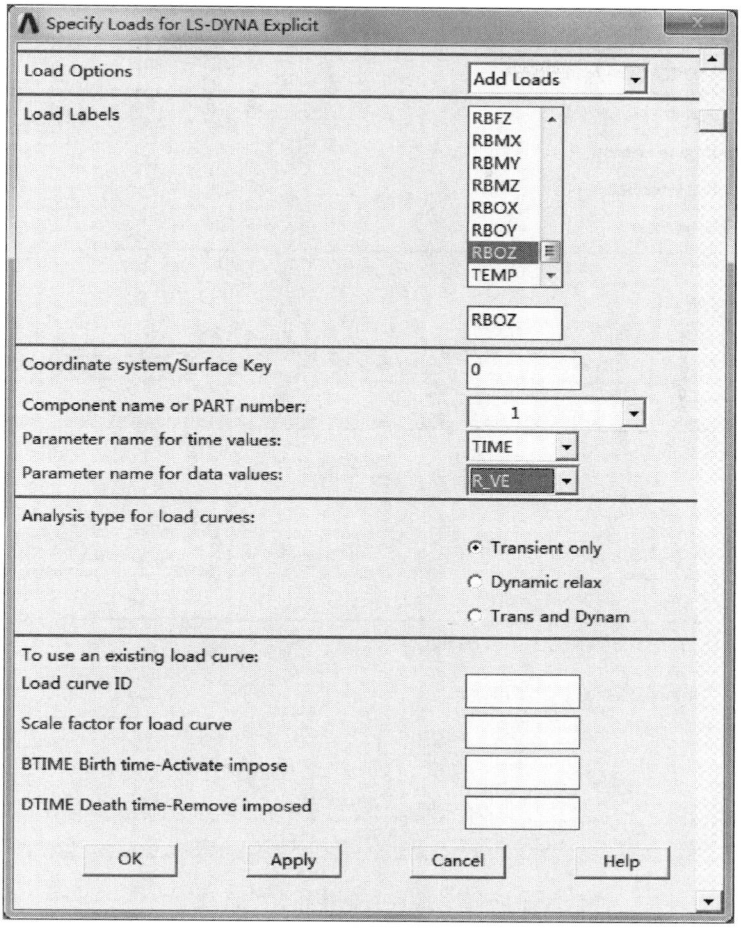

图 12-30 定义凸轮转速

12.4 分析设置

1. 设置能量选项

单击主菜单 Preprocessor＞ Solution＞Analysis Options＞Energy Options，在弹出的 Energy Options 对话框中，打开所有的能量控制开关，单击 OK 按钮，关闭对话框，如图 12-31 所示。

2. 设置人工体积黏性选项

单击主菜单 Preprocessor＞ Solution＞Analysis Options＞Bulk Viscosity，保持缺省设置，单击 OK 按钮，关闭该对话框，如图 12-32 所示。

3. 设置时间步长因子

单击主菜单 Preprocessor＞ Solution＞Time Controls＞Time Step Ctrls，弹出 Specify Time Step Scaling for LS-DYNA Explicit 对话框，在 Time Step Scale factor 域中输入 0.8，如图 12-33 所示，点 OK 按钮，关闭该对话框。

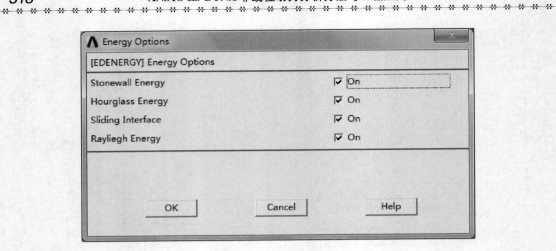

图 12-31　设置能量选项

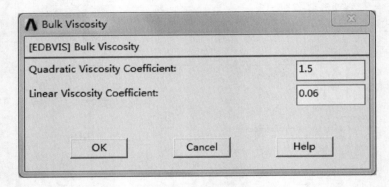

图 12-32　设置人工体积黏性选项

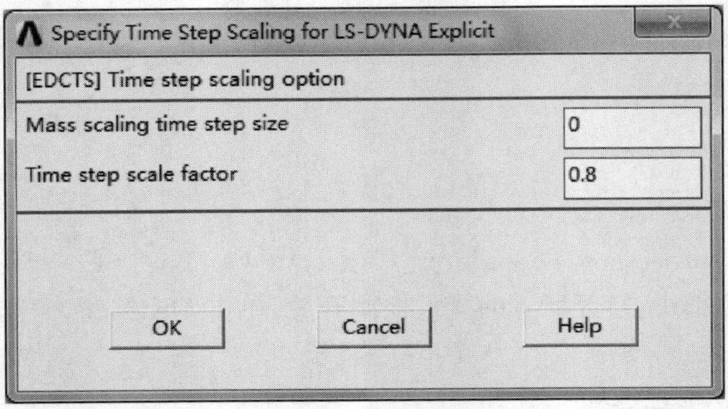

图 12-33　设置时间步长因子

4. 设置求解时间

单击主菜单 Preprocessor＞Solution＞Time Controls＞Solution Time，弹出 Solution Time for LS-DYNA Explicit 对话框，输入计算时间为 0.61，单击 OK 按钮，关闭对话框，如图 12-34 所示。

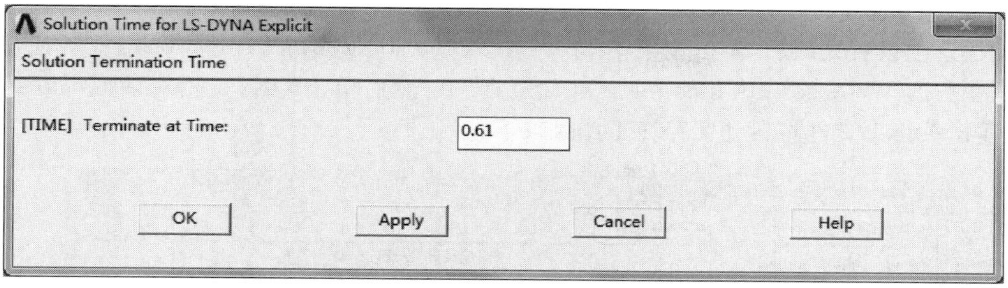

图 12-34　设置求解时间

5. 设置结果文件输出步数

单击主菜单 Preprocessor＞Solution＞Output Controls＞File Output Freq＞Number of Steps,弹出 Specify File Output Frequency 对话框,在[EDRST]一栏中输入结果文件的输出步数 200,在[EDHTIME]一栏中输入 1 000,点 OK 按钮关闭该对话框,如图 12-35 所示。

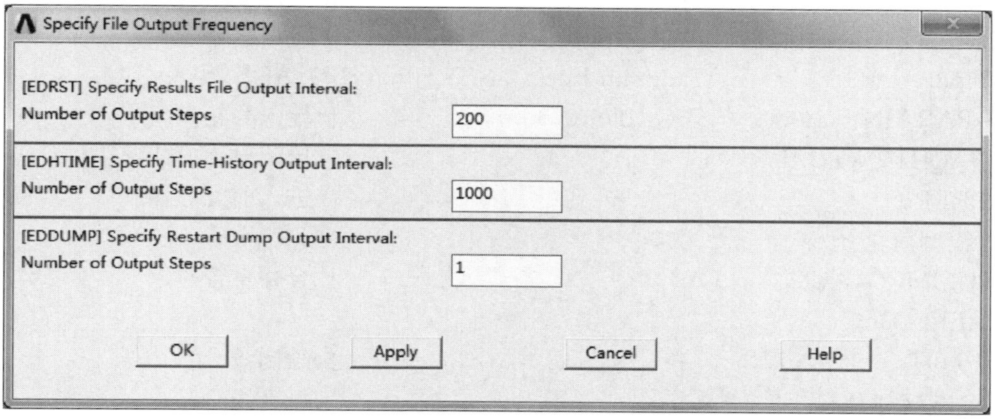

图 12-35　设置结果文件输出步数

6. 设置结果文件输出类型

单击主菜单 Preprocessor＞Solution＞Output Controls＞Output File Types,在 Specify Output File Type for LS-DYNA 对话框中,选择 Add,LS-DYNA,即在计算时输出用于 LS-PREPOST 后处理的结果文件,点 OK 按钮关闭该对话框,如图 12-36 所示。

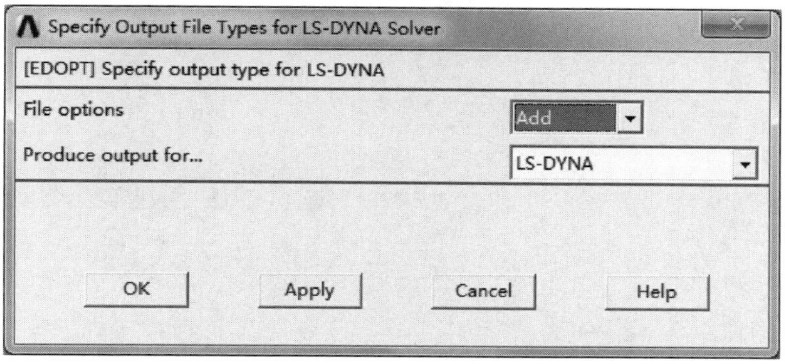

图 12-36　定义结果文件输出类型

7. 输出关键字文件 tulun. k

上述选项设置完成后,单击主菜单 Preprocessor＞Solution＞Write Jobname. k,在弹出的对话框中更改 Write results files for…为 LS-DYNA,然后单击 OK,关闭对话框,如图 12-37 所示,输出关键字文件将自动保存在工作目录下。

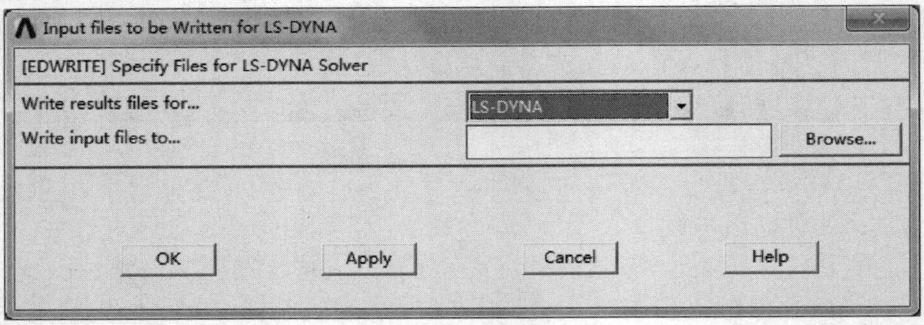

图 12-37　输出关键字文件

如果本节的前面所述操作采用批处理操作,则相应的命令流如下:
```
/input,start150,ans,'d:\Program Files\ANSYS Inc\v150\ANSYS\apdl\'
~PARAIN,'tulun','x_t',,SOLIDS,0,0          ! 导入凸轮模型
/FACET,NORML                               ! 更改显示方式
/PREP7                                     ! 进入前处理器
! 模型简化
NUMMRG,ALL,,,,LOW                          ! 合并重合对象
/REPLOT
LPLOT                                      ! 绘制线
/PNUM,LINE,1                               ! 显示线号
LCOMB,6,8,0
LCOMB,10,12,0                              ! 合并线
VPLOT                                      ! 绘制体
/PNUM,LINE,0                               ! 关闭线号

! 定义单元类型
ET,1,163
ET,2,163
ET,3,164
ET,4,164
ET,5,165                                   ! 创建单元类型 1~5

! 创建实常数
R,1,1,,0.0001
R,2                                        ! 创建实常数 1 和 2
```

！创建新材料
EDMP,RIGI,1,7,4
MP,DENS,1,7860
MP,EX,1,2.1e11
MP,NUXY,1,0.3　　　　　　　　　　　　　　　　！创建材料 1

EDMP,RIGI,2,6,7
MP,DENS,2,7860
MP,EX,2,2.1e11
MP,NUXY,2,0.3　　　　　　　　　　　　　　　　！创建材料 2

MP,DENS,3,7860
MP,EX,3,2.1e11
MP,NUXY,3,0.3　　　　　　　　　　　　　　　　！创建材料 3

TB,DISC,4,,,,
TBDAT,1,5000　　　　　　　　　　　　　　　　　！创建材料 4

！指派单元属性
ASEL,S,,,1
ASEL,A,,,6
AATT,1,1,1,0,
ALLSEL,ALL　　　　　　　　　　　　　　　　　！为凸轮孔柱面指派单元属性

ASEL,S,,,14
ASEL,A,,,15
AATT,2,1,2,0,
ALLSEL,ALL　　　　　　　　　　　　　　　　　！为从动件侧面指派单元属性

VSEL,S,,,1
VATT,3,1,3,0,
ALLSEL,ALL　　　　　　　　　　　　　　　　　！为凸轮指派单元属性

VSEL,S,,,2
VATT,3,1,4,0,
ALLSEL,ALL　　　　　　　　　　　　　　　　　！为从动件指派单元属性

！定义网格尺寸

```
ESIZE,0.01                                    ! 定义单元尺寸
LSEL,S,,,1
LSEL,A,,,2
LSEL,A,,,18
LSEL,A,,,20
LSEL,A,,,21
LSEL,A,,,37
LESIZE,ALL,,,4
ALLSEL,ALL                                    ! 定义线划分份数


! 网格划分
ASEL,S,,,1
ASEL,A,,,6
ASEL,A,,,14
ASEL,A,,,15
AMESH,ALL                                     ! 面网格划分
ALLSEL,ALL
VSWEEP,ALL                                    ! 体网格划分


! 创建弹簧
N,10000,0,0.38,0                              ! 创建编号为 10000 的节点
TYPE,5
MAT,4
REAL,2
E,1321,10000
EPLOT                                         ! 创建弹簧单元


EDPART,CREATE
PARTSEL,'PLOT'                                ! 创建并绘制 PART
EDCGEN,STS,4,3,0.1,0.1,0,0,0,,,,,0,10000000,0,0   ! 创建接触对


! 施加边界条件
*DIM,TIME,ARRAY,2,1,1,,                       ! 创建名为 TIME 的数组
*DIM,FORCE,ARRAY,2,1,1,,,                     ! 创建名为 FORCE 的数组
*DIM,R_VE,ARRAY,2,1,1,,,                      ! 创建名为 R_VE 的数组
*SET,TIME(2,1,1),0.65
*SET,FORCE(1,1,1),-1000
*SET,FORCE(2,1,1),-1000
*SET,R_VE(1,1,1),10.47
```

```
*SET,R_VE(2,1,1),10.47                        ! 定义数组参数
FINISH                                        ! 退出前处理器


/SOLU                                         ! 进入求解器
D,10000,,,,,,ALL                              ! 施加固定约束
EDLOAD,ADD,RBOZ,0,1,TIME,R_VE,0,,,,           ! 施加转动速度
EDLOAD,ADD,RBFY,0,2,TIME,FORCE,0,,,,,         ! 施加竖向力


! 求解设置
EDENERGY,1,1,1,1                              ! 设置能量选项
EDBVIS,1.5,0.06,                              ! 设置人工体积黏性选项
EDCTS,0,0.8                                   ! 设置时间步长因子
TIME,0.61,                                    ! 设置求解时间
EDRST,200,
EDHTIME,1000,                                 ! 设置结果文件输出步数
EDOPT,ADD,blank,LSDYNA                        ! 设置结果文件输出类型
EDWRITE,LSDYNA,,,                             ! 输出 k 文件
```

12.5　求解及后处理

12.5.1　求　　解

按照如下步骤进行求解。

1. 启动 Mechanical APDL Product Launcher

通过开始菜单的 ANSYS 程序组，启动 Mechanical APDL Product Launcher。

2. 设置分析类型及文件

在 Product Launcher 中，Simulation Environment 栏选择 LS-DYNA Solver，License 选择 ANSYS LS-DYNA，Analysis Type 选择 Typical LS-DYNA Analysis。在 File Management 标签下，Working Directory 设定为关键字文件所在目录，Keyword Input File 中指向工作目录下的 tulun. k 文件。

3. 求解

按下 Product Launcher 窗口左下方的 Run 按钮，开始求解计算，计算过程中可在输出窗口中利用 SW2 开关获取计算实时信息，计算过程可能较长。求解完成后，屏幕输出窗口提示 Normal Termination，按任意键退出。

12.5.2　后　处　理

本节将利用 LS-PrePost 程序进行后处理操作。

1. 启动 LS-PrePost-4.0

通过开始菜单启动 LS-PrePost-4.0 程序。

2. 导入结果文件

在菜单中单击 File>Open>Binary Plot，打开工作目录下的二进制结果文件 D3plot，将结果信息读入 LS-PrePost 后处理器，在绘图区域绘出凸轮机构模型。

3. 观察运动过程

通过动画播放控制台，可观察凸轮机构的动态运动过程，图 12-38 绘出了不同时刻凸轮机构的运动状态。

4. 观察应力变化

（1）单击菜单中的 FEM>Post>Fringe Component，在 Fringe Component 面板中，选择 Stress 下的 Von Mises Stress，点 Done 按钮。

（2）单击菜单中的 FEM>Post>Fringe Range，在 Fringe Range 面板中，在 Level 的下拉菜单中选择 20，点 Done 按钮。

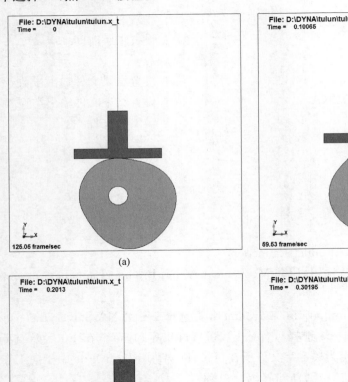

(a)

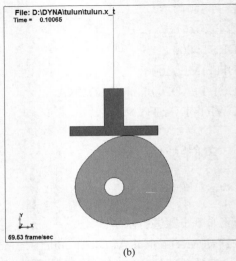

(b)

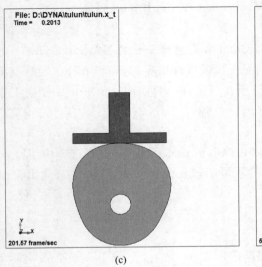

(c)

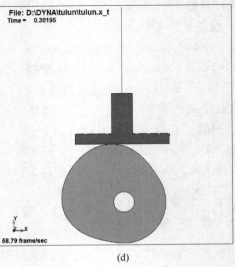

(d)

图 12-38

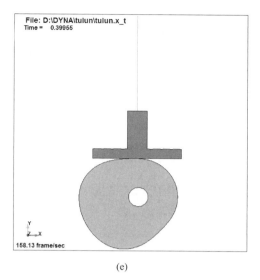

(e)

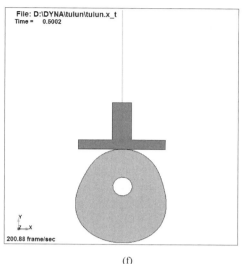

(f)

图 12-38　不同时刻凸轮机构运动状态

（3）利用动画播放控制台，选择所需显示的子步结果。

图 12-39 为一系列不同时刻凸轮机构 Von Mises 等效应力等值线分布云图。

（4）单击菜单中的 File＞Movie，设定精度、保存路径及名称后单击 Start 按钮，将输出凸轮机构中的等效应力分布随运动过程变化的动画。

5. 观察从动件运动过程中的位移变化

单击主菜单的 FEM＞Post＞History，在 History 面板中，选中 Part 复选框，在绘图项目列表中选择 Y-Rigid Body Displacement，然后在图形显示窗口中拾取从动件 Part，最后单击 Plot 按钮，此时弹出 PlotWindow-1 窗口中绘出了从动件 Y 向位移变化曲线，如图 12-40 所示。

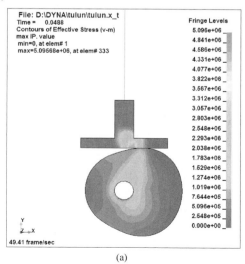

(a)

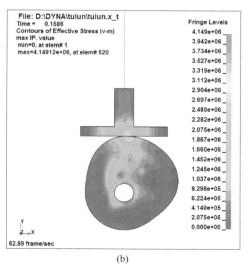

(b)

图　12-39

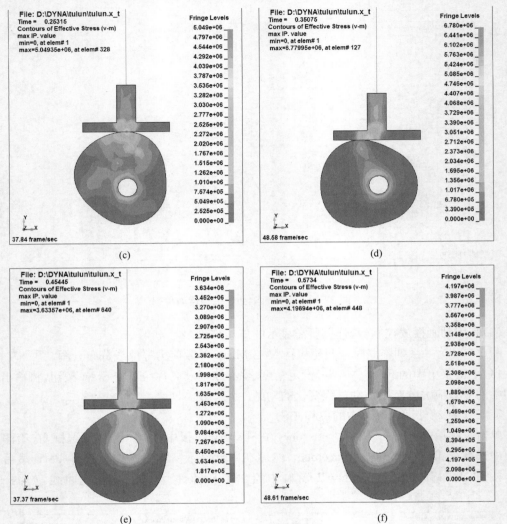

图 12-39 凸轮机构等效应力分布云图

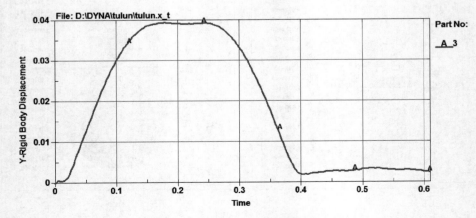

图 12-40 从动件的 Y 向位移变化曲线

6. 观察从动件运动过程中的速度变化

单击主菜单的 FEM＞Post＞History，在 History 面板中，选中 Part 复选框，在绘图项目列表中选择 Y-Rigid Body Velocity，然后在图形显示窗口中拾取从动件 Part，最后单击 Plot 按钮，此时弹出 PlotWindow-1 窗口中绘出了从动件 Y 向速度变化曲线，如图 12-41 所示。

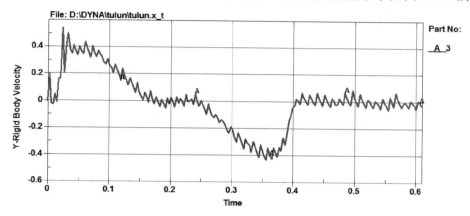

图 12-41　从动件的 Y 向速度变化曲线

7. 观察从动件运动过程中的加速度变化

单击主菜单的 FEM＞Post＞History，在 History 面板中，选中 Part 复选框，在绘图项目列表中选择 Y-Rigid Body Acceleration，然后在图形显示窗口中拾取从动件 Part，最后单击 Plot 按钮，此时弹出 PlotWindow-1 窗口中绘出了从动件 Y 向加速度变化曲线，如图 12-42 所示。

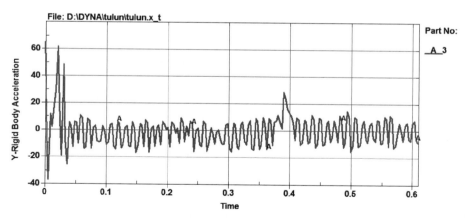

图 12-42　从动件的 Y 向加速度变化曲线

8. 观察凸轮机构运动过程中的能量变化

单击主菜单的 FEM＞Post＞History，在 History 面板中，选中 Global 复选框，在绘图项目列表中选择 Kinetic Energy、Internal Energy 和 Total Energy，单击 Plot 按钮，此时弹出 PlotWindow-1 窗口中绘出了凸轮机构运动过程中的能量变化曲线，如图 12-43 所示。

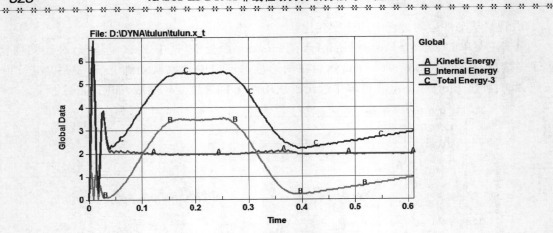

图 12-43   凸轮机构运动过程中的能量变化曲线

12.6   凸轮分析的关键字文件

下面给出本章分析案例的关键字文件 tulun. k。

* KEYWORD

* TITLE

File：D：\DYNA\tulun\tulun. x_t

$

* DATABASE_FORMAT

　　　0

$

$

$$$

$ NODE DEFINITIONS $

$$$

$

* NODE

　　　1—2. 000000000E—02 0. 000000000E+00 1. 500000000E—02　　　　0　　　　0

　　　2—2. 000000000E—02 0. 000000000E+00—1. 500000000E—02　　　　0　　　　0

‧‧‧

　　10000 0. 000000000E+00 3. 800000000E—01 0. 000000000E+00　　　　0　　　　0

$

$

$$$

$ SECTION DEFINITIONS $

$$$

$

* SECTION_SHELL

　　　1　　　　2　　1. 0000　　　2. 0　　　0. 0　　　0. 0　　　0

0.100E—03 0.100E—03 0.100E—03 0.100E—03 0.00
* SECTION_SHELL
     2   2 1.0000   2.0   0.0   0.0   0
0.100E—03 0.100E—03 0.100E—03 0.100E—03 0.00
* SECTION_SOLID
     3   1
* SECTION_SOLID
     4   1
* SECTION_DISCRETE
     5   0 0.0000   0.0000   0.0000   0.0000
  0.00   0.00
$
$
$$
$ MATERIAL DEFINITIONS $
$$
$
* MAT_RIGID
     1 0.786E+04 0.210E+12 0.300000   0.0   0.0   0.0
  1.00   7.00   4.00

* MAT_RIGID
     2 0.786E+04 0.210E+12 0.300000   0.0   0.0   0.0
  1.00   6.00   7.00

* MAT_ELASTIC
     3 0.786E+04 0.210E+12 0.300000   0.0   0.0   0.0
* MAT_SPRING_ELASTIC
     4 0.500E+04
$
$
$
$$
$ PARTS DEFINITIONS $
$$
$
$
* PART
Part   1 for Mat   1 and Elem Type   1
     1   1   1   0   0   0   0
$
* PART
Part   2 for Mat   2 and Elem Type   2

```
          2        2        2        0        0        0        0
$
* PART
Part          3 for Mat          3 and Elem Type        4
          3        3        3        0        0        0        0
$
* PART
Part          4 for Mat          3 and Elem Type        3
          4        4        3        0        0        0        0
$
* PART
Part          5 for Mat          4 and Elem Type        5
          5        5        4        0        0        0        0
$
$
$$$$$$$$$$$$$$$$$$$$$$$$$$$$$$$$$$$$$$$$$$$$$$$$$$$$$$$$$$$$$$$$$$$$$$$$$$$$$$$
$                         ELEMENT DEFINITIONS                             $
$$$$$$$$$$$$$$$$$$$$$$$$$$$$$$$$$$$$$$$$$$$$$$$$$$$$$$$$$$$$$$$$$$$$$$$$$$$$$$$
$
* ELEMENT_SHELL
          1        1        1        3       23       17
          2        1        3        4       29       23
.......................................................................
        120        2      160      122      121      130
* ELEMENT_SOLID
        121        3     1064     1030      929      117     1346     1475     1469      120
.......................................................................
       1996        4     2626     2680     2677     2509      505      523      522      212
* ELEMENT_DISCRETE
       1997        5     1321    10000        0 0.000000000E+00        0 0.000000000E+00
$
$
$$$$$$$$$$$$$$$$$$$$$$$$$$$$$$$$$$$$$$$$$$$$$$$$$$$$$$$$$$$$$$$$$$$$$$$$$$$$$$$
$                         COORDINATE SYSTEMS                              $
$$$$$$$$$$$$$$$$$$$$$$$$$$$$$$$$$$$$$$$$$$$$$$$$$$$$$$$$$$$$$$$$$$$$$$$$$$$$$$$
$
$
$
$$$$$$$$$$$$$$$$$$$$$$$$$$$$$$$$$$$$$$$$$$$$$$$$$$$$$$$$$$$$$$$$$$$$$$$$$$$$$$$
$                         LOAD DEFINITIONS                                $
$$$$$$$$$$$$$$$$$$$$$$$$$$$$$$$$$$$$$$$$$$$$$$$$$$$$$$$$$$$$$$$$$$$$$$$$$$$$$$$
$
$
```

```
$
$$$$$$$$$$$$$$$$$$$$$$$$$$$$$$$$$$$$$$$$$$$$$$$$$$$$$$$$$$$$$$$$$$$$$$$$
$                        RIGID BOUNDRIES                            $
$$$$$$$$$$$$$$$$$$$$$$$$$$$$$$$$$$$$$$$$$$$$$$$$$$$$$$$$$$$$$$$$$$$$$$$$
$
* DEFINE_CURVE
        1        0    1.000    1.000    0.000    0.000
  0.000000000000E+00   1.047000000000E+01
  6.500000000000E-01   1.047000000000E+01
* BOUNDARY_PRESCRIBED_MOTION_RIGID
        1        7        0        1    1.000        0 0.000    0.000
$
* DEFINE_CURVE
        2        0    1.000    1.000    0.000    0.000
  0.000000000000E+00-1.000000000000E+03
  6.500000000000E-01-1.000000000000E+03
* LOAD_RIGID_BODY
        2        2        2    1.000        0        0        0        0
$
$
$$$$$$$$$$$$$$$$$$$$$$$$$$$$$$$$$$$$$$$$$$$$$$$$$$$$$$$$$$$$$$$$$$$$$$$$
$                      BOUNDARY DEFINITIONS                         $
$$$$$$$$$$$$$$$$$$$$$$$$$$$$$$$$$$$$$$$$$$$$$$$$$$$$$$$$$$$$$$$$$$$$$$$$
$
* SET_NODE_LIST
        1    0.000    0.000    0.000    0.000
    10000
* BOUNDARY_SPC_SET
        1        0        1        1        1        1        1        1
$
$
$$$$$$$$$$$$$$$$$$$$$$$$$$$$$$$$$$$$$$$$$$$$$$$$$$$$$$$$$$$$$$$$$$$$$$$$
$                      CONTACT DEFINITIONS                          $
$$$$$$$$$$$$$$$$$$$$$$$$$$$$$$$$$$$$$$$$$$$$$$$$$$$$$$$$$$$$$$$$$$$$$$$$
$
* CONTACT_SURFACE_TO_SURFACE
        4        3        3        3        0        0        0        0
0.1000    0.1000    0.000    0.000    0.000        0 0.000    0.1000E+08
1.000     1.000     0.000    0.000    1.000    1.000    1.000    1.000
$
$$$$$$$$$$$$$$$$$$$$$$$$$$$$$$$$$$$$$$$$$$$$$$$$$$$$$$$$$$$$$$$$$$$$$$$$
$                        CONTROL OPTIONS                            $
$$$$$$$$$$$$$$$$$$$$$$$$$$$$$$$$$$$$$$$$$$$$$$$$$$$$$$$$$$$$$$$$$$$$$$$$
```

```
$
* CONTROL_ENERGY
        2        2        2        2
* CONTROL_SHELL
   20.0              1        —1        1        2        2        1
* CONTROL_BULK_VISCOSITY
1.50      0.600E—01
* CONTROL_TIMESTEP
    0.0000      0.8000          0  0.00          0.00
* CONTROL_TERMINATION
0.610                0  0.00000  0.00000  0.00000
$
$$$$$$$$$$$$$$$$$$$$$$$$$$$$$$$$$$$$$$$$$$$$$$$$$$$$$$$$$$$$$$$$$$$$$$$$$$$
$                              TIME HISTORY                              $
$$$$$$$$$$$$$$$$$$$$$$$$$$$$$$$$$$$$$$$$$$$$$$$$$$$$$$$$$$$$$$$$$$$$$$$$$$$
$
* DATABASE_BINARY_D3PLOT
0.3050E—02
* DATABASE_BINARY_D3THDT
0.6100E—03
$
$$$$$$$$$$$$$$$$$$$$$$$$$$$$$$$$$$$$$$$$$$$$$$$$$$$$$$$$$$$$$$$$$$$$$$$$$$$
$                            DATABASE OPTIONS                            $
$$$$$$$$$$$$$$$$$$$$$$$$$$$$$$$$$$$$$$$$$$$$$$$$$$$$$$$$$$$$$$$$$$$$$$$$$$$
$
* DATABASE_EXTENT_BINARY
        0        0        3        1        0        0        0        0
        0        0        0        0        0        0
* END
```

附录 A　LS-DYNA 的计算单位问题

LS-DYNA 程序的计算单位必须协调统一，检查单位是否正确的通常作法是：确定长度、质量、时间三个基本量的单位后，基于基本量的单位导出其他量的单位。下面以 cm-g-μs 作为基本单位的单位系统为例，介绍常用物理量的协调单位导出方法。

1. 加速度单位

加速度单位按照下式导出：

$$[加速度单位]=[长度单位]/[时间单位]^2 \qquad (A\text{-}1)$$

对于 cm-g-μs 单位系统，将长度的基本单位和时间基本单位代入上述算式，即：$cm/(μs)^2 = 10^{10}\ m/s^2$。因此加速度的协调单位为 $10^{10}\ m/s^2$。

2. 集中力的单位

力的单位按照下式导出：

$$[集中力单位]=[质量单位]\times[加速度单位] \qquad (A\text{-}2)$$

对于 cm-g-μs 单位系统，将质量的基本单位和上面计算的加速度单位代入上述算式，即：$g\times10^{10}\ m/s^2 = 10^7 N$，因此力的协调单位为 $10^7 N$。

3. 压力的单位

压力的单位按照下式导出：

$$[压强的单位]=[集中力的单位]/[长度单位]^2 \qquad (A\text{-}3)$$

对于 cm-g-μs 单位系统，将上面计算的集中力单位和长度的基本单位代入上述算式，即：$10^7\ N/(cm)^2 = 10^{11} Pa$，因此压力的协调单位为 $10^{11} Pa$。

其他相关物理量的协调单位也可按照类似的方法导出，在指定模型数据时应统一按照导出的各物理量的协调单位填写各自的数值。比如，钢的弹性模量为 $2.1\times10^{11} Pa$，在 cm-g-μs 单位系统则中应填写 2.1，因弹性模量与压强的协调单位是同一个单位，即 $10^{11} Pa$。

表 A-1 给出三种不同单位系统下一些量的协调单位和赋值。

表 A-1　常用物理量的导出单位及赋值示例

物理量	单位系统 1	单位系统 2	单位系统 3
长度单位	m	mm	mm
时间单位	s	s	ms
质量单位	kg	ton	kg
力的单位	N	N	kN
钢的杨氏模量	210×10^9	210×10^3	210
钢的密度	7.85×10^3	7.85×10^{-9}	7.85×10^{-6}
钢的屈服强度	200×10^6	200	0.200
重力加速度	9.81	9.81×10^3	9.81×10^{-3}
30 mph 的速度	13.4	13.4×10^3	13.4

附录 B LS-DYNA 材料模型关键字

LS-DYNA 材料模型众多,不同的材料模型适用的单元类型也有所不同。单元类型通过如下的数字或字符表示:

0-Solids

1H-Hughes-Liu beam

1B-Belytschko resultant beam

1I-Belytschko integrated solid and tubular beams

1T-Truss

1D-Discrete beam

1SW-Spotweld beam

2-Shells

3a-Thick shell formulation 1

3b-Thick shell formulation 2

3c-Thick shell formulation 3

3d-Thick shell formulation 5

4-Special airbag element

5-SPH element

6-Acoustic solid

7-Cohesive solid

8A-Multi-material ALE solid(validated)

8B-Multi-material ALE solid

表 B-1 为 LS-DYNA 材料模型关键字汇总信息,每一种材料模型都提供数字形式和文字描述形式的关键字,并列出其适用的单元类型和附加变量数。

表 B-1   LS-DYNA 材料模型关键字

数字形式	文字描述形式	适用单元类型	附加变量数
* MAT_001	* MAT_ELASTIC	0,1H,1B,1I,1T,2,3abcd,5,8A	0
* MAT_001_FLUID	* MAT_ELASTIC_FLUID	0,8A	0
* MAT_002	* MAT_OPTIONTROPIC_ELASTIC	0,2,3abc	15
* MAT_003	* MAT_PLASTIC_KINEMATIC	0,1H,1I,1T,2,3abcd,5,8A	5
* MAT_004	* MAT_ELASTIC_PLASTIC_THERMAL	0,1H,1T,2,3abcd,5,8B	3
* MAT_005	* MAT_SOIL_AND_FOAM	0,5,3cd,8A	0
* MAT_006	* MAT_VISCOELASTIC	0,1H,2,3abcd,5,8B	19
* MAT_007	* MAT_BLATZ-KO_RUBBER	0,2,3abc,8B	9

续上表

数字形式	文字描述形式	适用单元类型	附加变量数
* MAT_008	* MAT_HIGH_EXPLOSIVE_BURN	0,5,3cd,8A	4
* MAT_009	* MAT_NULL	0,1,2,3cd,5,8A	3
* MAT_010	* MAT_ELASTIC_PLASTIC_ HYDRO_{OPTION}	0,3cd,5,8B	4
* MAT_011	* MAT_STEINBERG	0,3cd,5,8B	5
* MAT_011_LUND	* MAT_STEINBERG_LUND	0,3cd,5,8B	5
* MAT_012	* MAT_ISOTROPIC_ELASTIC_PLASTIC	0,2,3abcd,5,8B	0
* MAT_013	* MAT_ISOTROPIC_ELASTIC_FAILURE	0,3cd,5,8B	1
* MAT_014	* MAT_SOIL_AND_FOAM_FAILURE	0,3cd,5,8B	1
* MAT_015	* MAT_JOHNSON_COOK	0,2,3abcd,5,8A	6
* MAT_016	* MAT_PSEUDO_TENSOR	0,3cd,5,8B	6
* MAT_017	* MAT_ORIENTED_CRACK	0,3cd	10
* MAT_018	* MAT_POWER_LAW_PLASTICITY	0,1H,2,3abcd,5,8B	0
* MAT_019	* MAT_STRAIN_RATE_DEPENDENT_ PLASTICITY	0,2,3abcd,5,8B	6
* MAT_020	* MAT_RIGID	0,1H,1B,1T,2,3ab	0
* MAT_021	* MAT_ORTHOTROPIC_THERMAL	0,2,3abc	29
* MAT_022	* MAT_COMPOSITE_DAMAGE	0,2,3abcd,5	12
* MAT_023	* MAT_TEMPERATURE_DEPENDENT_ ORTHOTROPIC	0,2,3abc	19
* MAT_024	* MAT_PIECEWISE_LINEAR_PLASTICITY	0,1H,2,3abcd,5,8A	5
* MAT_025	* MAT_GEOLOGIC_CAP_MODEL	0,3cd,5	12
* MAT_026	* MAT_HONEYCOMB	0,3cd	20
* MAT_027	* MAT_MOONEY-RIVLIN_RUBBER	0,1T,2,3c,8B	9
* MAT_028	* MAT_RESULTANT_PLASTICITY	1B,2	5
* MAT_029	* MAT_FORCE_LIMITED	1B	30
* MAT_030	* MAT_SHAPE_MEMORY	0,1H,2,3abc,5	23
* MAT_031	* MAT_FRAZER_NASH_RUBBER_MODEL	0,3c,8B	9
* MAT_032	* MAT_LAMINATED_GLASS	2,3ab	0
* MAT_033	* MAT_BARLAT_ANISOTROPIC_PLASTICITY	0,2,3abcd	9
* MAT_033_96	* MAT_BARLAT_YLD96	2,3ab	9
* MAT_034	* MAT_FABRIC	4	17
* MAT_035	* MAT_PLASTIC_GREEN-NAGHDI_RATE	0,3cd,5,8B	22
* MAT_036	* MAT_3-PARAMETER_BARLAT	2,3abcd	7
* MAT_037	* MAT_TRANSVERSELY_ANISOTROPIC_ ELASTIC_PLASTIC	2,3ab	9
* MAT_038	* MAT_BLATZ-KO_FOAM	0,2,3c,8B	9

数字形式	文字描述形式	适用单元类型	附加变量数
*MAT_039	*MAT_FLD_TRANSVERSELY_ANISOTROPIC	2,3ab	6
*MAT_040	*MAT_NONLINEAR_ORTHOTROPIC	0,2,3c	17
*MAT_041-050	*MAT_USER_DEFINED_MATERIAL_MODELS	0,1H,1T,1D,2,3abcd,5,8B	0
*MAT_051	*MAT_BAMMAN	0,2,3abcd,5,8B	8
*MAT_052	*MAT_BAMMAN_DAMAGE	0,2,3abcd,5,8B	10
*MAT_053	*MAT_CLOSED_CELL_FOAM	0,3cd,8B	0
*MAT_054-055	*MAT_ENHANCED_COMPOSITE_DAMAGE	0,2,3cd	20
*MAT_057	*MAT_LOW_DENSITY_FOAM	0,3cd,5,8B	16
*MAT_058	*MAT_LAMINATED_COMPOSITE_FABRIC	2,3ab	15
*MAT_059	*MAT_COMPOSITE_FAILURE_{OPTION}_MODEL	0,2,3cd,5	22
*MAT_060	*MAT_ELASTIC_WITH_VISCOSITY	0,2,3abcd,5,8B	8
*MAT_060C	*MAT_ELASTIC_WITH_VISCOSITY_CURVE	0,2,3abcd,5,8B	8
*MAT_061	*MAT_KELVIN-MAXWELL_VISCOELASTIC	0,3cd,5,8B	14
*MAT_062	*MAT_VISCOUS_FOAM	0,3cd,8B	7
*MAT_063	*MAT_CRUSHABLE_FOAM	0,3cd,5,8B	8
*MAT_064	*MAT_RATE_SENSITIVE_POWERLAW_PLASTICITY	0,2,3abcd,5,8B	30
*MAT_065	*MAT_MODIFIED_ZERILLI_ARMSTRONG	0,2,3abcd,5,8B	6
*MAT_066	*MAT_LINEAR_ELASTIC_DISCRETE_BEAM	1D	8
*MAT_067	*MAT_NONLINEAR_ELASTIC_DISCRETE_BEAM	1D	14
*MAT_068	*MAT_NONLINEAR_PLASTIC_DISCRETE_BEAM	1D	25
*MAT_069	*MAT_SID_DAMPER_DISCRETE_BEAM	1D	13
*MAT_070	*MAT_HYDRAULIC_GAS_DAMPER_DISCRETE_BEAM	1D	8
*MAT_071	*MAT_CABLE_DISCRETE_BEAM	1D	8
*MAT_072	*MAT_CONCRETE_DAMAGE	0,3cd,5,8B	6
*MAT_072R3	*MAT_CONCRETE_DAMAGE_REL3	0,3cd,5	6
*MAT_073	*MAT_LOW_DENSITY_VISCOUS_FOAM	0,3cd,8B	56
*MAT_074	*MAT_ELASTIC_SPRING_DISCRETE_BEAM	1D	8
*MAT_075	*MAT_BILKHU/DUBOIS_FOAM	0,3cd,5,8B	8
*MAT_076	*MAT_GENERAL_VISCOELASTIC	0,2,3abcd,5,8B	53
*MAT_077_H	*MAT_HYPERELASTIC_RUBBER	0,2,3cd,5,8B	54
*MAT_077_O	*MAT_OGDEN_RUBBER	0,2,3cd,8B	54
*MAT_078	*MAT_SOIL_CONCRETE	0,3cd,5,8B	3
*MAT_079	*MAT_HYSTERETIC_SOIL	0,3cd,5,8B	77

数字形式	文字描述形式	适用单元类型	附加变量数
* MAT_080	* MAT_RAMBERG-OSGOOD	0,3cd,8B	18
* MAT_081	* MAT_PLASTICITY_WITH_DAMAGE	0,2,3abcd	5
* MAT_082(_RCDC)	* MAT_PLASTICITY_WITH_DAMAGE_ORTHO(_RCDC)	0,2,3abcd	22
* MAT_083	* MAT_FU_CHANG_FOAM	0,3cd,5,8B	54
* MAT_084-085	* MAT_WINFRITH_CONCRETE	0	54
* MAT_086	* MAT_ORTHOTROPIC_VISCOELASTIC	2,3ab	17
* MAT_087	* MAT_CELLULAR_RUBBER	0,3cd,5,8B	19
* MAT_088	* MAT_MTS	0,2,3abcd,5,8B	5
* MAT_089	* MAT_PLASTICITY_POLYMER	0,2,3abcd	45
* MAT_090	* MAT_ACOUSTIC	6	25
* MAT_091	* MAT_SOFT_TISSUE	0,2	16
* MAT_092	* MAT_SOFT_TISSUE_VISCO	0,2	58
* MAT_093	* MAT_ELASTIC_6DOF_SPRING_DISCRETE_BEAM	1D	25
* MAT_094	* MAT_INELASTIC_SPRING_DISCRETE_BEAM	1D	9
* MAT_095	* MAT_INELASTC_6DOF_SPRING_DISCRETE_BEAM	1D	25
* MAT_096	* MAT_BRITTLE_DAMAGE	0,8B	51
* MAT_097	* MAT_GENERAL_JOINT_DISCRETE_BEAM	1D	23
* MAT_098	* MAT_SIMPLIFIED_JOHNSON_COOK	0,1H,1B,1T,2,3abcd	6
* MAT_099	* MAT_SIMPLIFIED_JOHNSON_COOK_ORTHOTROPIC_DAMAGE	0,2,3abcd	22
* MAT_100	* MAT_SPOTWELD_{OPTION}	0,1SW	6
* MAT_100_DA	* MAT_SPOTWELD_DAIMLERCHRYSLER	0	6
* MAT_101	* MAT_GEPLASTIC_SRATE_2000a	2,3ab	15
* MAT_102	* MAT_INV_HYPERBOLIC_SIN	0,3cd,8B	15
* MAT_103	* MAT_ANISOTROPIC_VISCOPLASTIC	0,2,3abcd,5	20
* MAT_103_P	* MAT_ANISOTROPIC_PLASTIC	2,3abcd	20
* MAT_104	* MAT_DAMAGE_1	0,2,3abcd	11
* MAT_105	* MAT_DAMAGE_2	0,2,3abcd	7
* MAT_106	* MAT_ELASTIC_VISCOPLASTIC_THERMAL	0,2,3abcd,5	20
* MAT_107	* MAT_MODIFIED_JOHNSON_COOK	0,2,3abcd,5,8B	15
* MAT_108	* MAT_ORTHO_ELASTIC_PLASTIC	2,3ab	15
* MAT_110	* MAT_JOHNSON_HOLMQUIST_CERAMICS	0,3cd,5	15
* MAT_111	* MAT_JOHNSON_HOLMQUIST_CONCRETE	0,3cd,5	25

数字形式	文字描述形式	适用单元类型	附加变量数
* MAT_112	* MAT_FINITE_ELASTIC_STRAIN_ PLASTICITY	0,3c,5	22
* MAT_113	* MAT_TRIP	2,3ab	5
* MAT_114	* MAT_LAYERED_LINEAR_PLASTICITY	2,3ab	13
* MAT_115	* MAT_UNIFIED_CREEP	0,2,3abcd,5	1
* MAT_116	* MAT_COMPOSITE_LAYUP	2	30
* MAT_117	* MAT_COMPOSITE_MATRIX	2	30
* MAT_118	* MAT_COMPOSITE_DIRECT	2	10
* MAT_119	* MAT_GENERAL_NONLINEAR_6DOF_ DISCRETE_BEAM	1D	62
* MAT_120	* MAT_GURSON	0,2,3abcd	12
* MAT_120_JC	* MAT_GURSON_JC	0,2	12
* MAT_120_RCDC	* MAT_GURSON_RCDC	0,2	12
* MAT_121	* MAT_GENERAL_NONLINEAR_1DOF_ DISCRETE_BEAM	1D	20
* MAT_122	* MAT_HILL_3R	2,3ab	8
* MAT_122_3D	* MAT_HILL_3R_3D	0	28
* MAT_123	* MAT_MODIFIED_PIECEWISE_ LINEAR_PLASTICITY	0,2,3abcd,5	11
* MAT_124	* MAT_PLASTICITY_COMPRESSION_TENSION	0,1H,2,3abcd,5,8B	7
* MAT_125	* MAT_KINEMATIC_HARDENING_ TRANSVERSELY_ANISOTROPIC	0,2,3abcd	11
* MAT_126	* MAT_MODIFIED_HONEYCOMB	0,3cd	20
* MAT_127	* MAT_ARRUDA_BOYCE_RUBBER	0,3cd,5	49
* MAT_128	* MAT_HEART_TISSUE	0,3c	15
* MAT_129	* MAT_LUNG_TISSUE	0,3cd	49
* MAT_130	* MAT_SPECIAL_ORTHOTROPIC	2	35
* MAT_131	* MAT_ISOTROPIC_SMEARED_CRACK	0,5,8B	15
* MAT_132	* MAT_ORTHOTROPIC_SMEARED_CRACK	0	61
* MAT_133	* MAT_BARLAT_YLD2000	2,3ab	9
* MAT_134	* MAT_VISCOELASTIC_FABRIC	9	
* MAT_135	* MAT_WTM_STM	2,3ab	30
* MAT_135_PLC	* MAT_WTM_STM_PLC	2,3ab	30
* MAT_136	* MAT_CORUS_VEGTER[]{5}	2,3ab	5
* MAT_138	* MAT_COHESIVE_MIXED_MODE[]{0}	7	0
* MAT_139	* MAT_MODIFIED_FORCE_LIMITED[]{35}	1B	35
* MAT_140	* MAT_VACUUM	0,8A	0
* MAT_141	* MAT_RATE_SENSITIVE_POLYMER	0,3cd,8B	6

续上表

数字形式	文字描述形式	适用单元类型	附加变量数
*MAT_142	*MAT_TRANSVERSELY_ISOTROPIC_CRUSHABLE_FOAM	0,3cd	12
*MAT_143	*MAT_WOOD_{OPTION}	0,3cd,5	37
*MAT_144	*MAT_PITZER_CRUSHABLEFOAM	0,3cd,8B	7
*MAT_145	*MAT_SCHWER_MURRAY_CAP_MODEL	0,5	50
*MAT_146	*MAT_1DOF_GENERALIZED_SPRING	1D	1
*MAT_147	*MAT_FHWA_SOIL	0,3cd,5,8B	15
*MAT_147_N	*MAT_FHWA_SOIL_NEBRASKA	0,3cd,5,8B	15
*MAT_148	*MAT_GAS_MIXTURE	0,8A	14
*MAT_151	*MAT_EMMI	0,3cd,5,8B	23
*MAT_153	*MAT_DAMAGE_3	0,1H,2,3abcd	
*MAT_154	*MAT_DESHPANDE_FLECK_FOAM	0,3cd,8B	10
*MAT_155	*MAT_PLASTICITY_COMPRESSION_TENSION_EOS	0,3cd,5,8B	16
*MAT_156	*MAT_MUSCLE	1T	0
*MAT_157	*MAT_ANISOTROPIC_ELASTIC_PLASTIC	0,2,3ab	5
*MAT_158	*MAT_RATE_SENSITIVE_COMPOSITE_FABRIC	2,3ab	54
*MAT_159	*MAT_CSCM_{OPTION}	0,3cd,5	22
*MAT_160	*MAT_ALE_INCOMPRESSIBLE		
*MAT_161	*MAT_COMPOSITE_MSC	0	34
*MAT_162	*MAT_COMPOSITE_DMG_MSC	0	40
*MAT_163	*MAT_MODIFIED_CRUSHABLE_FOAM	0,3cd,8B	10
*MAT_164	*MAT_BRAIN_LINEAR_VISCOELASTIC	0	14
*MAT_165	*MAT_PLASTIC_NONLINEAR_KINEMATIC	0,2,3abcd,8B	8
*MAT_166	*MAT_MOMENT_CURVATURE_BEAM	1B	54
*MAT_167	*MAT_MCCORMICK	03cd,,8B	8
*MAT_168	*MAT_POLYMER	0,3c,8B	60
*MAT_169	*MAT_ARUP_ADHESIVE	0	20
*MAT_170	*MAT_RESULTANT_ANISOTROPIC	2,3ab	67
*MAT_171	*MAT_STEEL_CONCENTRIC_BRACE	1B	33
*MAT_172	*MAT_CONCRETE_EC2	1H,2,3ab	35
*MAT_173	*MAT_MOHR_COULOMB	0,5	31
*MAT_174	*MAT_RC_BEAM	1H	26
*MAT_175	*MAT_VISCOELASTIC_THERMAL	0,2,3abcd,5,8B	86
*MAT_176	*MAT_QUASILINEAR_VISCOELASTIC	0,2,3abcd,5,8B	81
*MAT_177	*MAT_HILL_FOAM	0,3cd	12
*MAT_178	*MAT_VISCOELASTIC_HILL_FOAM	0,3cd	92

续上表

数字形式	文字描述形式	适用单元类型	附加变量数
＊MAT_179	＊MAT_LOW_DENSITY_SYNTHETIC_FOAM_{OPTION}	0,3cd	77
＊MAT_181	＊MAT_SIMPLIFIED_RUBBER/FOAM_{OPTION}	0,2,3cd	39
＊MAT_183	＊MAT_SIMPLIFIED_RUBBER_WITH_DAMAGE	0,2,3cd	44
＊MAT_184	＊MAT_COHESIVE_ELASTIC	7	0
＊MAT_185	＊MAT_COHESIVE_TH	7	0
＊MAT_186	＊MAT_COHESIVE_GENERAL	7	6
＊MAT_187	＊MAT_SAMP-1	0,2,3abcd	38
＊MAT_188	＊MAT_THERMO_ELASTO_VISCOPLASTIC_CREEP	0,2,3abcd	27
＊MAT_189	＊MAT_ANISOTROPIC_THERMOELASTIC	0,3c,8B	21
＊MAT_190	＊MAT_FLD_3-PARAMETER_BARLAT	2,3ab	36
＊MAT_191	＊MAT_SEISMIC_BEAM	1B	36
＊MAT_192	＊MAT_SOIL_BRICK	0,3cd	71
＊MAT_193	＊MAT_DRUCKER_PRAGER	0,3cd	74
＊MAT_194	＊MAT_RC_SHEAR_WALL	2,3ab	36
＊MAT_195	＊MAT_CONCRETE_BEAM	1H	5
＊MAT_196	＊MAT_GENERAL_SPRING_DISCRETE_BEAM	1D	25
＊MAT_197	＊MAT_SEISMIC_ISOLATOR	1D	10
＊MAT_198	＊MAT_JOINTED_ROCK	0	31
＊MAT_202	＊MAT_STEEL_EC3	1H	
＊MAT_214	＊MAT_DRY_FABRIC	9	
＊MAT_216	＊MAT_ELASTIC_PHASE_CHANGE	0	
＊MAT_217	＊MAT_OPTION_TROPIC_ELASTIC_PHASE_CHANGE	0	
＊MAT_218	＊MAT_MOONEY-RIVLIN_RUBBER_PHASE_CHANGE	0	
＊MAT_219	＊MAT_CODAM2	0,2,3abcd	
＊MAT_220	＊MAT_RIGID_DISCRETE	0,2	
＊MAT_221	＊MAT_ORTHOTROPIC_SIMPLIFIED_DAMAGE	0,3cd,5	17
＊MAT_224	＊MAT_TABULATED_JOHNSON_COOK	0,2,3abcd,,5	11
＊MAT_224_GYS	＊MAT_TABULATED_JOHNSON_COOK_GYS	0	16
＊MAT_225	＊MAT_VISCOPLASTIC_MIXED_HARDENING	0,2,3abcd,5	
＊MAT_226	＊MAT_KINEMATIC_HARDENING_BARLAT89	2,3ab	
＊MAT_230	＊MAT_PML_ELASTIC[0]{24}	0	24
＊MAT_231	＊MAT_PML_ACOUSTIC	6	35

续上表

数字形式	文字描述形式	适用单元类型	附加变量数
* MAT_232	* MAT_BIOT_HYSTERETIC	0,2,3ab	30
* MAT_233	* MAT_CAZACU_BARLAT	2,3ab	
* MAT_234	* MAT_VISCOELASTIC_LOOSE_FABRIC	2,3a	
* MAT_235	* MAT_MICROMECHANICS_DRY_FABRIC	2,3a	
* MAT_236	* MAT_SCC_ON_RCC	2,3ab	
* MAT_237	* MAT_PML_HYSTERETIC	0	54
* MAT_238	* MAT_PERT_PIECEWISE_LINEAR_PLASTICITY	0,1H,2,3,5,8A	
* MAT_240	* MAT_COHESIVE_MIXED_MODE_ELASTOPLASTIC_RATE	0	
* MAT_241	* MAT_JOHNSON_HOLMQUIST_JH1	0,3cd,5	
* MAT_242	* MAT_KINEMATIC_HARDENING_BARLAT2000	2,3ab	
* MAT_243	* MAT_HILL_90	2,3ab	
* MAT_244	* MAT_UHS_STEEL	0,2,3abcd,5	35
* MAT_245	* MAT_PML_{OPTION}TROPIC_ELASTIC	0	30
* MAT_246	* MAT_PML_NULL	0	27
* MAT_248	* MAT_PHS_BMW	2	38
* MAT_249	* MAT_REINFORCED_THERMOPLASTIC	2	55
* MAT_251	* MAT_TAILORED_PROPERTIES	2	6
* MAT_252	* MAT_TOUGHENED_ADHESIVE_POLYMER	0,7	10
* MAT_255	* MAT_PIECEWISE_LINEAR_PLASTIC_THERMAL	0,2,3abcd	
* MAT_256	* MAT_AMORPHOUS_SOLIDS_FINITE_STRAIN	0	
* MAT_261	* MAT_LAMINATED_FRACTURE_DAIMLER_PINHO	0,2,3abcd	
* MAT_262	* MAT_LAMINATED_FRACTURE_DAIMLER_CAMANHO	0,2,3abcd	
* MAT_266	* MAT_TISSUE_DISPERSED	0	
* MAT_267	* MAT_EIGHT_CHAIN_RUBBER	0,5	
* MAT_269	* MAT_BERGSTROM_BOYCE_RUBBER	0,5	
* MAT_270	* MAT_CWM	0,5	
* MAT_271	* MAT_POWDER	0,5	
* MAT_272	* MAT_RHT	0,5	
* MAT_273	* MAT_CONCRETE_DAMAGE_PLASTIC_MODEL	0	
* MAT_274	* MAT_PAPER	0,2	

续上表

数字形式	文字描述形式	适用单元类型	附加变量数
* MAT_275	* MAT_SMOOTH_VISCOELASTIC_VISCOPLASTIC	0	
* MAT_276	* MAT_CHRONOLOGICAL_VISCOELASTIC	2,3abcd	
* MAT_208	* MAT_BOLT_BEAM	1D	
* MAT_S01	* MAT_SPRING_ELASTIC		
* MAT_S02	* MAT_DAMPER_VISCOUS		
* MAT_S03	* MAT_SPRING_ELASTOPLASTIC		
* MAT_S04	* MAT_SPRING_NONLINEAR_ELASTIC		
* MAT_S05	* MAT_DAMPER_NONLINEAR_VISCOUS		
* MAT_S06	* MAT_SPRING_GENERAL_NONLINEAR		
* MAT_S07	* MAT_SPRING_MAXWELL		
* MAT_S08	* MAT_SPRING_INELASTIC		
* MAT_S13	* MAT_SPRING_TRILINEAR_DEGRADING		
* MAT_S14	* MAT_SPRING_SQUAT_SHEARWALL		
* MAT_S15	* MAT_SPRING_MUSCLE		
* MAT_ALE_01	* MAT_ALE_VACUUM		
* MAT_ALE_02	* MAT_ALE_GAS_MIXTURE		
* MAT_ALE_03	* MAT_ALE_VISCOUS		
* MAT_ALE_04	* MAT_ALE_MIXING_LENGTH		
* MAT_ALE_05	* MAT_ALE_INCOMPRESSIBLE		
* MAT_ALE_06	* MAT_ALE_HERSCHEL		
* MAT_B01	* MAT_SEATBELT		
* MAT_T01	* MAT_THERMAL_ISOTROPIC		
* MAT_T02	* MAT_THERMAL_ORTHOTROPIC		
* MAT_T03	* MAT_THERMAL_ISOTROPIC_TD		
* MAT_T04	* MAT_THERMAL_ORTHOTROPIC_TD		
* MAT_T05	* MAT_THERMAL_DISCRETE_BEAM		
* MAT_T06	* MAT_THERMAL_CWM		
* MAT_T07	* MAT_THERMAL_ORTHOTROPIC_TD_LC		
* MAT_T08	* MAT_THERMAL_ISOTROPIC_PHASE_CHANGE		
* MAT_T09	* MAT_THERMAL_ISOTROPIC_TD_LC		
* MAT_T10	* MAT_THERMAL_USER_DEFINED DEFINED		
* MAT_T11-T15	* MAT_THERMAL_ISOTROPIC		

注:1. * MAT_ALE_01-05 分别与材料类型 * MAT_140、* MAT_148、* MAT_009、* MAT_149、* MAT_160 相同。
　　2. * MAT_066-071、* MAT_074、* MAT_093-095、* MAT_119、* MAT_121、* MAT_146、* MAT_196-197、* MAT_208 用于 discrete beam 单元类型,用于模拟复杂阻尼器及多维弹簧-阻尼组合作用。

附录 C ANSYS 前处理支持的材料模型

ANSYS 前处理支持的 LS-DYNA 材料模型列于表 C-1 中，此表的各列依次为 ANSYS 前处理中的材料模型名称、相对应于 LS-DYNA 的材料模型关键字以及此材料类型在 LS-DYNA 材料库中的编号。

表 C-1 ANSYS 前处理支持的材料类型及与 LS-DYNA 材料模型对应关系

ANSYS LS-DYNA 的材料模型名称	LS-DYNA 的材料模型关键字	LS-DYNA 材料库编号
Isotropic Elastic	* MAT_ELASTIC	1
Orthotropic Elastic	* MAT_ORTHOTROPIC_ELASTIC	2
Anisotropic Elastic	* MAT_ANISOTROPIC_ELASTIC	2
Elastic Fluid	* MAT_ELASTIC_FLUID	1
Blatz-Ko Rubber	* MAT_BLATZ-KO_RUBBER	7
Mooney-Rivlin Rubber	* MAT_MOONEY-RIVLIN_RUBBER	27
Viscoelastic	* MAT_VISCOELASTIC	6
Bilinear Isotropic Plasticity	* MAT_PLASTIC_KINEMATIC	3
Temperature Dependent Bilinear Isotropic	* MAT_ELASTIC_PLASTIC_THERMAL	4
Transversely Anisotropic Elastic Plastic	* MAT_TRANSVERSELY_ANISOTROPIC_ELASTIC_PLASTIC	37
Transversely Anisotropic FLD	* MAT_FLD_TRANSVERSELY _ANISOTROPIC	39
Bilinear Kinematic	* MAT_PLASTIC_KINEMATIC	3
Plastic Kinematic	* MAT_PLASTIC_KINEMATIC	3
3 Parameter Barlat Plasticity	* MAT_3-PARAMETER_BARLAT	36
Barlat Anisotropic Plasticity	* MAT_BARLAT_ANISOTROPIC _PLASTICITY	33
Rate Sensitive Powerlaw Plasticity	* MAT_RATE_SENSITIVE_POWERLAW _PLASTICITY	64
Strain Rate Dependent Plasticity	* MAT_STRAIN_RATE_DEPENDENT _PLASTICITY	19
Composite Damage	* MAT_COMPOSITE_DAMAGE	22
Concrete Damage	* MAT_CONCRETE_DAMAGE	72
Piecewise Linear Plasticity	* MAT_PIECEWISE_LINEAR_PLASTICITY	24
Powerlaw Plasticity	* MAT_POWER_LAW_PLASTICITY	18
Elastic-Plastic Hydrodynamic	* MAT_ELASTIC_PLASTIC_HYDRO	10
Geological Cap	* MAT_GEOLOGICAL_CAP_MODEL	25
Closed Cell Foam	* MAT_CLOSED_CELL_FOAM	53
Viscous Foam	* MAT_VISCOUS_FOAM	62
Low Density Foam	* MAT_LOW_DENSITY_FOAM	57

续上表

ANSYS LS-DYNA 的材料模型名称	LS-DYNA 的材料模型关键字	LS-DYNA 材料库编号
Crushable Foam	* MAT_CRUSHABLE_FOAM	63
Honeycomb Foam	* MAT_HONEYCOMB	26
Tabulated EOS	* EOS_TABULATED	
Bamman	* MAT_BAMMAN	51
Johnson-Cook Linear Polynomial EOS	* MAT_JOHNSON_COOK * EOS_LINEAR_POLYNOMIAL	15
Johnson-Cook Gruneisen EOS	* MAT_JOHNSON_COOK * EOS_GRUNEISEN	15
Null Linear Polynomial EOS	* MAT_NULL * EOS_LINEAR_POLYNOMIAL	9
Null Gruneisen EOS	* MAT_NULL * EOS_GRUNEISEN	9
Zerilli-Armstrong	* MAT_ZERILLI_ARMSTRONG	65
Steinberg Gruneisen EOS	* MAT_STEINBERG * EOS_GRUNEISEN	11
Linear Elastic Spring	* MAT_SPRING_ELASTIC	N/A
General Nonlinear Spring	* MAT_SPRING_GENERAL_NONLINEAR	N/A
Nonlinear Elastic Spring	* MAT_SPRING_NONLINEAR_ELASTIC	N/A
Elastoplastic Spring	* MAT_SPRING_ELASTOPLASTIC	N/A
Inelastic Tension or Compression-only Spring	* MAT_SPRING_INELASTIC	N/A
Maxwell Viscosity Spring	* MAT_SPRING_MAXWELL	N/A
Linear Viscosity Damper	* MAT_DAMPER_VISCOUS	N/A
Nonlinear Viscosity Damper	* MAT_DAMPER_NONLINEAR_VISCOUS	N/A
Cable	* MAT_CABLE_DISCRETE_BEAM	71
Rigid	* MAT_RIGID	20

附录 D ANSYS ED 系列命令与对应的关键字

表 D-1 中列出了 ANSYS 的显式动力分析 ED 系列命令、功能以及与之相对应的 LS-DYNA 关键字。

表 D-1　ED 系列命令及对应关键字

ED 命令	ED 命令的功能	关键字
EDADAPT	在显式动态分析中,激活自适应网格划分	* PART
EDALE	将网格光滑处理成使用 ALE 工时的显式动态单元	* CONTROL_ALE
EDASMP	建立显式动态分析模型 PART(部件)的组合体	* SET_PART_LIST
EDBOUND	为滑动或者循环对称问题定义边界平面	* BOUNDARY_SLIDING_PLANE * BOUNDARY_CYCLIC
EDBVIS	为显式动态分析指定总体体积黏性系数	* CONTROL_BULK_VISCOSITY
EDBX	建立接触定义中的搜索箱	* DEFINE_BOX
EDCADAPT	为显式动态分析指定自适应网格控制	* CONTROL_ADAPTIVE
EDCGEN	为显式动态分析指定接触参数	* CONTACT
EDCMORE	在显式动态分析中,为指定的接触定义指定附加的接触参数	* CONTACT
EDCNSTR	为显式动态分析定义各种约束类型	* CONSTRAINED_EXTRA_NODES_SET * CONSTRAINED_NODAL_RIGID_BODY * CONSTRAINES_SHELL_TO_SOLID * CONSTRAINED_RIVET
EDCONTACT	为显式动态分析指定接触面控制参数	* CONTROL_CONTACT
EDCPU	为显式动态分析指定 CPU 时间限制	* CONTROL_CPU
EDCRB	在显式动态分析中,将两个刚体约束为一个体	* CONSTRAINED_RIGID_BODIES
EDCSC	指定是否在显式动态分析中使用子循环	* CONTROL_SUBCYCLE
EDCTS	为显式动态分析指定质量缩放比例和计算时间步长缩放因子	* CONTROL_TIMESTEP
EDCURVE	为显式动态分析指定数据曲线	* DEFINE_CURVE
EDDAMP	为显式动态分析定义质量权重(Alpha)或者刚度权重(Beta)阻尼	* DAMPING_PART_MASS * DAMPING_PART_STIFFNESS
EDDC	在显式动态分析中,删除或者解除/恢复接触定义	* DELETE_CONTACT
EDDRELAX	激活显式动态分析的预制几何或者动态放松的初始化	* CONTROL_DYNAMIC_RELAXATION
EDDUMP	为显式动态重启动文件(d3dump)指定输出频率	* DATABASE_BINARY_D3DUMP
EDENERGY	为显式动态分析指定能量耗散控制	* CONTROL_ENERGY
EDGCALE	定义显式动态分析的总体 ALE 控制	* CONTROL_ALE

续上表

ED 命令	ED 命令的功能	关键字
EDHGLS	指定显式动态分析的沙漏系数	* CONTROL_HOURGLASS
EDHIST	指定显式动态分析的时间历程输出	* DATABASE_HISTORY_NODE * DATABASE_HISTORY
EDHTIME	指定结果文件输出频率	* DATABASE_BINARY_D3THDT
EDINT	为显式壳和梁输出指定的积分点点数	* INTEGRATION_BEAM * INTEGRATION_SHELL
EDIPART	在显式动态分析中,定义刚体的转动惯量	* PART_INERTIA
EDIS	为显式动态完全重启动分析,指定应力初始化	* STRESS_INITIALIZATION * STRESS_INITIALIZATION_DISCRETE
EDLCS	为显式动态分析问题定义局部坐标系	* DEFINE_COORDUNATE_VECTOR
EDLOAD	指定显式动态分析的荷载	* BOUNDARY_PRESCRIBED_MOTION_SET * BOUNDARY_PRESCRIBED_MOTION _RIGID * LOAD_BODY_GENERALIZED * LOAD_RIGID_BODY * LOAD_NODE_SET * LOAD_SEGMENT * LOAD_SEGMENT_SET * LOAD_SHELL_SET * LOAD_THERMAL_VARIABLE
EDMP,HGLS	定义显式动态分析的材料参数	* HORGLASS
EDNB	为显式动态分析定义一个非反射的边界	* BOUNDARY_NON_REFLECTING
EDNROT	在显式动态分析中,施加节点转动约束	* BOUNDARY_SPC_SET
EDOPT	指定显式动态分析结果文件的输出类型	* DATABASE_FORMAT
EDOUT	指定显式动态分析的时间历程输出(ASCII 格式)	* DATABASE_OPTION
EDPART	为显式动态分析建立部件	* PART
EDPVEL	显式动态分析中,为部件或者部件组合体施加初始速度	* SET_NODE * INITIAL_VELOCITY * INITIAL_ VELOCITY_GENERATION * CHANGE_ VELOCITY * CHANGE_ VELOCITY _ZERO
EDRC	为显式动态分析指定刚体/变形体控制开关	* RIDID_DEFORMABLE_CONTROL
EDRD	显式动态分析中,将模型的一部分从变形体转换为刚体,或者从刚体转换为变形体	* RIDID_DEFORMABLE_D2R * RIDID_DEFORMABLE_R2D * DEFORMABLE_TO_RIGID
EDRI	当变形体部件转换为刚体后,定义新建刚体的惯性属性	* DEFORMABLE_TO_RIGID_INERTIA
EDRST	指定显式动态分析二进制结果文件的输出间隔	* DATABASE_BINARY_D3PLOT
EDSHELL	为显式动态分析指定壳体计算控制	* CONTROL_SHELL
EDSP	在显式动态分析中,为接触面指定小的穿透检查	* CHANGE_SMALL_PENETRATION

续上表

ED 命令	ED 命令的功能	关键字
EDTERM	为显式动态分析指定终止规则	* TERMINATION_NODE * TERMINATION_BODY
EDVEL	为节点或者节点部件施加初始速度	* SET_NODE * INITIAL_VELOCITY * INITIAL_ VELOCITY_GENERATION * CHANGE_ VELOCITY * CHANGE_ VELOCITY _ZERO
EDWELD	定义无质量的焊接点	* CONSTRAINED_SPOTWELD * ONSTRAINED_GENERALIZED_WELD _SPOT

附录 E　ANSYS LS-DYNA 单元简介

ANSYS LS-DYNA 提供了 160~168 这 9 种针对 LS-DYNA 求解器的显式单元类型,本附录对这些显式单元的选项、实常数以及使用注意事项进行简单介绍。

1. LINK160 单元

LINK160 单元是 3D 的等截面轴力直杆单元,仅能承受轴向力,其单元形状如图 E-1 所示。

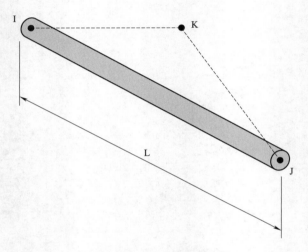

图 E-1　INK160 单元的形状

LINK160 单元通过三个节点 I、J、K 定义,其中节点 K 为截面的定位节点。LINK160 单元每个节点具有三个自由度。

LINK160 单元没有 KEYOPT 选项,仅有一个实常数,即:横截面积。

2. BEAM161 单元

BEAM161 单元是 3D 的梁单元,其单元形状如图 E-2 所示。BEAM161 单元通过节点 I、J、K 定义,节点 K 为辅助节点,用于横截面定位。

BEAM161 单元的 KEYOPT(1)选项用于选择单元算法,不同的 KEYOPT(1)及对应算法见表 E-1 中。

表 E-1　BEAM161 单元的 KEYOPT(1)选项

KEYOPT(1)选项	单元算法
KEYOPT(1)=0,1	Hughes-Liu(缺省)
KEYOPT(1)=2	Belytschko-Schwer 合力梁
KEYOPT(1)=4	Belytschko-Schwer
KEYOPT(1)=5	Belytschko-Schwer 圆形截面梁

BEAM161 单元的 KEYOPT(2)选项用于选择积分规则,不同的 KEYOPT(1)及对应的积分规则列于表 E-2 中。KEYOPT(2)仅当矩形单元的 KEYOPT(1)=0、1、4 算法时使用。

表 E-2　BEAM161 单元的 KEYOPT(2)选项

KEYOPT(2)选项	积分规则
KEYOPT(2)=1	单积分点
KEYOPT(2)=0,2	2×2 Gauss 积分
KEYOPT(2)=3	3×3 Gauss 积分
KEYOPT(2)=4	3×3 Lobatto 积分
KEYOPT(2)=5	4×4 Gauss 积分

BEAM161 单元的 KEYOPT(4)选项用于选择截面积分规则,KEYOPT(4)=0 时表示标准积分,KEYOPT(4)>0(1~9999)时表示用户定义积分规则。

BEAM161 单元的 KEYOPT(5)选项为梁截面类型选项,KEYOPT(5)=0 表示矩形截面,KEYOPT(5)=1 表示圆形截面,KEYOPT(5)=2 表示任意截面(使用用户定义积分规则)或标准截面(使用用户定义积分规则)。

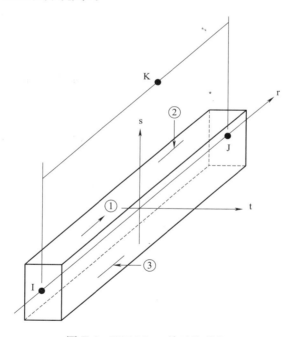

图 E-2　BEAM161 单元的形状

对应于 BEAM161 单元 KEYOPT 的不同组合,所需定义的 BEAM161 单元实常数也有所不同,这里仅介绍如下两种情况的实常数。

(1)矩形截面情况

当 KEYOPT(1)=0、1 或 4 且 KEYOPT(5)=0 时,需要定义的实常数为 SHRF、TS1、TS2、TT1、TT2、NSLOC、NTLOC,这些参数的意义列于表 E-3 中。

(2)圆形截面情况

当 KEYOPT(1)=0、1 或 5,KEYOPT(4)=0 且 KEYOPT(5)=1 时,需要定义的实常数为 SHRF、DS1、DS2、DT1、DT2、NSLOC、NTLOC,这些参数的意义列于表 E-3 中。

表 E-3   矩形、圆形截面单元的实常数

顺序号	实常数	说 明
1	SHRF	剪切系数缺省为 1.0,对矩形截面为 5/6
2	TS1	节点 1 在 s 方向截面高度
3	TS2	节点 2 在 s 方向截面高度
4	TT1	节点 1 在 t 方向截面高度
5	TT2	节点 2 在 t 方向截面高度
2	DS1	节点 1 的截面外直径
3	DS2	节点 2 的截面外直径
4	DS1	节点 1 的截面内直径
5	DS2	节点 2 的截面内直径
6	NSLOC	垂直于 s 轴的参考面位置(0 表示截面中心,±1 分别表示在 s=±1 一侧)
7	NTLOC	垂直于 t 轴的参考面位置(0 表示截面中心,±1 分别表示在 t=±1 一侧)

3. PLANE162 单元

PLANE162 单元是 2D 的连续单元,其单元形状如图 E-3 所示。PLANE162 单元适合于进行两维问题或轴对称分析。对于轴对称分析,对称轴必须为 Y 轴,所有的模型必须建立在 X 轴的正向范围内。

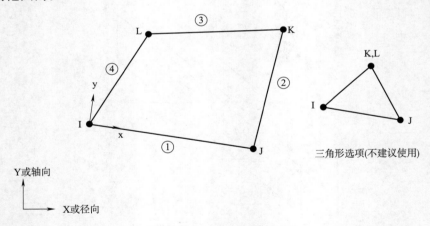

图 E-3   PLANE162 单元的形状

一个 PLANE162 单元通过 I、J、K、L 四个节点定义,可以退化为三角形单元,退化单元通过同一个节点重复两次来定义,但是一般不推荐使用退化形式。

在 PLANE162 单元表面施加面荷载的面号已经标在图中,即面①、面②、面③以及面④,在向单元施加 PRESSURE 时,要特别注意加载的面号。

PLANE162 单元包含三个单元选项。

KEYOPT(3)选项为单元的行为选项,KEYOPT(3)=0,1,2 分别表示平面应力、轴对称以及平面应变单元。

当 KEYOPT(3)=1(即轴对称行为)时,KEYOPT(2)用来表示加权选项,KEYOPT(2)=0,1 分别表示面积加权和体积加权的轴对称单元。

KEYOPT(5)选项为单元算法选项。KEYOPT(5)=0 表示 Lagrangian 单元算法(缺省选项);

PLANE162 单元不需要定义实常数。

4. SHELL163 单元

SHELL163 单元是 3D 的壳(或薄膜)单元,其单元形状如图 E-4 所示。

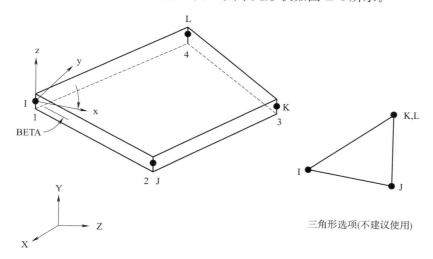

三角形选项(不建议使用)

图 E-4　SHELL163 单元的形状

SHELL163 单元一般通过 I、J、K、L 四个节点定义,可以退化为三角形单元,退化单元通过同一个节点重复两次来定义,但是一般不推荐使用退化形式。

SHELL163 单元包含四个 KEYOPT 选项。

SHELL163 单元的 KEYOPT(1)选项用于选择单元的算法,不同的 KEYOPT(1)选项及其对应的算法见表 E-4 中。

表 E-4　SHELL163 单元的 KEYOPT(1)选项

KEYOPT(1)选项	单元算法
1	Hughes-Liu 壳
0,2	Belytschko-Tsay 壳(缺省)
3	BCIZ 三角形壳
4	C0 三角形壳
5	Belytschko-Tsay 膜
6	S/R Hughes-Liu 壳
7	S/R 快速 Hughes-Liu 壳
8	Belytschko-Levithan 壳
9	全积分 Belytschko-Tsay 膜
10	Belytschko-Wong-Chiang 壳
11	快速 Hughes-Liu 壳
12	全积分 Belytschko-Tsay 壳

SHELL163 单元的 KEYOPT(2)选项用于指定积分规则(用于标准积分规则,KEYOPT(4)=0),KEYOPT(2)=0 表示采用 Gauss 积分规则(最多允许 5 个积分点);KEYOPT(2)=1 表示采用梯形积分规则(最多允许 100 个积分点)。

SHELL163 单元的 KEYOPT(3)选项为层状复合材料模式标识,KEYOPT(3)=0 表示非复合材料模式;KEYOPT(3)=1 表示复合材料模式,复合材料模式下厚度方向每一个积分点需要指定一个材料角。

SHELL163 单元的 KEYOPT(4)选项为积分规则的 ID,KEYOPT(4)=0 表示采用标准积分选项;KEYOPT(4)>0(1~9999)表示采用用户定义的积分规则。

SHELL163 单元的实常数随 KEYOPT 选项的不同而有很大区别,对缺省情况,需要定义的实常数列于表 E-5 中。

表 E-5　SHELL163 的实常数

顺序号	实常数	说　明
1	SHRF	剪切因子,建议 5/6,缺省为 1
2	NIP	厚度方向积分点个数,缺省 2 个
3	T1	节点 I 的厚度
4	T2	节点 J 的厚度
5	T3	节点 K 的厚度
6	T4	节点 L 的厚度

5. SOLID164 单元

SOLID164 单元是 3D 的连续单元,其单元形状如图 E-5 所示。通常情况下,SOLID164 单元通过 I、J、K、L、M、N、O、P 共 8 个节点来定义,是六面体形状的单元,SOLID164 也支持三棱柱、四面体、金字塔等形状的退化单元,退化单元可以通过相同的节点重复出现多次的形式来定义,但在显式分析中一般不建议使用。

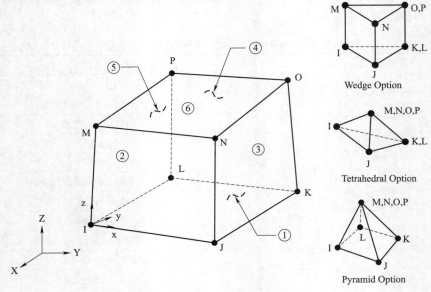

图 E-5　SOLID164 单元的形状

SOLID164 单元表面加载的面号已经在图中标出:其各面的编号由节点决定,依次为:面①(J—I—L—K),面②(I—J—N—M),面③(J—K—O—N),面④(K—L—P—O),面⑤(L—I—M—P),面⑥(M—N—O—P);在向单元表面施加压力时要注意面号的问题。通过 EDFPLOT 命令可以打开显式动力荷载的显示开关,观察面荷载是否施加到了正确的单元表面。

SOLID164 单元包含两个单元选项。KEYOPT(1)用于选择单元算法,KEYOPT(1)=0 或 1 时,表示单元算法为常应力实体单元算法(缺省选项);KEYOPT(1)=2 时表示采用全积分选择缩减实体单元算法。KEYOPT(5)选项用于指定单元类型,KEYOPT(5)=0 为 Lagrangian 单元,KEYOPT(5)=1 为 ALE(Arbitrary Lagrangian-Eulerian)单元。

SOLID164 单元不需要指定实常数。

6. COMBI165 单元

COMBI165 单元是 3D 的弹簧/阻尼器单元,此单元通过两个节点定义,其单元形状如图 E-6 所示。

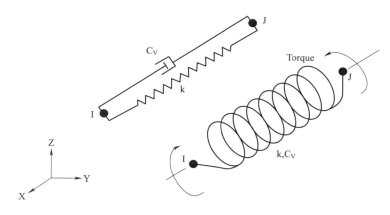

图 E-6 COMBI165 单元示意图

对于同一个 COMBI165 单元,不能同时定义弹簧以及阻尼特性,但是可以分别定义共节点的弹簧和阻尼器。COMBI165 单元定义需要的力(力矩)与位移(转角)之间的关系或力(力矩)与速度(角速度)之间的关系数据,通过材料定义的方式实现。

COMBI165 单元仅包含一个单元选项 KEYOPT(1),此选项为 0 时表示单元为平动弹簧/阻尼器类型;此选项为 1 时表示单元为扭转弹簧/阻尼器类型。

COMBI165 单元的实常数列于表 E-6 中。

表 E-6 SHELL163 的实常数

顺序号	实常数	说 明
1	KD	动力放大系数
2	V0	测试速度
3	CL	间隙量
4	FD	失效的位移或转角
5	CDL	压缩变形极限
6	TDL	拉伸变形极限

7. MASS166 单元

MASS166 单元是 3D 的集中质量/转动惯性单元，MASS166 单元仅包含 1 个节点，其单元形状如图 E-7 所示。

MASS166 单元具有一个单元选项 KEYOPT(1)，KEYOPT(1)＝0 为缺省选项，表示单元为无转动惯性的集中质量单元；KEYOPT(1)＝1 表示单元为 3-D 转动惯性单元(无质量)。

对于集中质量选项，MASS166 单元仅需要指定一个实常数，即：质量。

对于转动惯性单元选项，MASS166 单元需指定的实常数包括 6 个转动惯量：IXX、IXY、IXZ、IYY、IYZ、IZZ，其中 IXX、IYY、IZZ 必须为正值。

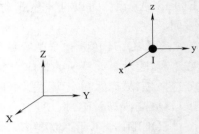

图 E-7　MASS166 单元示意图

MASS 单元不需要指定材料属性。

8. LINK167 单元

LINK167 单元是 3-D 的索单元，仅能承受拉伸作用。LINK167 单元由 I、J、K 三个节点，其中的 K 为横截面定位节点，其单元形状如图 E-8 所示。

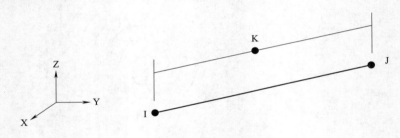

图 E-8　LINK167 单元的形状

Link167 单元适合于模拟柔性的索和缆，需要为此单元定义索的材料模型，通过 MP 命令定义密度和弹性模量，通过 EDMP、CABLE 命令可指定索的应力-应变关系曲线 ID 号。若采用了应力应变关系，则 MP 指定的弹性模量将被忽略。

Link167 单元没有 KEYOPT 选项，需指定的实参数有两个，即：截面积 AREA 以及偏移量 OFFSET。对于松弛单元 OFFSET 为负，对于初始张拉单元 OFFSET 为正，单元长度的变化量由下式给出：

$$\Delta L = 当前长度 - (初始长度 - OFFSET)$$

该单元的力(仅受拉)由下式给出：

$$F = K \times \max\{\Delta L, 0\}$$

其中 K 为线刚度，由下式给出：

$$K = E \times AREA / (初始长度 - OFFSET)$$

9. SOLID168 单元

SOLID168 单元是高阶的 3-D 四面体实体单元，SOLID168 单元通过 I、J、K、L、M、N、O、P、Q、R 共 10 个节点来指定，其单元形状如图 E-9 所示。

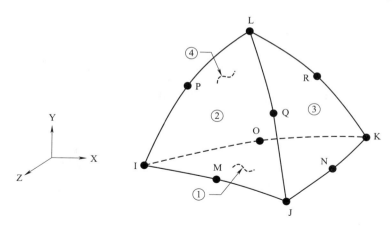

图 E-9　SOLID168 单元的形状

　　SOLID168 单元包含一个单元选项,KEYOPT(1)用于选择单元类型。KEYOPT(1)=0,1 时表示为二次插值的连续体单元;KEYOPT(1)=2 时表示单元为复合材料单元(线性四面体形状的组合)。SOLID168 单元不需要指定实常数。

　　SOLID168 单元表面加载的面号已经在图中标出,各面的编号由节点决定,依次为:面①(J—I—K),面②(I—J—L),面③(J—K—L)及面④(K—I—L);向单元表面施加压力时要注意面号的问题。通过 EDFPLOT 命令可显示 LS-DYNA 荷载,观察面荷载是否施加到了正确的单元表面。

参 考 文 献

[1] LSTC,LS-DYNA KEYWORD USER'S MANUAL,VOLUME Ⅰ[Z],2015.

[2] LSTC,LS-DYNA KEYWORD USER'S MANUAL,VOLUME Ⅱ[Z],2015.

[3] LSTC,LS-DYNA Theory Manual[Z],2015.

[4] ANSYS,Inc. ANSYS LS-DYNA Users Guide[Z].

[5] ANSYS,Inc. Workbench User's Guide[Z].

[6] ANSYS,Inc. ANSYS Mechanical APDL Element Reference[Z].

[7] ANSYS,Inc. ANSYS Parametric Design Language Guide[Z].

[8] ANSYS,Inc. DesignModeler User's Guide[Z].

[9] ANSYS,Inc. Meshing User's Guide[Z].

[10] ANSYS,Inc. ANSYS Mechanical Users Guide[Z].

[11] 时党勇,李裕春,张胜民. 基于 ANSYS/LS-DYNA 8.1 进行显式动力分析[M]. 北京:清华大学出版社,2005.

[12] 赵海鸥. LS-DYNA 动力分析指南[M]. 北京:兵器工业出版社,2003.